21世纪高等学校规划教材｜计算机科学与技术

计算机组成原理

杨光煜 主编

韩瀛 庄坤 刘婧 编著

清华大学出版社

北京

内容简介

本书由浅入深地介绍计算机的各个组成部件。全书共9章,主要内容分基础知识和部件原理两部分。基础知识部分包括计算机机内数据的表示、运算方法以及常用逻辑器件;部件原理部分包括运算器、存储器、控制器以及输入输出子系统的组成和工作原理。目的是使学生了解并掌握计算机原理,为继续学习程序设计语言、计算机网络等课程打下良好的基础。

本书既可作为财经类高校信息管理与信息系统、管理科学与工程、电子商务等专业计算机组成原理课程的教学用书,也可供高等院校非计算机专业、高职高专等相关专业的学生自学参考使用。

图书在版编目(CIP)数据

计算机组成原理/杨光煜主编.—北京:清华大学出版社,2020.1(2024.9重印)
21世纪高等学校规划教材·计算机科学与技术
ISBN 978-7-302-53569-0

Ⅰ.①计…　Ⅱ.①杨…　Ⅲ.①计算机组成原理-高等学校-教材　Ⅳ.①TP301

中国版本图书馆 CIP 数据核字(2019)第 173107 号

责任编辑:刘向威
封面设计:傅瑞学
责任校对:焦丽丽
责任印制:刘海龙

出版发行:清华大学出版社
　　　　网　　　址:https://www.tup.com.cn,https://www.wqxuetang.com
　　　　地　　　址:北京清华大学学研大厦 A 座　　　　邮　　编:100084
　　　　社 总 机:010-83470000　　　　邮　　购:010-62786544
　　　　投稿与读者服务:010-62776969,c-service@tup.tsinghua.edu.cn
　　　　质量反馈:010-62772015,zhiliang@tup.tsinghua.edu.cn
　　　　课件下载:https://www.tup.com.cn,010-83470236
印 装 者:天津鑫丰华印务有限公司
经　　销:全国新华书店
开　　本:185mm×260mm　　印　张:16.75　　字　数:407 千字
版　　次:2020 年 1 月第 1 版　　印　次:2024 年 9 月第 5 次印刷
印　　数:3901~4200
定　　价:49.00 元

产品编号:074841-01

前 言

让信息管理与信息系统专业的学生以及其他非计算机专业学生在不开设前导课的情况下学习计算机的工作原理,并为他们今后学习与计算机硬件相关的其他课程打下良好基础,是编写本书的基本出发点。

本书主要内容是计算机的组织与结构(其在硬件与软件功能分配中最基本的硬件系统)。作者立足于现代计算机结构的高度,从部件级着眼,讲清楚计算机的组成。本书用两部分内容建立起计算机系统的概念。第一部分:基础知识(包括计算机中数据的表示方法、运算方法及常用逻辑部件)。第二部分:各子系统(包括运算器、存储器、控制器、输入输出子系统)的组成、工作原理及它们之间的相互联系。本书共分为9章。第1~3章及第4章的前半部分为基础知识部分。第4章后半部分至第7章及第9章则侧重于计算机工作原理。第8章为延伸阅读。学生应重点掌握以下几点:各功能部件(子系统)的工作原理,它们相互联系构成的整机系统,以及计算机科学中最基本的概念和术语。通过本书的学习,学生能在宏观上从部件的角度掌握计算机硬件系统的组成及工作原理,以及计算机结构的概貌,建立起整机的概念,为学好其他计算机相关课程打下良好的基础。

本书最大的特点是能充分激发学生的主观能动性,引导他们积极地去思考。在原理的阐述中,不是墨守成规地先把计算机的组成展示给学生,而是尽量启发学生思考着去追寻专家的思路,理解计算机各个功能部件工作需要什么样的组合,不提倡学生在现有的结构上去刻板地死记硬背计算机的组成。力争在计算机的组成部件展现出来之后,使学生达到"理解了,也就记住了"的学习效果。

作为非计算机专业计算机课程的教师(本书编者全部来自于天津财经大学管理科学与工程学院管理信息系统系),在多年计算机原理课的教学中不断探索和总结,积累了一定的教学与教材编写经验,同时广泛阅读了大量相关教材。本书第1~3章、第5、7、9章由杨光煜老师编写;第4章由韩瀛老师编写;第6章由庄坤老师编写;第8章由刘婧编写。

全部书稿完成共用5年时间,编者要对一起奋战的天津财经大学管理科学与工程学院管理信息系统系的同事们表示感谢。正是大家的辛勤努力与无私奉献才使书稿得以如期交付。同时,也要感谢编者的学生团队——信息管理与信息系统专业1701班的崔凯荻、郭真、黄美斌、郝美奇、李国泰、王洋、张雯婕、张煜旋等同学。尤其要感谢李国泰,如果没有他组织同学加盟,本书所用课件的制作,既要保持风格的一致又要保证内容的完整与演示逻辑的科学,编者不可能在短期内顺利完成。本书附带课件模板由学生张煜旋提供,第1~5章由学生崔凯荻制作,第2章由学生王洋制作,第3章由学生郭真制作,第4章由学生郝美奇制作,第6章由学生黄美斌制作,第7章由学生张雯婕制作,第8章由学生李国泰制作,第9章由学生张煜旋制作。在此,要再一次由衷地对那些支持和帮助过本书出版的朋友们道一声：谢谢！

　　由于编者水平有限,加之时间仓促,不足之处在所难免,还望广大计算机专家和同仁以及广大读者不吝赐教。为了表示对知识、对作者的尊重,编者在书稿参考文献中详细列出了所有参考书目。编者也代表同事在此对文献作者表示由衷的感谢。

编　者

2019 年 6 月于天津

目 录

概述

本章学习目标

- 了解计算机的发展历史及发展趋势
- 了解计算机的技术指标、分类及应用
- 掌握计算机的五大组成部分、工作过程及解题过程
- 理解人对计算机如何操纵,如何与计算机产生联系

人类早在原始社会就有结绳和垒石计数之说。公元 10 世纪,我国劳动人民在早期的运筹、珠算的基础上,发明了至今仍流传于世界的计算工具——算盘,并为之配备了"口诀"。算盘的发明推动了数字式计算机工具的发展。与电子计算机相比,算盘犹如硬件,而口诀就像计算机的程序与算法软件一样。

自从 17 世纪出现了计算尺之后,各种机械的、电的模拟计算机以及数字式计算机不断出现。法国人布莱斯·帕斯卡(Blaise Pascal)发明了机械式十进制系统台式计算机;英国人查尔斯·巴贝奇(Charles Babbage)发明了差分机;美国人乔治·斯蒂比兹(George Stibitz)、霍华德·艾肯(Howard Hathaway Aiken)和德国人康拉德·楚泽(Konrad Zuse)共同发明了电磁式数字计算机。

电子计算机的诞生、发展和应用的普及,是人类历史上最伟大的发明之一,是 20 世纪科学技术的卓越成就,是新的技术革命的基础。在信息时代,计算机的应用必将加速信息革命的进程。计算机不仅可以解脱人类的繁重体力劳动,也可替代人类的脑力劳动。随着科学技术的发展及计算机应用的更广泛的普及,它对国民经济的发展和社会的进步将起到越来越巨大的推动作用。

要想更有利地发挥计算机的效用,我们必须了解计算机的组织结构、掌握计算机的工作原理。

本章将使学生在头脑中对计算机的组成形成一个基本轮廓,对其工作有一个大致了解。重点要让学生掌握人对计算机如何操纵,如何与计算机产生联系。

1.1 计算机发展概况

在当今社会,计算机可谓无所不在。那么,究竟什么是计算机呢? 不同的专家可能会从不同的角度去定义计算机。比如,物理学家可能很注意计算机的电子特性,而数学家可能更侧重于计算机的逻辑特性。为了研究计算机组成原理,从综合的角度看,可以将电子计算机定义为：能自动、高速、精确地进行大量数据处理的电子设备。

1.1.1　计算机发展简史

1. 第一台计算机

20 世纪 40 年代科技战线的两大成果成了人们瞩目的对象。一个是标志着"物理能量大释放"的原子弹，另一个就是"人类智慧的大释放"——计算机。

1946 年在美国宾夕法尼亚大学由美国物理学家莫奇利(J. W. Mauchly)博士和艾克特(J. P. Eckert)博士研制出世界上第一台计算机 ENIAC(Electronic Numerical Integratar and Computer，电子数字积分计算机)。它是由电子管元件组装起来的一台电子数字计算机，不具备存储功能，采用十进制，并要靠连接线路的方法编程，并不是一台具有存储程序功能的电子计算机。

世界上第一台具有存储程序功能的计算机是 EDVAC(Electronic Discrete Variable Automatic Computer，电子离散变量自动计算机)，由曾担任 ENIAC 小组顾问的著名美籍匈牙利数学家冯·诺依曼(John von Neumann)博士领导设计。EDVAC 从 1946 年开始设计，于 1950 年研制成功。它采用了电子计算机中存储程序的概念，使用二进制并实现了程序存储，把包括数据和程序的指令以二进制代码的形式存放到计算机的存储器中，保证了计算机能够按照事先存入的程序自动进行运算。冯·诺依曼提出的存储程序和程序控制的理论及他首先确立的计算机硬件由输入部件、输出部件、运算器、存储器、控制器五个基本部件组成的思想，奠定了现代计算机的理论基础。计算机发展至今，四代计算机统称为冯·诺依曼结构计算机，世人也称冯·诺依曼为"电子计算机之父"。

但是，世界上第一台投入运行的存储程序式的电子计算机是 EDSAC(Electronic Delay Storage Automatic Calculator，电子延迟存储自动计算机)。它是由英国剑桥大学的威尔克斯(M. V. Withes)教授在接受了冯·诺依曼的存储程序计算机思想后于 1947 年开始领导设计的，该机于 1949 年 5 月制成并投入运行，比 EDVAC 早一年多。

1971 年，世界上第一台微型计算机 MCS-4 组装成功，用的就是美国研制出的第一代微处理器 Intel 4004。微处理器的出现与发展，一方面使办公设备、家用电器迅速地"电脑化"；另一方面，以微处理器为核心部件的个人计算机(Personal Computer，PC)得到了广泛的应用，成为人们生产和生活必不可少的现代化工具。

我国的计算机事业起步于 1956 年。1958 年，中国科学院计算技术研究所研制出了我国第一台计算机，命名为 DJS-1，通称 103。这台计算机当时在中关村计算所大楼内，为军事科学、气象预报、石油勘探等方面的研究工作起到了相当大的作用。此后，我国在计算机发展与应用的各个阶段都有不少成果。尤其是汉字在计算机中的应用，为信息处理现代化开辟了广阔的道路。

2. 计算机的时代划分

自从第一台计算机诞生之后，计算机的发展速度异常迅猛。大约每 5～8 年，计算机就要更新换代一次，体积日益减小、速度不断加快、功能日趋增强、价格逐渐下降、可靠性不断提高、应用领域日益拓展。

第一台电子计算机诞生的 70 多年来,计算机技术得到了迅速的发展,走过了从电子管、晶体管、中小规模集成电路到大规模、超大规模集成电路计算机的发展道路。

可以从构成计算机的元器件角度,把计算机划分为四代:

第一代为电子管计算机时代(1946—1958):组成计算机的物理元件为电子管,用光屏管或汞延时电路做存储器,输入输出主要采用穿孔纸带或卡片;运行计算机使用机器语言或汇编语言;计算机的应用主要面向科学计算;代表产品有 UNIVAC-I、IBM701、IBM650 和 ENIAC(唯一不是按存储控制原理设计的);这一代计算机的缺点是体积大、功耗大、运算速度低、存储容量小、可靠性差、维护困难、价格昂贵。

第二代为晶体管计算机时代(1959—1964):组成计算机的物理元件为晶体管,使用磁心和磁鼓做存储器,引进了通道技术和中断系统;开始采用 FORTRAN、COBOL、ALGOL60、PL/1 等高级程序设计语言和批处理操作系统;计算机的应用不仅面向科学计算,还能进行数据处理和过程控制;代表产品有 IBM 公司的 IBM7090 和 IBM7094、Burroughs 公司的 B5500;第二代计算机各方面的性能都有很大的提高,软件和硬件日臻完善。

第三代为中小规模集成电路计算机时代(1965—1970):组成计算机的物理元件为集成电路,每个芯片集成 1~1000 个元件;广泛采用高级语言,有了标准化的程序设计语言和人机会话式的 BASIC 语言,操作系统更加完善和普及,实时系统和计算机通信网络得以发展;计算机的结构趋于标准化;计算机的应用趋于通用化。它不仅可以进行科学计算、数据处理,还可以进行实时控制;代表产品有 IBM 公司的 IBM360(中型机)和 IBM370(大型机)、DEC 公司的 PDP-11(小型机);第三代计算机体积小、功耗低、可靠性高。

第四代为大规模超大规模集成电路计算机时代(1971 年至现在):组成计算机的物理元件为大规模(每个芯片集成 1000~100 000 个元件)、超大规模集成电路(每个芯片集成 100 000~1 000 000 个元件),内存储器采用半导体存储器,发展了并行技术和多机系统,出现了精简指令计算机 RISC;运行计算机有了丰富的软、硬件环境,软件系统实现了工程化、理论化和程序设计自动化;计算机体积更小巧,性能更高;尤其是计算机网络与多媒体技术的实现,使得第四代计算机成为现代化的计算工具,它能够对数字、文字、语音、图形、图像等多种信息接收及处理,能够对数据实施管理、传递和加工,对工业过程进行自动化控制,从而使其成为实施办公自动化和信息交流的工具。

也可按用户所使用的计算机属于哪种类型来划分计算机:

(1) 大型机时期(1946—20 世纪 70 年代初):IBM 公司生产的大型机占据主要市场。

(2) 小型机时期(20 世纪 70 年代初—20 世纪 80 年代初):DEC 公司的 PDP-11 和 VAX11 小型机占领市场。

(3) PC 时期(20 世纪 80 年代初—20 世纪 90 年代初):Microsoft 和 Intel 公司领导 PC 的发展潮流。

(4) Internet 时期(20 世纪 90 年代初至今):各大实力派竞相争霸。

3. 微型计算机

属于第四代计算机的微型计算机是以微处理器为核心的计算机。

计算机的运算器和控制器合称为中央处理单元(Central Precessing Unit,CPU)。CPU 被大规模超大规模集成电路技术微缩制作在一个芯片上,就称为微处理器(Microprocessor)。

微型计算机的发展也历经了 4 代:

第一代微型计算机是以 4 位微处理器为核心的微型计算机。1971 年由 Intel 公司用 PMOS 工艺制成。典型的微处理器产品有 Intel4004、4040 和 8008。

第二代微处理器的产品始于 1973 年 12 月研制成功的 Intel8080。其他型号的微处理器是 Intel 公司的 Intel8085,Motorola 公司的 M6800,Zilog 公司的 Z-80。它们都是 8 位微处理器。另一类代表产品是位片式微处理器,典型产品是 Intel 公司的 3000,AMD 微器件公司的 AMD2901 和 Motorola 公司的 M10800。

第三代微处理器的代表产品是 1978 年由 Intel 公司推出的 Intel8086。接着又推出了 Intel8088。相继,Zilog 公司的 Z-8000,Motorola 公司的 M68000。它们都是准 16 位微处理器,采用 H-MOS 高密度集成半导体工艺技术,运算速度更快。这些公司在技术上互相竞争,很快又推出了全 16 位的微处理器 Intel 80286、M68020 和 Z-80000。Intel 80286 微处理器芯片的问世,导致了 20 世纪 80 年代后期 286 微型计算机风靡全球。

第四代微处理器的标志是 1985 年 10 月由 Intel 公司推出的 32 位字长的微处理器 Intel 80386。Intel 80386 微处理器芯片的问世,使得 20 世纪 80 年代末在全球出现了轰动一时的微型机"第一浪潮"。1989 年 4 月,Intel 公司又研制成功了性能更为优越的 Intel 80486 微处理器,这是一种全 32 位的微处理器芯片。Intel 80486 微处理器一问世,使得 20 世纪 90 年代初 486 微型机走红全球,出现了微型机的"第二浪潮"。Motorola 公司也在 1986 年后相继推出了 M68030 和 M68040。

从 1971 年到 1992 年,微处理器的发展公认为四代。至于 1993 年之后的微处理器时代划分,Intel、IBM、Apple、Motorola、AMD 和 Cyrix 公司的划分方法各不相同。本书以 Intel 公司产品为主线进行介绍。

1993 年,Intel 公司推出了第五代微处理器 Pentium(中文译名为奔腾)。Pentium 微处理器的推出使微处理器的技术发展到了一个崭新的阶段,标志着微处理器从 CISC 时代进入到 RISC 时代,也标志着工作站和超级小型机配置微处理器的开始。Pentium 芯片具有 64 位的数据总线和 32 位的地址总线,内部采用超标量流水线设计,芯片内采用双 Cache 结构(指令 Cache 和数据 Cache),每个 Cache 容量为 8KB,数据宽度为 32 位,数据 Cache 采用回写技术,节省了处理时间。Pentium 处理器为了提高浮点运算速度,采用 8 级流水线和部分指令固化技术,芯片内设置分支目标缓冲器(BTB),可动态预测分支程序的指令流向,节省了 CPU 判别分支的时间,大大提高了处理速度。Pentium 系列处理器有多种工作频率,工作在 60MHz 和 66MHz 时,其速度可达每秒 1 亿条指令。同期推出的第五代微处理器还有 IBM、Apple 和 Motorola 这 3 家公司的联盟 PowerPC(这是一种完全的 RISC 微处理器),以及 AMD 公司的 K5 和 Cyrix 公司的 M1 等。

1996 年 Intel 公司将其第六代微处理器正式命名为 Pentium Pro。Pentium Pro 时钟频率为 200MHz,其引入了新的指令执行方式,其内部核心是 RISC 处理器,运算速度达 200MIPS。Pentium Pro 允许在一个系统里安装 4 个处理器,因此,Pentium Pro 最适合高性能服务器和工作站。2001 年 Intel 公司发布了 Itanium(安腾)处理器。Itanium 处理器是 Intel 公司第一款 64 位产品。这是为企业级服务器及工作站设计的,在 Itanium 处理器中体现了一种全新的设计思想,完全是基于显性并行指令计算(Explicit Parallel Instruction Calculation,EPIC)而设计。对于最苛求性能的企业或者需要高性能运算功能支持的应用

（包括电子交易安全处理、超大型数据库、计算机辅助机械引擎、尖端科学运算等）而言，Itanium 处理器基本是计算机处理器中最佳的选择。2002 年 Intel 公司发布了 Itanium 2 处理器。代号为 McKinley 的 Itanium 2 处理器是 Intel 公司的第二代 64 位系列产品，Itanium 2 处理器是以 Itanium 架构为基础建立与扩充的产品，可与专为第一代 Itanium 处理器优化编译的应用程序兼容，并提升了 50%～100%的效能。Itanium 2 处理器系列以低成本与更高效能制胜，可为高阶服务器与工作站提供各种平台与应用支持。

2000 年 11 月，Intel 公司推出第七代微处理器 Pentium 4（奔腾 4 或简称奔 4 或 P4）采用 NetBurst 架构。Pentium 4 有非常快的前端总线，高达 400MHz，之后又提升到 533MHz、800MHz。它其实是一组 4 条 100MHz 的并列总线（100MHz×4），因此理论上它可以传送比一般总线多 4 倍的容量，所以号称有 400MHz 的速度。在 1999 年，AMD 推出了世界上第一款第七代微处理器，取名为速龙 MP 处理器，可支持高性能多处理器平台的服务器及工作站。新一代的应用程序需要一个稳定可靠的操作环境进行大量的运算，AMD 速龙 MP 处理器可以满足这类应用软件的需要。

2006 年 7 月 27 日，Intel 公司推出第八代 X86 架构处理器 Core 2（酷睿 2）。它采用全新的 Intel Core 架构，取代早先的 NetBrust 架构。Core 2 也同时标志着奔腾（Pentium）品牌的终结，代表着 Intel 移动处理器及桌面处理器两个品牌的重新整合。和其他基于 NetBurst 架构的处理器不同，Core 2 不会仅注重处理器时钟频率的提升，它同时拥有其他处理器的特色，例如高速缓存数量、核心数量等。功耗比以往的奔腾处理器低很多。Core 2 有 7、8、9 三个系列。

2008 年 11 月 17 日，Intel 推出的 64 位四核 CPU，沿用 X86-64 指令集，并以 Intel Nehalem 微架构为基础，取代 Intel Core 2 系列处理器。基于 Nehalem 架构的下一代桌面处理器沿用 Core（酷睿）名称，命名为 Intel Core i7 系列。面向中高端用户的 CPU 家族标识，包含 Bloomfield（2008 年）、Lynnfield（2009 年）、Clarksfield（2009 年）、Ar randale（2010 年）、Gulftown（2010 年）、Sandy Bridge（2011 年）、Ivy Bridge（2012 年）、Haswell（2013 年）、Haswell Devil's Canyon（2014 年）、Broadwell（2015 年）、Skylake（2015 年）等多款子系列。至尊版的名称是 Intel Core i7 Extreme 系列。

2017 年 5 月，Intel 公司发布了全新的酷睿 i9 处理器，向 AMD 高端处理器 Ryzen 发起挑战。Intel 公司表示，酷睿 i9 处理器最多包含 18 个内核，主要面向游戏玩家和高性能需求者。Intel 发布的五款 i9 处理器，分别为 i9-7900X、i9-7920X、i9-7940X、i9-7960X 和 i9-7980XE。Intel 对 i9 的定位是"极致的性能与大型任务处理能力"；而它的性能则主要表现在"诸如虚拟现实内容创建和数据可视化等数据密集型任务的革新"。

4. 超级计算机

超级计算机通常被定义为：能够执行一般个人计算机无法处理的海量数据并能进行高速运算的计算机。其基本组成组件与个人计算机无太大差异，但规格与性能则强大许多，是一种超大型电子计算机，具有很强的计算和处理数据的能力。主要特点表现为高速度和大容量，配有多种外部设备及高性能的软件系统。现有的超级计算机运算速度大都可以达到每秒一太（Trillion，万亿）次以上。

超级计算机是计算机中功能最强、运算速度最快、存储容量最大的一类计算机,多用于国家高科技领域和尖端技术研究,是一个国家科研实力的体现,它对国家安全、经济和社会发展具有举足轻重的意义,是国家科技发展水平和综合国力的重要标志。

1) 发展历史

"超级计算"(Supercomputing)这一名词在 1929 年《纽约世界报》关于"IBM 为哥伦比亚大学建造大型报表机的报道"中首次出现。是一种由数百、数千甚至更多的处理器(机)组成的,能计算普通 PC 和服务器不能完成的大型、复杂课题的计算机。

把普通计算机的运算速度比做成人的走路速度,那么超级计算机就达到了火箭的速度。在这样的运算速度前提下,人们可以通过数值模拟来预测和解释以前无法实验的自然现象。

自 1976 年美国克雷公司推出了世界上首台运算速度达每秒 2.5 亿次的超级计算机以来,突出展现一国科技实力的超级计算机,在诸如天气预报、生命科学的基因分析、核业、军事、航天等高科技领域大显身手,各国都在竞相研发亿亿级超级计算机。

对于超级计算机的指标,一些厂家这样规定:首先,计算机的运算速度平均 1000 万次/秒以上;其次,存储容量在 1000 万位以上。超级计算机的发展是电子计算机的一个重要发展方向。它的研制水平标志着一个国家的科学技术和工业发展的程度,体现着国家经济发展的实力。一些发达国家正在投入大量资金和人力、物力,研制运算速度达几百亿亿次的超级大型计算机。

新一代的超级计算机采用涡轮式设计,每个刀片就是一个服务器,能实现协同工作,并可根据应用需要随时增减。单个机柜的运算能力可达 460.8 千亿次/秒,理论上协作式高性能超级计算机的浮点运算速度为 100 万亿次/秒,实际高性能运算速度测试的效率高达 84.35%。通过先进的架构和设计,它实现了存储和运算的分开,确保用户数据、资料在软件系统更新或 CPU 升级时不受任何影响,保障了存储信息的安全,真正实现了保持长时、高效、可靠的运算并易于升级和维护的优势。

2) 世界超级计算机 500 强

世界超级计算机 500 强是指国际 TOP500 组织发布的,全球已安装的超级计算机系统排名,始于 1993 年,由美国与德国超算专家联合编制,以超级计算机基准程序 Linpack 测试值为序进行排名,每年发布两次,其目的是促进国际超级计算机领域的交流和合作,促进超级计算机的推广应用。

3) 中国的超级计算机

进入 20 世纪 70 年代,中国对于超级计算机的需求日益激增,中长期天气预报、模拟风洞实验、三维地震数据处理以及新武器的开发和航天事业都对计算能力提出了新的要求。为此,中国开始了对超级计算机的研发,并于 1983 年 12 月 4 日研制成功银河一号超级计算机。相继又成功研发了以银河二号、银河三号、银河四号为系列的银河超级计算机,使我国成为世界上少数几个能发布 5~7 天中期数值天气预报的国家之一。1992 年,中国又研制成功曙光一号超级计算机。在发展银河和曙光系列同时,中国发现由于向量型计算机自身的缺陷很难继续发展,因此需要发展并行型计算机,于是中国开始研发神威超级计算机,并在神威超级计算机基础上研制了神威蓝光超级计算机。2002 年联想集团研发成功深腾 1800 型超级计算机,并开始发展深腾系列超级计算机。

中国在超级计算机方面发展迅速,现已处于国际领先水平,中国是第一个以发展中国家的身份制造了超级计算机的国家。

2010年，"天河一号A"让中国第一次拥有了全球最快的超级计算机。"天河一号"全称天河一号超级计算机系统，是一台由中国人民解放军国防科学技术大学和天津滨海新区提供的异构超级计算机，操作系统为银河麒麟。"天河一号"超级计算机从2008年开始研制，按两期工程实施：一期系统(TH-1)于2009年9月研制成功；二期系统(TH-1A)于2010年8月在国家超级计算天津中心升级完成。"天河一号"于2010年投入使用后，在航天、天气预报、气候预报和海洋环境模仿方面均取得了显著成就。中国将采用超级计算机技术监控雾霾天气。

2013年6月，"2013国际超级计算大会"正式发布了第41届世界超级计算机500强排名。由国防科技大学研制的"天河二号"超级计算机系统，以峰值计算速度每秒5.49亿亿次、持续计算速度每秒3.39亿亿次双精度浮点运算的优异性能位居榜首。这是继2010年"天河一号"首次夺冠之后，中国超级计算机再次夺冠。

2014年6月，在第43届世界超级计算机500强排行榜上，中国超级计算机系统"天河二号"以其33.86Pflop/s(百万的四次方每秒，1千万亿)的运算速度再次位居榜首，获得世界超算"三连冠"，其运算速度比位列第二名的美国"泰坦"快近一倍。

2016年6月，第47届全球顶级超级计算机TOP500榜单中，中国继续稳坐头把交椅，"神威·太湖之光"荣登榜首。"神威·太湖之光"是新的全球第一快系统，LINPACK基准测试测得其运行速度达到每秒93千万亿次浮点运算(93Pflop/s)。"神威·太湖之光"由中国国家并行计算机工程和技术研究中心(NRCPC)研发，安装在无锡国家超级计算中心，它取代了基于Intel的中国超级计算机"天河二号"，荣登榜首。在过去六届TOP500榜单上，"天河二号"一直名列榜首。

2016年11月，第48届全球超级计算机排行榜，中国大发神威，不但继续垄断冠亚军位置，在上榜系统总量上也首次追平美国。中国完全自主研发的"神威·太湖之光"成为全球最强超级计算机，取得两连冠，依然基于神威W6010 260核心处理器，总计拥有10 649 600个计算核心，最大浮点性能93.0PFlop/s，峰值性能125.4PFlop/s，功率15 371kW。

2017年11月，全球TOP500组织榜单公布，中国超级计算机"神威·太湖之光"和"天河二号"连续第四次分列冠亚军，且中国超级计算机上榜总数又一次反超美国，夺得第一。

5. 小结

计算机虽然经历了4次更新换代，但是到目前为止，从基本工作原理上说仍然属于冯·诺依曼结构。所谓冯·诺依曼型的计算机是指使用者使用计算机时，首先要把计算机所从事的工作编写成程序存储在计算中，然后启动该程序，计算机自动完成使用者所要完成的工作。因此，冯·诺依曼型的计算机也可以简单地说成是存储程序和程序控制型的计算机，或者说成是程序式的计算机。

从世界上第一台计算机的诞生到现在，虽然只有半个世纪，但是计算机的发展速度及其对人类对带来的影响是任何一项科学技术都无法比拟的。从工业革命的角度，人们把计算机的广泛应用与电的发明、蒸汽机的出现相提并论为"第三次浪潮"；从信息革命的角度，人们又把计算机的应用称作"第四次信息革命"。微型计算机的发展，又给人类带来了网络时代和信息革命时代。

在未来的时空里,计算机对人类的生存与发展所带来的影响是难以预测的。但有一点是可以肯定的,那就是——信息化、网络化的计算机技术对人类生活的影响必将是巨大的。

1.1.2　现代计算机的特点

1. 现代数字计算机的特点

现代计算机的特点可从快速性、准确性、记忆性、逻辑性、可靠性和通用性几方面来体现。

(1) 快速性。计算机的处理速度(或称运算速度)可简单地用每秒可执行几百万条指令(Mi/s)来衡量。现代计算机每秒可运行几百万条指令,数据处理的速度相当快,巨型机的运算速度可达数百乃至上亿个 Mi/s。计算机这么高的数据处理(运算)速度是其他任何处理(计算)工具无法比拟的,使得许多过去需要几年甚至几十年才能完成的复杂运算,现在只要几天、几小时,甚至更短的时间就可以完成。

(2) 准确性。数据在计算机内都是用二进制数编码的,数的精度主要由表示这个数的二进制码的位数决定,也即主要由该计算机的字长所决定,计算机的字长越长,计算精度就越高。现代计算机的字长一般都在 32 位以上,高档微机都达到 64 位,大型机达到 128 位。计算精度相当高,能满足复杂计算对计算精度的要求。当所处理的数据的精度要求特别高时,可在计算机内配置浮点运算部件——协处理器。

(3) 记忆性。计算机的存储器类似于人的大脑,可以“记忆”(存储)大量的数据和计算机程序。这为人们提供了极大的方便,今天没有做完的工作(如计算一道科学计算题,或设计一张工程设计图),可以放到计算机的存储器中“记忆”,明天再拿出来继续做。早期计算机存储器的容量较小,存储器往往成为限制计算机应用“瓶颈”。今天,一台普通的 i7 处理器微机,内存容量即配到 4GB 以上,小型机以上的机器,其内存容量则更大。

(4) 逻辑性。具有可靠的逻辑判断能力是计算机的一个重要特点,是计算机能实现信息处理自动化的重要原因。冯·诺依曼结构计算机的基本思想,就是将程序预先存储在计算机内,在程序执行过程中,计算机会根据上一步的执行结果,运用逻辑判断方法自动确定下一步该做什么,应该执行哪一条指令。能进行逻辑判断,使计算机不仅能对数值数据进行计算,也能对非数值数据进行处理,使得计算机能广泛地应用于非数值数据处理领域,如信息检索、图形识别及各种多媒体应用等。

(5) 可靠性。由于采用了大规模和超大规模集成电路,元器件数目大为减少,印刷电路板上的焊接点数和接插件的数目比中小规模集成电路计算机减少了很多,因而功耗小,发热量低,从而使整机的可靠性大大提高,计算机具有非常高的可靠性。

(6) 通用性。现代计算机不仅可以用来进行科学计算,也可用于数据处理、工业实时控制、辅助设计和辅助制造、办公自动化等。通用性非常强。

2. 微型计算机的特点

微型计算机是目前使用最广泛、最普及的一类计算机。它除了具有计算机的一般特点外,还具有下面一些特点。

(1) 体积小,重量轻。微型计算机的核心部件是由超大规模集成电路制成的微处理器。台式微型计算机包括主机、键盘、显示器、软盘驱动器和硬盘驱动器,质量小于 10kg,习惯上又称它为个人计算机。除传统的台式 PC 外,近年来,又发展了便携式 PC、笔记本式 PC,以及手掌式电脑。笔记本式 PC 的体积只有文件夹大小,质量 1～3kg;手掌式电脑只有 0.5kg。它们都采用 LED 液晶显示器,配备可抽换式镍氢电池。正由于微计算机的这个特性,增大了其使用的方便性。

(2) 价格便宜,成本低。随着大规模集成电路制作工艺的进步,制作大规模集成电路的成本越来越低,微型计算机系统的制造成本也随之大幅下降。

(3) 使用方便,运行可靠。微型计算机的结构如同搭积木一般,可以根据不同的实际需要进行组合,从而可灵活方便地组成各种规模的微机系统。因为采用超大规模集成电路,很多功能电路都已集成在一个芯片上,所以元器件数目大为减少,印刷电路板上的焊接点数和接插件的数目比中小规模集成电路计算机减少了 1～2 个数量级。MOS 大规模集成电路的功耗小,发热量低,从而使整机的可靠性大大提高。现在的国产品牌微机,使用 4～5 年直到淘汰,基本上不出大的故障。又由于它体积小、重量轻,搬动容易,这就给使用者带来了很大的方便。特别是便携式 PC 和笔记本式 PC 以及手掌式 PC,可以在出差、旅行时随身携带随时取用。

(4) 对工作环境无特殊要求。微型计算机对工作环境没有特殊要求,可以放在办公室或家里使用,不像以前的大中小型机对安装机房的温度、湿度和空气洁净度有较高的要求,这大大有利于微型计算机应用的普及。但是,提供一个良好的工作环境,能使微型机更正常地工作。微型机工作环境的基本要求是:室温 15℃～35℃,房间相对湿度 20%～80%,室内经常保持清洁,电源电压稳定,附近避免磁场干扰。

1.1.3　计算机的发展趋势

进入 21 世纪以来,世界计算机技术的发展更加突飞猛进,产品在不断升级换代。那么,计算机将往何处去呢? 有的专家把未来计算机的朝向总结为"巨"(巨型化)、"微"(微型化)、"网"(网络化)、"多"(多媒体技术)、"智"(智能化,即让计算机模拟人的认识和思维);也有的专家倾向于把计算机技术的发展趋势归纳为"高"(高性能硬件平台、高性能操作系统的开发和缩小化)、"开"(开放式系统。旨在建立标准协议以确保不同制造商的不同计算机软硬件可以相互连接,运行公共软件,并保证良好的互操作性)、"多""智""网"。

我们分别从研制和应用的角度来总结计算机的发展趋势。

1. 从研制的角度看

从研制计算机的角度看,计算机将不断往大型、巨型和小型、微型以及高性能硬件平台方向发展,也将不断把新技术应用于计算机领域。

1) 大型、巨型

从功能的角度,计算机将向高速的、大存储量和强功能的巨型计算机发展。巨型计算机主要应用于天文、气象、地质、核反应、航天飞机、卫星轨道计算等尖端科学技术领域,研制巨型计算机的技术水平是衡量一个国家科学技术和工业发展水平的重要标志。因此,工业发达国家都十分重视巨型计算机的研制。目前运算速度为每秒 4 万亿次的超级计算机已经投入运行。

2) 小型、微型

从体积上,将利用微电子技术和超大规模集成电路技术,把计算机的体积进一步缩小。

价格也要进一步降低。计算机的微小化已成为计算机发展的重要方向。各种便携式计算机、笔记本式计算机和手掌式计算机的大量面世和使用,是计算机微小化的一个标志。

3) 高性能硬件平台

无论大型机、小型机还是微型机,都将追求高性能的硬件平台。

4) 多媒体技术

多媒体技术是当前计算机领域中最引人注目的高新技术之一。多媒体计算机就是利用计算机技术、通信技术和大众传播技术,综合处理声音、图像、文字、色彩多种媒体信息并实时输入输出的计算机。多媒体技术使多种信息建立了有机的联系,集成为一个系统,并具有交互性。多媒体计算机将真正改善人机界面,使计算机朝着人类接受和处理信息的最自然的方式发展。以往,CPU 是为处理数值计算设计的。多媒体出现后,为了处理语音、图像通信以及压缩解压等方面的问题,需要附加 DSP 芯片;每增加一种功能,就需要加上相应的接口卡和专用 DSP 芯片。今天可以直接做音频处理、图像压缩、解压播放、快速显示等工作的 CPU 芯片 MMX(Muiti Media Extentions)已经问世多年,诸如"虚拟现实内容创建和数据可视化等数据密集型任务"的完成已然成为事实。这必将把多媒体技术及其应用推向一个新的水平。

5) 新技术的应用

(1) 量子技术。量子计算机的概念始于 20 世纪 80 年代初期。它是利用电子的波动性来制造出集成度很高的芯片。目前日本日立公司已经制造出一种实验型量子芯片,运算速度可达 1 万亿次/秒。

(2) 光学技术。首先在速度方面,电子的速度只能达到 593km/s,而光子的速度是 3.0×10^5 km/s;其次是超并行性、抗干扰性和容错方面,光路间可以交叉,也可以与电子信号交叉,而不产生干扰。目前世界上第一台"光脑"已经由欧共体的 70 多名科学家和工程师合作研究成功,但最主要的困难在于没有与之匹配的存储器件。

(3) 超导器件。硅半导体在工艺上已经成熟,是最经济的器件,也是当前的主流;但这并不排除去挖掘超导器件。

(4) 生物技术。科学家已经制造出了蛋白质分子电路;1994 年 11 月,美国的《科学》杂志最早公布 DNA 计算机的南加利福尼亚大学的纳德·阿德拉曼博士在试管中成功地完成了计算过程。DNA 计算机可以像人脑一样进行模糊计算,它有相当大的存储容量,但速度不是很快。

2. 从应用的角度看

从应用计算机的角度看,计算机将不断往高性能软件平台方向、智能化方向和开放系统方向发展,也将不断地智能化、网络化。

(1) 高性能软件平台。体现在高性能操作系统的开发。

(2) 开放系统。建立起某些协议以保证不同商家制造的不同计算机软硬件可以相互连接,运行公共应用软件,同时保证良好的互操作性。

(3) 智能化。指计算机具有模拟人的感觉和思维过程的能力,即计算机拥有智能。这是目前正在研制的新一代计算机要实现的目标。智能化的研究包括模拟识别、物形分析、自然语言的生成和理解、博弈、自动证明定理、自动设计程序、专家系统、学习系统和智能机器人等。目前,已研制出多种具有人的部分智能的"机器人",可以代替人在一些危险的工作岗位上工作。

（4）网络化。从单机走向联网,是计算机应用发展的必然结果。所谓计算机网络化是指用现代通信技术和计算机技术把分布在不同地点的计算机互联起来,组成一个规模大、功能强的可以互相传输信息的网络结构。网络化的目的是使网络中的软、硬件和数据等资源能被网络上的用户共享。今天,计算机网络可以将远隔千山万水的计算机联入国际网络。当前发展很快的微机局域网正在现代企事业单位中发挥越来越重要的作用。计算机网络是信息社会的重要技术基础。

1.2　计算机的组成及解题过程

1.2.1　我们头脑中的计算机组成和大致工作过程

1. 计算机的组成部分

让我们先在头脑里想象计算机是如何组成的。

我们知道计算机中是用 0、1 来表示信息的。从这个角度看,计算机又可称为对数字式信息进行加工的机器。这里的数字式信息即指用 0、1 表示的数据。

可以把计算机的工作描述成：欲加工的数字、符号、信号被送入计算机,经计算机处理后,又以新的数字、符号、信号的形式输出出来。因此,计算机初步表示为如图 1.1 所示的结构。

我们把要处理的数据（数字、符号、信号等）输入给计算机,计算机按照我们发给它的指令（通知计算机进行各种操作的手段为指令；按顺序安排好的计算机的指令的集合称为程序）对数据（又称为操作数）进行加工（又称为操作）,再把结果（以数字、符号、信号的形式）输出。

为了让计算机自动、快速工作,有必要把程序和数据预先保存在计算机内,然后让计算机自动地一条条地执行指令。这就需要为计算机安排记忆装置。

图 1.2 中 MEM（Memory）为存储器,是计算机内的记忆装置,用于存储程序和数据；CPU（Central Processing Unit）为中央处理单元,是分析并控制指令执行的部件。

图 1.1　最简计算机描述图　　　　图 1.2　带记忆装置的计算机简图

程序和数据被保存在存储器里后,CPU 自动把指令一条条从存储器中取出,并进行分析,然后根据指令的要求完成相应的加工处理。

这里,有必要提一下有关存储程序的概念。存储程序的概念是当今计算机都遵循的一种理念。用户将安排好的程序和数据送入主存储器中,然后启动计算机工作；计算机在不需要人工干预的情况下,自动取出、分析并执行指令。

由于指令是预先保存在计算机里而不是由人一条一条当场输入的,读取指令、分析指令和执行指令都是计算机自动完成的,这就大大加快了计算机处理速度。

再把 CPU 细分成"分析并控制指令执行"的部件和"具体进行加工"的部件。就可把计算机表示成如图 1.3 所示的由存储、运算器和控制器组成的三部件结构。

图 1.3 中 CTL(Control)为控制器,负责分析并控制指令的执行。ALU(Arithmetical and Logical Unit)为算术逻辑单元,又称运算器,负责进行各种算术和逻辑的运算。实线表示指令或数据的流向,虚线表示控制器发送的命令。

计算机所能进行的各种操作都可分解为传送、存储和运算(算术的或逻辑的)三类。其中前两类由传输线路和存储器来完成,运算类就由运算器负责。

由此三部件组成的计算机工作过程可描述为:控制器把指令逐条从存储器取出,经分析后,指挥相应的部件完成相应的动作。如果是传输、存储类的操作,指挥传输线路和存储器来完成;如果是运算类动作,需要把操作数从存储器读取到运算器中,经运算器运算后再把结果回送给存储器,需要输出的再由存储器进行输出。

如果将图 1.3 加上把原始数据和指令输入计算机并把结果输出给用户的部分(输入、输出设备),计算机结构就可描述为如图 1.4 所示的五大组成部分。

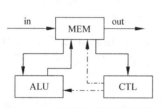

图 1.3　三部件计算机结构图

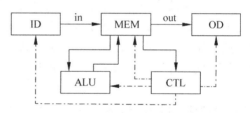

图 1.4　五部件计算机结构图

图 1.4 中 ID(Input Device)为输入设备,其负责接收用户所能识别的符号代码并将其转换为计算机所能识别的 0、1 代码输入给计算机,包括鼠标、键盘、纸带输入机、扫描仪、触控笔、麦克风、电传打字机、触摸屏、摄像机等;OD(Output Device)为输出设备,其负责接收计算机所能识别的 0、1 代码并将其转换为用户所能识别的符号代码输出给用户,包括显示器、打印机、X-Y 绘图仪、音箱等。

输入输出设备有时又统称为 I/O 设备、外围设备,简称外设。存储器、控制器以及运算器合起来被称为主机(HOST)。外设通过接口与主机相连。

这里的接口即指:HOST 与 I/O 之间的连接通道及有关的控制电路,也可泛指任何两个系统间的交接部分或连接通道,又称适配器。因为其常被设计成卡状以方便和主机连接时的插拔,所以常被称为接口卡,如显卡(监视器/显示器接口卡)、硬盘卡(硬盘接口卡)等。

2. 计算机的工作过程

由五大组成部分组成的计算机的大致工作过程可描述为:用户通过输入设备输入程序和数据,存放在计算机的存储器中;控制器把指令逐条从存储器取出,经分析后,指挥相应的部件完成相应的动作。如果是传输、存储类的动作,指挥传输部件和存储器来完成;如果是运算类动作,需要把操作数从存储器取到运算器中,经运算器运算后再把结果回送给存储器,需要输出的再由存储器把数据传送给输出设备进行输出。

1.2.2 计算机的五大组成部分及硬件结构

本节将系统介绍现代计算机的结构。

现代计算机都是建立在冯·诺依曼提出的存储程序和程序控制的理论基础上的。采用了电子计算机中存储程序的概念,即:

- 计算机系统由运算器、存储器、控制器、输入设备和输出设备五大基本部件组成。
- 计算机内部采用二进制来表示指令和数据。
- 把编制好的程序和数据一起送入计算机的主存储器中,然后启动计算机工作,计算机在不需要操作人员干预的情况下,自动取出指令、分析指令并执行指令完成规定的任务。

在此,有必要对一些术语作出解释。

(1) 数据。计算机所能处理的数字式信息。

(2) 操作。计算机所进行的各种处理动作。计算机所能进行的操作包括信息的传送、存储和加工。传送通常由输入设备、输出设备完成;存储由存储器完成;而运算类(包括算术类和逻辑类)加工通常由运算器来完成。各种操作都是在控制器的控制下完成的。

(3) 操作数。被操作的对象。

(4) 指令。通知计算机进行各种操作的手段。

(5) 程序。按顺序编排好的、用指令表示出的计算机解题步骤。

(6) 总线。用于传输信息的导线组。

(7) 计算机硬件。组成计算机的机械的、电子的和光学的物理器件。

1. 计算机的五大组成部分

(1) 运算器,又称算术逻辑单元(ALU)。负责进行各种算术的逻辑的运算。

(2) 控制器(CTL)。负责控制、监督、协调全机各功能部件的工作,分析并控制指令的执行。

(3) 内存储器(Internal Memory,IM);又称主存储器(Main Memory,MM)。是计算机内的记忆装置,负责存储程序和数据。程序运行期间,与相关的数据共同存储于此。从计算机的运行速度和造价考虑,计算机的内存储器容量总是有限度的,为了扩大计算机的存储容量,在计算机的外部又设置了外部存储器(External Memory),也叫辅助存储器(Auxiliary Memory)。常见计算机辅助存储设备包括硬盘、软盘、光盘以及闪存等。

(4) 输入设备(ID)。接收用户所能识别的符号代码并将其转换为计算机所能识别的0、1代码输入给计算机。参与运算或处理的数据、完成运算或处理的程序以及运算过程中所有指挥计算机运行的命令都是通过输入设备发送给计算机的。

(5) 输出设备(OD)。接收计算机所能识别的0、1代码并将其转换为用户所能识别的符号代码输出给用户。输出的信息可以是数字、字符、图形、图像、声音等。

值得一提的是:

- 软磁盘驱动器、硬磁盘驱动器、光盘驱动器及其存储介质既是输入设备,又是输出设备。输入设备和输出设备合称外围设备或输入输出设备(Input/Output Equipment,I/O)。

- 运算器和控制器合称中央处理机。
- 运算器、控制器、内存储器统称主机。
- 主机和外部设备间通过接口相连(所谓接口就是指主机和外设间连接通道和有关的控制电路,也可泛指任何两个系统间的交接部分和连接通道。因为接口电路现在大部分被做成可方便插拔的器件,所以某些场合又把接口形象地称为接口卡)。

2. 计算机的硬件结构

1) 冯·诺依曼计算机结构

典型的冯·诺依曼计算机的特点是以运算器为中心的结构,如图1.5所示。

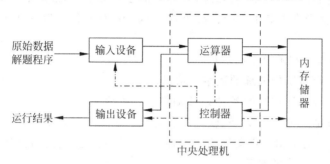

图 1.5　典型的冯·诺依曼计算机结构图

图1.5中的实线为数据线,这里的数据包括被处理的数据和指令;虚线为控制线,表示中央处理机对各部件发出的控制信号。

2) 现代计算机结构

现代计算机转向以存储器为中心。其基本组成如图1.6所示。

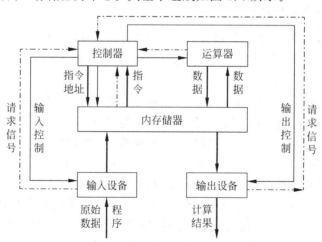

图 1.6　以存储器为中心的计算机结构图

其工作过程为:输入设备在控制器控制下,把原始数据和程序直接送入内存储器存放;控制器把指令诸条取出进行分析,然后指挥相应部件完成相应动作;运算器将处理后的结果再送回到存储器,最后再由内存储器直接通过输出设备输出。

图中的粗线为数据线,这里的数据包括被处理的数据和指令及指令地址;细线为控制线,表示中央处理机对各部件的控制信号;虚线为状态或请求信号线,表示各部件传送给控制器的状态或请求信号。

无论是冯·诺依曼结构的计算机还是现代结构的计算机都由五大部件组成,缺一不可。现在又把计算机看成两或三大部分,如图1.7所示。两部分即主机与外围设备;三部分是将主机分成中央处理单元与内存储器两部分。

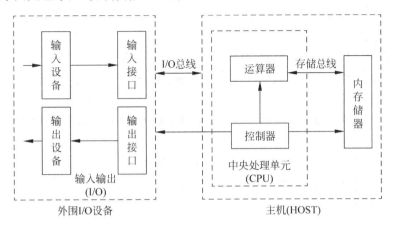

图 1.7 现代计算机两(三)大部分结构图

用户通过输入设备输入程序和数据,通过输出设备接收运行结果(如图1.8所示)。

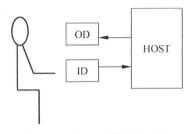

图 1.8 用户与计算机的联系

1.2.3 计算机系统

所谓系统是指同类事物按一定关系组成的整体。计算机系统就是计算机的硬件和软件的有机结合,如图1.9所示。

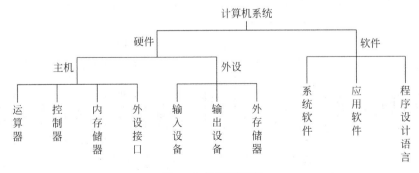

图 1.9 计算机系统

计算机的硬件是计算机工作的物质基础,而软件是发挥计算机效能的必要手段。没有计算机软件的计算机被称为裸机,裸机只有配备了必要的软件(系统软件)才可以工作,因为硬件是根据指令进行工作的。

1. 计算机的硬件系统

硬件是计算机所使用的电子线路和物理装置。正如计算机的运算器、控制器、存储器、输入设备、输出设备五大组成部分,计算机硬件是指组成计算机的机械的、电子的、光学的元件或装置。它们是我们的感官和触觉所能感触得到的实体。

有关计算机的硬件系统构成已在1.2.2节中已经有所描述,此不赘述。

需要指明的是:

- 图1.9中的外存储器(辅助存储器),既属于输入设备,又属于输出设备(这里之所以单列出来,是为了与内存储器相对应)。
- 外设接口是主机和外部设备之间的接口,原则上既不属于主机,也不属于外设(而图1.9中之所以把外设接口划归主机,是因为在设计、配置机器时大部分接口被置于主机箱内)。

2. 计算机的软件系统

软件是指通知计算机进行各种操作的指令集合(即程序)和程序运行时所需要的数据,以及相关的文字说明和图表资料,这些文字说明和图表资料又称为文档。

软件是相对硬件来说的。计算机软件是将解决问题的方法、思想和过程用程序进行描述。程序通常存储在介质上(如硬盘、U盘、光盘、磁带及早期的穿孔卡等),人们可以看到的是存储程序的介质(即硬件),而程序是介质上无形的信息,而非介质本身。

指挥整个计算机硬件系统工作的程序集合就是软件系统。

整个软件系统按其功能可分为系统软件和应用软件,如图1.10所示。程序设计语言属于特殊的应用软件,是供程序设计者编制程序用的应用软件。

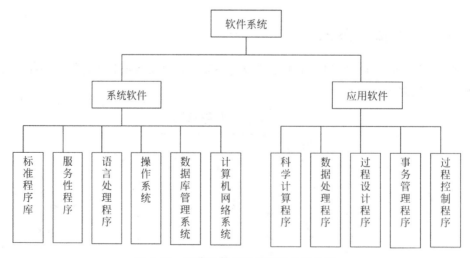

图1.10 现代计算机系统中软件的分类

系统软件(又称系统程序)的主要功能是负责对计算机的软硬件系统进行调度、监视、管理及服务等。早期的计算机系统没有系统程序,用户使用计算机的时候,只能用计算机指令编制二进制代码程序。因此,计算机用户必须接受专门训练,否则无法使用计算机。随着计算机内部结构越来越复杂,运算速度也越来越快,整个机器的管理也就越来越复杂。为了不让用户在控制台上的手工机械速度影响机器的效率,专家研制出了系统程序。有了系统程序,用户只需要使用简单的语言编写程序就可在计算机的硬件系统上运行。系统程序使系统的各个资源得到合理的调度和高效的运用。它可以监视系统的运行状态,一旦出现故障,能自动保存现场信息,使之不至于遭到破坏,并且能够立即诊断出故障部位;还可以帮助用户调试程序,查找程序中的错误等。

应用软件(又称应用程序)则是计算机的用户在各自的业务系统中开发和使用的各种程序。例如天气预报中的数据处理、建筑业中的工程设计、商业的信息处理、企业的成本核算、工厂的仓库管理、图书的管理、炼钢厂的过程控制、卫星发射的监控、教学中的辅助教学,等等,都是可以借助计算机应用软件来提高效率的。随着计算机的广泛应用,应用软件的种类和数量越来越多。

下面对六类软件从功能和用途上进行简要介绍。

1) 操作系统

操作系统(Operating System,OS)是管理计算机硬件与软件资源的计算机程序。负责指挥计算机硬软件系统协调一致的工作。其任务一方面是管理好计算机的硬软件全部资源,使它们充分发挥作用;另一方面是为计算机和用户之间提供接口、为用户提供一个便捷的计算机使用环境,使用户不必掌握计算机的底层操作,而是通过操作系统提供的功能去使用计算机。

几个常用的操作系统简介:

(1) DOS 操作系统。

DOS(Disk Operation System,磁盘操作系统)是一个单用户单任务的操作系统。自1981 年推出 1.0 版,发展至今已升级到 6.22 版,DOS 的界面用字符命令方式操作,用户通过键盘命令对计算机进行各种操作及管理,而且只能运行单个任务。

(2) Windows 操作系统。

Windows 是 Microsoft 公司在 1985 年 11 月发布的第一代窗口式多任务操作系统,它使 PC 进入了图形用户界面(Graphic User Interface,GUI)时代。它以可视化的窗口、直观的图标、按钮、菜单将丰富多彩的系统功能展现给用户,用户可以借助鼠标、触笔等通过单击或双击图标、按钮、菜单选项,以对话的形式实现系统的各种功能,并在运行过程中随时获得系统的帮助,无须记忆过多的操作命令。目前在 Windows 系统下,已建立了办公自动化、数据库管理、程序设计等各种集成开发环境,为使用者的应用和开发提供了理想的界面。Windows 系统主要有桌面版、服务器版和移动版三个版本:

桌面版包括 Windows XP、Windows Vista、Windows 7、Windows 8、Windows 10,其中Windows XP 已经被淘汰了,现在的主力是 Windows 7 和 Windows 10;

服务器版包括:Windows Server 2003、Windows Server 2008、Windows Server 2012 和Windows Server 2016;

移动版包括 Windows Mobile、Windows Phone、Windows 10 Mobile;

另外还有一个嵌入系统 Windows CE。

（3）UNIX 操作系统。

UNIX 操作系统设计是从小型机开始的，从一开始就是一种多用户、多任务的通用操作系统，它为用户提供了一个交互、灵活的操作界面，支持用户之间共享数据，并提供众多的集成的工具以提高用户的工作效率，同时能够移植到不同的硬件平台。UNIX 操作系统的可靠性和稳定性是其他系统所无法比拟的，它是公认的最好用的 Internet 服务器操作系统。从某种意义上讲，整个因特网的主干几乎都是建立在运行 UNIX 的众多机器和网络设备之上的。

（4）Linux 操作系统。

Linux 是一套免费使用和自由传播的类似 UNIX 的操作系统，这个系统是由全世界各地的成千上万的程序员设计和实现的。用户不用支付任何费用就可以获得它和它的源代码，并且可以根据自己的需要对它进行必要的修改，无偿对它使用，无约束地继续传播。

Linux 以它的高效性和灵活性著称。它能够在计算机上实现全部的 UNIX 特性，具有多任务、多用户的能力，而且还包括了文本编辑器、高级语言编译器等应用软件。它还包括带有多个窗口管理器的 X-Windows 图形用户界面，是一个功能强大、性能出众、稳定可靠的操作系统。

2）语言处理程序

语言处理程序的主要功能是把用户编制程序用的源程序翻译成计算机硬件所能识别和处理的目标代码，以便使计算机能执行用户以各种程序设计语言所描述的任务。

不同编程语言的源程序对应于不同的语言处理程序。

常见的语言处理程序按其翻译方法的不同可以分为解释程序与编译程序两大类。前者对源程序的翻译采用边解释边执行的方法，并不生成目标程序，称为解释执行；后者必须先将源程序翻译成目标程序，才开始执行，称为编译执行。

计算机所能接受的语言与计算机硬件所能识别和执行的语言并不一致。计算机所能接受的语言很多，如机器语言（用 0、1 代码按机器的语法规则组成的语言）、汇编语言（将机器语言符号化的语言）、高级程序设计语言（能表达解题算法的面向应用程序的接近人类语言的计算机语言如 BASIC、FORTRAN、Pascal、C、VB、VC、FoxPro、Delph 语言以及 Java、Python、C＃等）。计算机的硬件所能识别和执行的只有机器语言。

无论是系统软件还是应用软件，都是用计算机语言编写出来的，或者说是用程序设计语言编写的。计算机的程序设计语言随着计算机的更新换代也在不断地发展，从机器语言、汇编语言发展到高级语言，从过程性语言又向人工智能语言（即说明性语言）过渡。计算机语言的发展，在方便用户的同时，也使计算机的性能在不断提高。下面对程序设计语言的发展来回顾一下。

（1）机器语言

机器语言是一种唯一能被计算机的硬件识别和执行的二进制语言，用二进制代码表示的机器指令来表示。

机器语言的每一条指令都如同开启机器内部电路的钥匙，例如执行加法指令可以启动加法器及相关电路，实现加法运算；执行停机指令可以调动相应开关电路、停止机器运行等。计算机的设计者提前把所有这些动作和相关指令设计好，并以“指令系统”说明书的形式把一台计算机的全部功能和语法提供给使用者。使用者根据指令说明书来描述所求解问题的过程和步骤，又称编写程序，所得到的程序即为机器语言程序。

机器语言是最贴近机器硬件的语言。目前,采用微程序控制器原理进行控制的系统进行控制仍使用机器语言。

机器语言的优点在于:由于计算机的机器指令与计算机上的硬件密切相关,用计算机语言编写的程序可以充分发挥硬件功能,程序结构紧凑,运行效率高。

机器语言的不足之处在于:所编写的程序阅读、理解起来很困难,编写、修改、维护都很难;同时机器语言是一种依赖于计算机"机器本身"的语言,不同类型的计算机其指令系统和指令格式都不一样,缺乏兼容性,因而针对某一型号的计算机编制的机器语言程序不可以在另一型号的机器上运行。

机器语言的种种不便,导致其仅只在计算机发明初期使用。

(2) 汇编语言

汇编语言是一种将机器语言符号化的语言,它用形象、直观、便于记忆的字母和符号来代替二进制编码的机器指令。

汇编语言基本上与机器语言是一一对应的,但在表示方法上发生了根本的改变。它用一种助记符来代替表示操作性质的操作码,而用符号来表示用于指明操作数位置信息的地址码。这些助记符通常使用能描述指令功能的英文单词的缩写,以便于书写和记忆。比如,ADD 表示加法,MOV 表示传送等。汇编语言不能直接调动计算机的硬件,需要借助汇编编译程序将汇编语言源程序翻译成机器语言程序才能执行。完成这种翻译功能的语言处理程序叫作汇编程序。

因此,汇编语言程序是远离计算机硬件的软件。

(3) 高级语言

高级语言是一种能表达解题算法的面向应用问题的语言。

高级语言编写的程序由一系列的语句(或函数)组成。每一条语句常常可以对应十几条、几十条甚至上百条机器指令。用高级语言编写的程序要通过编译程序(编译器)或解释程序(解释器)将其翻译成机器语言才可被计算机执行。

高级语言程序需要借助编译系统或解释系统翻译后才能与硬件建立联系。因此,高级语言程序是远离计算机硬件、最接近人类自然语言的软件。

高级语言的种类很多。常见的有 BASIC、FORTRAN、ALGOL、COBOL、C、Pascal、Prolog 和 Java 等。新的高级语言不断涌现的同时,已有的语言自身也在不断发展。如 Visual Basic、Delphi 和 Visual C++等就是 BASIC、Pascal 和 C 在面向对象方面得到发展后形成的、可视化编程语言。

在此值得一提的是 Java 语言。它是 Sun 公司于 1995 年 5 月推出的面向对象的解释执行的编程语言。它源于 C++(C 经过面向对象发展而来),在继承了现有的编程语言优秀成果基础上,做了大量的简化、修改和补充,具有简单、面向对象、安全、与平台无关、多线程等优良特性。随着 Internet 和 World Wide Web(万维网)的迅速普及,采用 Java 编制小应用程序(Applet)将越来越受广大 Internet 使用者的欢迎和瞩目。

目前最为流行的编程语言是 Python。Python 是一个高层次的结合了解释性、编译性、互动性和面向对象的脚本语言。它是 20 世纪 80 年代末和 90 年代初,由 Guido van Rossum 在荷兰国家数学和计算机科学研究所设计出来的。Python 本身也是由诸多其他语言发展而来的,包括 ABC、Modula-3、C、C++、ALGOL-68、SmallTalk、UNIX shell 和其他的脚本语言等。

高级语言的优点在于：语言简洁直观，便于用户阅读、理解、修改和维护，同时也提高了编程效率。使得非计算机专业人员也可以通过高级语言编制程序，大大地促进了计算机的应用及普及。

3）标准库程序

标准库程序是指存放常用的按标准格式编写的程序仓库。

为了方便用户编制程序，通常将一些常用的程序事先编制好，供用户调用。标准程序库存放就是这些按标准格式编写的程序，并存放于计算机中。用户需要时，就选择合适的程序段嵌入自己的程序中。如此则既减少了用户的工作量，又提高了程序的质量和工作效率。

例如解方程：

$$\log y + \sqrt{y} - 6 = 0$$

可以从标准程序库中选出求对数子程序、开平方子程序和函数求根子程序，将它们装配起来，就可得到求解此方程的程序。

4）服务性程序

服务性程序又可称为实用程序，是对应于辅助计算机运行的各种服务性的程序。

它的主要功能包括用户程序的装入、连接、编辑、查错和纠错；诊断硬件故障；二进制与十进制的数制转换等。

(1) 装入程序。负责在使用计算机时，将程序从机器的外部经由各种外部设备如卡片读入器、磁盘等装入内存以便运行。装入程序自身必须首先装入内存。可编写一个引导装入程序将其装入，通过操作员控制面板上的手动开关，将引导装入程序输入内存，引导装入程序只有几条指令组成，通常用机器语言编写，故又叫绝对二进制装入程序。一旦装入程序进入内存之后，便可启动运行，从而将已编译为机器语言的目标程序装入内存。现代计算机中把引导装入程序放在控制台系统的 ROM 中，只要拨动控制台面板上的加载引导开关即可执行。

(2) 连接程序。负责将若干目标程序模块连接成单一总程序。在实际应用中，一个大的源程序常被分成若干相对独立的程序模块，分别编译成相应的目标模块。这些独立的目标模块必须连接成一个程序才能投入运行。连接程序有时也和装入程序的功能组合在一起，称作连接装入程序。这种连接装入程序还可以将某些复合任务所需要的源程序和子程序连接为单一实体送给编译程序。

(3) 编辑程序。是为用户编制源程序提供的一种编辑手段，它可以使用户方便地修改源程序。用户通过键盘输入源程序，计算机将它显示在输出显示器的荧光屏上。借助编辑程序，用户可以方便地通过键盘输入正确字符，并完成修改。

(4) 数制转换程序。可使用户直接用十进制数输入，由计算机自动转换成机内二进制数，以方便使用者。在某些高性能、高速度的计算机中已为这种转换设置机器指令，由硬件来实现。

(5) 诊断程序。也是服务性程序的一种，用来诊断硬件的故障。当机器在运行中出现故障时，诊断程序被启动运行。它从执行指令的角度或从电路结构的角度查出机器的故障位置。诊断程序可用机器指令编写，在现代计算机中用汇编程序编写，而在采用微程序技术的机器中，可以用微指令编写诊断微程序，诊断的效果将更好。

5）数据库管理系统

数据库管理系统(Database Management System, DBMS)是一种操纵和管理数据库的大型软件,它用于建立、使用和维护数据库。它对数据库进行统一的管理和控制,以保证数据库的安全性和完整性。用户通过 DBMS 访问数据库中的数据,数据库管理员也通过 DBMS 对数据库进行维护。常用的数据库管理系统软件包括:Oracle、Sybase、Informix、Microsoft SQL Server、Microsoft Access、DB2、MySQL 等。

(1) Oracle 数据库管理系统。

Oracle 数据库系统是美国甲骨文公司开发的以分布式数据库为核心的一组软件产品,是目前最流行的 C/S 或 B/S 体系结构的数据库之一。Oracle 数据库是目前世界上使用最为广泛的数据库管理系统。

(2) Sybase 数据库管理系统。

Sybase 是由美国 SYBASE 公司研制的一种关系型数据库系统,它运行于 UNIX 或 Windows NT 平台,是一种典型的 C/S 环境下的大型数据库系统。

(3) Informix 数据库管理系统。

Informix 数据库管理系统是使用多线索、多进程、动态伸缩性和高度并发的体系结构系统。该结构使系统在用户数和业务量增大时仍可保持较高的系统性能。它也支持多用户和分布式数据处理,允许客户机和服务器、服务器和服务器间进行透明的分布数据操作。

(4) Microsoft SQL Server 数据库管理系统。

Microsoft SQL Server 是微软公司推出的关系型数据库管理系统。具有使用方便、可伸缩性好、相关软件集成程度高等优点,是一个全面的数据库平台,利用集成的商业智能工具提供企业级的数据管理。

(5) Microsoft Access 数据库管理系统。

Microsoft Office Access 是由微软发布的关系数据库管理系统,是 Microsoft Office 的系统程序之一。

(6) DB2 数据库管理系统。

DB2 是美国 IBM 公司开发的一套关系型数据库管理系统,它主要的运行环境为 UNIX、Linux、IBM i(OS/400)、z/OS,以及 Windows 的各种服务器版本。DB2 主要应用于大型数据库系统,具有较好的可伸缩性,既支持大型机又支持单用户环境,应用于所有常见的服务器操作系统平台下。DB2 提供了高层次的数据利用性、完整性、安全性、可恢复性,以及小规模到大规模应用程序的执行能力,具有与平台无关的基本功能和 SQL 命令。

(7) MySQL 数据库管理系统。

MySQL 是由瑞典 MySQLAB 公司开发的关系型数据库管理系统,属于甲骨文公司旗下产品。在 Web 应用方面,MySQL 是当前最好的关系数据库管理系统应用软件。

6)计算机网络软件

计算机网络软件是为计算机网络配置的系统软件。

所谓计算机网络是指以互相能够共享资源(包括硬件、软件和数据)的方式联结起来、各自具备独立功能的计算机集合。计算机网络软件负责对网络资源的组织和管理,实现相互之间的通信。

计算机网络软件包括网络操作系统和数据通信处理程序。前者用于协调网络中各机器的操作及实现网络资源的管理;后者用于网络内设备之间的通信,实现网络操作。

(1)网络操作系统。是网络软件的核心部分。它负责与网络中各台机器的操作系统相接,协调各用户与相应操作系统的交互作用,以获得所要求的功能。用于执行数据通信系统基本处理任务的程序驻留在计算机内,通过网络操作系统与主计算机操作系统的数据管理设备相连,提供实际的远程处理设备接口,使网络用户可以拥有与本地用户完全相等的能力。为了通信双方交换信息必须约定一些共同的规则和步骤,称为通信协议(Protocol)。

(2) 数据通信系统。负责执行数据通信中的基本处理任务(亦可称为应用程序)。

综上所述,计算机系统是计算机硬件系统和软件系统的结合体。硬件是计算机系统的物质基础,只有配备了基本的硬件,才具备配置软件的条件;然而,软件的配置给计算机带来了生命的活力。因此,可以称为"硬件是基础,软件是灵魂"。

学习计算机组成原理侧重介绍组成现代计算机的基本硬件,其中包括配置操作系统所必须提供的支持硬件。需要强调的是,计算机的硬件系统与软件系统之间的分界线是随着计算机的发展而动态地变化的。下面就介绍一下现代计算机系统的层次结构。

3. 计算机系统的层次结构

计算机是由硬件和软件组成的。

计算机的硬件和软件层次结构如图 1.11 所示。

图 1.11　计算机的硬件和软件层次结构

裸机就是计算机的硬件部分。

裸机外面是微程序。只有采用微程序设计的计算机系统才有这一级层次。它是由硬件直接实现的,为机器指令提供解释执行功能。它是硬件维护和设计人员所关心的目标。

指令系统对于采用组合逻辑设计的计算机系统来说是最接近硬件的一层。该层是软件系统与硬件系统间联系的纽带。硬件系统的操作由该层控制,软件系统的各种程序必须转换成该层的指令才能执行,该层指令用机器语言表示。程序员可以在此层直接编程。此层也是硬件维护和设计人员所关注的目标。

操作系统对计算机系统中的硬件和软件资源进行统一管理和调度。它支撑着其他系统软件和应用软件,使计算机能自动运行,发挥其效用。

语言处理程序及其他系统软件为用户和系统管理员提供了接近人类自然语言的编程符号和各种方便编程、运行的手段。

应用程序层是用户关注的目标。它在以上各层的支持下可以容纳各种用途的程序,处理各种信息。用户可通过应用程序层将计算机看成是信息处理系统。

从上面的分析可以看出,微程序、指令系统、操作系统是面向机器的,是为支持高层的需要而设置的;语言处理程序和其他系统软件及应用程序是面向应用的,是为程序员解决问题而设置的。

层次之间的关系十分紧密,外层是内层的扩展,内层是外层的基础。

从功能的角度来看,软件和硬件又存在着互相补充的关系,一方没有实现的功能可由另一方来补充;或者可以说硬件与软件之间存在着逻辑等价关系。因此,对于某个具体的功能来说,究竟是由硬件实现还是由软件实现存在着功能分配的问题。如何合理分配软、硬件的功能是计算机系统总体结构的重要内容。

早期的计算机是依靠硬件实现各种基本功能的。当结构简单、功能较强的小型机问世之后,就让硬件去完成较简单的指令系统功能,由软件来实现高一级的复杂任务,这是一种硬件软化的方法;随着集成电路技术的发展,许多原来用机器语言程序实现的操作(如乘法和除法运算、浮点运算等),改由硬件来实现,这又是软件硬化的例子;当微程序控制技术与集成电路技术结合之后,使得原来属于软件的微程序和一些固定不变的程序被装入只读存储器 EPROM 中,制成了"固件"。

1.2.4　计算机的解题过程

从用户的角度看,应用计算机解决问题,就是通过输入设备输入要解决的问题,然后从输出设备得到结果,至于计算机内部是如何工作的,用户可以把它看作是一个暗箱,不必知道工作细节,如图 1.12 所示。

计算机组成原理就是要讲清楚暗箱内的工作过程。

可以将计算机处理的问题归结为物理问题。在计算机处理之前,必须从问题规范出发,把物理问题通过数学描述建立数学模型;然后再经过数值分析,将数学模型转变为近似的数值计算公式;再按公式绘制出计算程序的流程图;并根据流程图编制出程序;最后输入计算机运行。

计算机解题过程可以描述为:

用户用程序设计语言编写程序,连同数据一起输入计算机(源程序);然后由编译程序将其翻译成机器语言程序(目标程序);再在计算机硬件上运行后输出结果,如图 1.13 所示。

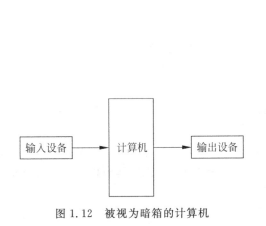

图 1.12　被视为暗箱的计算机

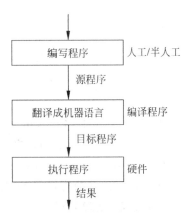

图 1.13　计算机的解题过程

1.3　计算机系统的技术指标

早期评价一个计算机系统的主要性能指标是字长、容量和运算速度。现在要考虑的主要技术指标也包括主频和存取周期。

1.3.1　主频

主频是指计算机的时钟频率,即计算机的 CPU 在单位时间内发出的脉冲数。主频在很大程度上决定了计算机的运行速度。主频率越高,CPU 的工作节拍越快。主频的单位是赫兹(Hz),如 486DX166 的主频为 66MHz,Pentium100 的主频为 100MHz,Pentium II 233 的主频为 233MHz,Pentium III 的主频有 450MHz、500MHz、1.13GHz,Pentium 4 的主频有 1.2GHz、1.4GHz、1.5GHz 和 1.7GH,i7 的主频为 3.2GHz,而最新的 i9 基本主频达到了 4.0GHz,最大主频为 4.5GHz。

1.3.2　字长

字长是指计算机的运算部件能同时并行处理的二进制的位数。

字长决定了计算机的运算精度,字长越长,计算机的运算精度就越高。

字长还决定了指令的直接寻址的能力,字长越长,在指令中直接给出地址的机会越大,其直接寻址的能力也就越强。

字长用二进制的位(bit)来衡量。一般机器的字长都是字节(1Byte＝8bit)的 1、2、4、8 倍。微型计算机的字长为 8 位、16 位、32 位和 64 位,如 286 机为 16 位机,386 机与 486 机是 32 位机,而 Pentium III、Pentium 4 的字长是 64 位。现在的高档微机字长有望达到 128 位。

1.3.3　容量

容量是指计算机内存系统的容量,即计算机的内存系统所能容纳的二进制信息的总量。容量常用字节 Byte 数来衡量。容量的单位有 KB、MB、GB 和 TB。它们之间的关系如下:

$$1B＝8bit$$
$$1KB＝1024B＝2^{10}B$$
$$1MB＝1024KB＝2^{20}B＝1048576B$$
$$1GB＝1024MB＝2^{30}B＝1073741824B$$
$$1TB＝1024GB＝2^{40}B＝1099511627776B$$

处理器为 Pentium III、Pentium 4 的微机内存容量都在 128MB 以上,目前以 i7 和 i9 为处理器的微机内存容量已达 8GB 和 16GB。

内存容量是用户在购买计算机时关注的一个很重要的指标。同一型号的计算机内存容量可以有所不同。内存的容量越大,其处理速度也就越快,能同时运行的系统程序和应用程序就越多,但其成本也就越高。

1.3.4 存取周期

连续两次访问存储器所需要的最短时间间隔为存取周期。微型机内存储器的存取周期大约在几十到一百纳秒(ns),存取速度很快。

1.3.5 运算速度

速度是指计算机的运算速度。运算速度是一项综合性的指标。衡量计算机的运算速度通常有三种方法:

(1)普通法。用计算机每秒所能执行的指令条数来衡量,单位为 MIPS(Million of Instructions Per Second)。因为各种不同的指令执行时间不一样,所以用此法来衡量运算速度不够准确。

(2)吉普森法。又称综合指令时间法。其运算公式为: $T = \sum_{i=1}^{n} f_i t_i$。假设指令系统中共有 i 条指令,其中 f_i 为第 i 条指令的执行频度(单位时间内的所能被执行到的次数),t_i 是第 i 条指令的执行时间。此法衡量运算速度比较科学和精确。

(3)基准程序法。基本思路是编制一段能全面综合考虑各种因素的程序,让其在不同的计算机系统上运行,以进行速度比较。

衡量计算机系统性能的技术指标很多。除了上述五项主要指标外,还要考虑机器的兼容性、系统的可靠性、系统的性能/价格比、软硬件配置、I/O 吞吐量等。

(1)兼容性。也可理解为与其他系统的各方面的通用性。包括数据和文件的兼容、程序(语言)兼容、系统兼容、设备兼容等。兼容有利于机器的推广和用户工作量的减少。

(2)系统可靠性。用平均无故障时间(Mean Time Between Failures,MTBF)来衡量。$MTBF = \sum_{i=1}^{n} t_i / m$,其中 MTBF 为平均无故障时间,$t_i$ 为第 i 次无故障时间,m 为故障总次数。很显然,MTBF 越大,系统越可靠。

(3)性能/价格比。性能指系统的综合性能,包括软件和硬件的各种性能;价格要考虑整个系统的价格。一般情况下,性能越高,价格也越高。所以,二者的比率要适当才能被用户所接受。

(4)软硬件配置。系统所能配备的软硬件的种类和数量。

(5)I/O 吞吐量。是指系统的输入输出能力。

除上述所谈及的指标外,还应考虑计算机系统的汉字处理能力、数据管理系统及网络功能等。总之,评价一个计算机系统是一项综合性的工作,比较复杂,需要细致地处理,切不可片面得出结论。

1.4 计算机的分类及应用

1.4.1 计算机的分类

从以下几个角度对计算机进行分类。

1) 按信息的处理形式

按信息的处理形式可分为模拟计算机和数字计算机。

(1) 模拟计算机。是指计算机所接收、处理的信息形态为模拟量。模拟量是一种连续量,即随时间、空间不断变化的量。用于自动温度观测仪的计算机就是一种模拟式计算机,它所接收的信息是随时间不断变化的温度量。

(2) 数字计算机。是指计算机所接收、处理的信息形态为数字量。数字量是一种离散量。例如,当前广泛使用的个人计算机,输入给计算机的是数字、符号等,它们在计算机内以脉冲编码表示的数字式信息形式存在,这样的计算机就为数字式计算机。

若在数字式计算机的输入端加上 A/D(模拟量转换为数字量)转换器作为输入设备,在计算机的输出端上加上 D/A(数字量转换为模拟量)转换器作为输出设备,数字式计算机就可以作为模拟式计算机使用。

本书以数字计算机为探究对象。

2) 按字长

按字长可将计算机分为 8 位机、16 位机、32 位机、64 位机和 128 位机等。

3) 按结构

按结构分为单片机、单板机、多芯片机等。

单片机的所有功能电路都制作在一片芯片上,此类机器多用于进行控制;单板机的电路制作在一块印制电路板上。

4) 按用途

按用途分为通用机和专用机。

通用机是指配有通常使用的软件和硬件设施可供多个领域使用,为多种用户提供服务的计算机。如早年计算中心里的计算机及近年来的个人计算机均是通用计算机。

专用计算机是指配有专项使用的软件和硬件设施,专门为进行某项特定的任务而配置的计算机。如控制火箭发射的计算机、控制工业自动化流程的计算机等。

5) 按规模

把计算机的运算速度或处理速度、存储信息的能量、能连接外部设备的总量、输入输出的吞吐量作为计算机的规模指标,国际上习惯把计算机分为:巨型计算机、小巨型计算机、大型主机、小型计算机、个人计算机、工作站;国内分为五类:巨型机、大型机、中型机、小型机和微型机。

由于计算机发展速度十分惊人,评定计算机的规模有很大程度上的相对性。这种相对性表现在不同时期所规定的大、小标准的不同上。比如当年的大型机也许只相当于今天的小型机,而目前的巨型机也许就是未来的小型机。

1.4.2　微型计算机的分类

微型计算机的种类繁多。

按照微型机的处理能力可分为高档微机和低档微机。

按字长分和组成结构的分法与上面的基本相同。

由于 IBM 公司利用 Intel 公司的 CPU 组装的个人计算机在世界上的大量销售及系列产品的形成,人们习惯于用 CPU 的规格型号来对微型机分类。如 286、386、486、奔腾、i5、i7

及 i9 等。

1.4.3 计算机的应用

1. 科学计算

科学计算的特点是计算复杂、计算量大、精度要求高。

在科学技术和工程设计中,都离不开这样复杂的数学计算问题。比如生命科学、天体物理、天体测量、大气科学、地球科学领域的研究和探索,飞机、汽车、船舶、桥梁等的设计等都需要科学计算。

科学计算需要用速度快、精度高、存储容量大的计算机来快速、及时、准确地得到运算结果。以往的科学计算都是使用大型计算机甚至是巨型机来完成。而当代的微型机由于其性能的提高,在很大程度上也符合科学计算所要求的条件,在未来的科学计算中也会发挥更大的作用。

2. 数据处理

数据处理泛指非科技工程方面所有的计算、管理和任何形式数据资料的处理。即将有关数据加以分类、统计、分析等,以取得有价值的信息。包括 OA——办公自动化、MIS——管理信息系统、ES——专家系统等。如,气象卫星、资源卫星不失时机地向地面发送探测资料;银行系统每日每时产生着大量的票据;自动订票系统在不停地接收一张张订单;商场的销售系统有条不紊地管理着进货、营销、库存的管理;邮电通信日夜不停地传递着各种信息;全球卫星定位系统有声有色地管理着城市交通;情报检索系统不停地处理着以往和当前的资料;图书管理系统忙碌地接待着川流不息的读者……这一切都要经历数据的接收、加工等处理。

数据处理的特点是,需要处理的原始数据量大,而算术运算要求相对简单,有大量的逻辑运算与判断,结果要求以表格、图形或文件形式存储、输出。比如高考招生工作中考生的录取与统计工作,铁路、飞机客票预订系统,物资管理与调度系统,工资计算与统计,图书资料检索以及图像处理系统等。数据处理已经深入到经济、市场、金融、商业、财政、档案、公安、法律、行政管理、社会普查等各个方面。

计算机在数据处理方面的应用正在逐年上升。尤其是微型计算机,在数据处理方面的应用已经成为主流。由于数据处理的数据量大,应用数据处理的计算机要求有大的存储容量。

3. 过程控制

过程控制是一门涉及面相当广的学科。工业、农业、国防、科学技术乃至我们的日常生活的各个领域都应用着过程控制。计算机的产生使得过程控制进入了以计算机为主要控制设备的新阶段。用于过程控制的计算机通过传感器接收温度、压力、声、光、电、磁等通常以电流形式表示的模拟量,并通过 A/D 转换器转换成数字量,然后再由计算机进行分析、处理和计算,再经 D/A 转换器转换成模拟量作用到被控制对象上。

目前已有针对不同控制对象的微控制器及相应的传感器接口、电气接口、人机会话接口、通信网络接口等,其控制速度、处理能力、使用范围等都十分先进并广泛用于家用电器、智能化仪表及办公自动化设备中。大型的工业过程自动化,如炼钢、化工、电力输送等控制已经普遍采用微型计算机,并借助局域网,不仅使生产过程自动化,也使生产管理自动化。这样就在大大提高了生产自动化水平的基础上,提高了劳动生产率和产品质量,也降低了生产成本,缩短了生产周期。

由于过程控制要求实时控制,所以对计算机速度要求不高;但要求较高的可靠性,否则将可能生产出不合格的产品或造成重大的设备或人身事故。

4. 计算机辅助系统

计算机辅助系统包括计算机辅助设计、计算机辅助制造、计算机辅助测试、计算机辅助教学等系统。

计算机辅助设计(Computer Aided Design,CAD)是指利用计算机来帮助设计人员进行设计工作。它的应用大致可以分为两大方面,一类是产品设计,如飞机、汽车、船舶、机械、电子产品以及大规模集成电路等机械、电子类产品的设计;另一类是工程设计,如土木、建筑、水利、矿山、铁路、石油、化工等各种类型的工程。计算机辅助设计系统除配有一般外部设备外,还应配备图形输入设备(如数字化仪)和图形输出设备(如绘图仪),以及图形语言、图形软件等。设计人员可借助这些专用软件和输入输出设备把设计要求或方案输入计算机,通过相应的应用程序进行计算处理后把结果显示出来,从图库中找出基本图形进行绘图,设计人员可用光笔或鼠标器进行修改,直到满意为止。

计算机辅助制造(Computer Aided Manufacturing,CAM)是指利用计算机进行生产设备的管理、控制与操作,从而提高产品质量,降低成本、缩短生产周期,并且还大大改善了制造人员的工作条件。

计算机辅助测试(Computer Aided Testing,CAT)是指利用计算机来进行复杂而大量的测试工作。

计算机辅助教学(Computer Aided Instruction,CAI)是指利用计算机帮助学习的自学习系统,以及教师讲课的辅助教学软件、电子教案、课件等,可将教学内容和学习内容编制得生动有趣,提高学生的学习兴趣和学习效果,使学生能够轻松自如地学到所需要的知识。

5. 计算机通信

早期的计算机通信是计算机之间的直接通信,把两台或多台计算机直接连接起来,主要的联机活动是传送数据(发送、接收和传送文件);后来使用调制解调器,通过电话线,配以适当的通信软件,在计算机之间进行通信,通信的内容除了传送数据外,还可进行实时会议和一些联机事务。

计算机网络技术的发展,促进了计算机通信应用业务的开展。计算机网络是半导体技术、计算机技术、数据通信技术以及网络技术的有机结合。其中,数据通信技术负责数据的传输;网络提供传输通道;半导体技术推动高集成度的微型机发展;网络技术把不同地域的众多微型机连接成一体,使之成为不受时空制约的、高速的信息交流工具和信息共享工具。

目前,完善计算机网络系统和加强国际间信息交流已成为世界各国经济发展、科技进步的战略措施之一;因而世界各国都特别重视计算机通信的应用。多媒体技术的发展,给计算机通信注入了新的内容,使计算机通信由单纯的文字数据通信扩展到音频、视频和活动图像的通信。因特网(Internet)的迅速普及,使得很多幻想成为现实。利用网络可以接收信息和发布信息;利用网络可以使办公自动化,管理自动化;利用网络可以展开远程教育,网上就医;利用网络可以自动取款实施跨行业的 ATM(自动银行);利用网络可以进行商业销售 POS 以及电子商务等。

6. 人工智能

人工智能(Artificial Intelligence,AI)于 20 世纪 50 年代提出,目前尚无统一定义。无论是"用计算机实现模仿人类的行为"的定义,还是"制造具有人类智能的计算机"的定义,都只能从一个侧面描述人工智能,事实上人工智能已取得了很大进展。它不仅是计算机一个重要的应用领域,而且已经成为广泛的交叉学科。随着计算机速度、容量及处理能力的提高,人们已看到了诸如机器人、机器翻译、专家系统等人工智能成果。

所涉及的问题及应用领域如下:

1) 问题求解

人工智能的第一大成就是发展了能够求解难题的下棋程序。现今的计算机程序已经能够达到以下各种方盘棋和国际象棋的锦标赛水准。

2) 逻辑推理与定理证明

1976 年,阿佩尔等人利用计算机解决了长达 124 年之久的难题——四色定理,这标志着人工智能的典型的逻辑推理与定理证明方面的运用。

3) 自然语言理解

人工智能在语言翻译与语言理解程序方面的成就是把一种语言翻译为另一种语言和用自然语言输入及回答用自然语言提出的问题等。

4) 自动程序设计

人工智能在自动程序设计方面的成就体现为可以用描述的形式(而不必写出过程)来实现不同自动程度的程序设计。

5) 专家系统

专家系统是一个智能计算机程序系统,其内汇集着某个领域中专家的大量知识和经验,通过该系统可以模拟专家的决策过程,以解决那些需要专家作出决定的复杂问题。目前已有专家咨询系统、疾病诊断系统等。

6) 机器学习

学习是人类智能的主要标志及获取知识的基本手段,机器学习是使机器自动获取新的事实及新的推理算法。

7) 人工神经网络

传统的计算机不具备学习的能力,无法处理非数值的形象思维等问题,也无法求解那些信息不完整、具有不确定性及模糊性的问题。神经网络计算机为解决上述问题以人脑的神经元及其互联关系为基础寻求一种新的信息处理机制及工具。目前神经网络已在模式识别、图像处理、信息处理等方面获得了广泛应用,其最终目的是想达到重建人脑的形象,取代传统的计算机。

8) 机器人学

机器人学是人工智能的重要分支,所涉及的课题很多,如机器人体系结构、智能、视觉、听觉以及机器人语言、装配,等等。目前,虽然在工业、农业、海洋等领域中运行着成千上万的机器人,但从结构上说都是按照预先设定的程序去完成某些重复作业的简单装置,远没有达到机器人学所设定的目标。

9) 模式识别

"模式"一词的本意是指完美无缺的供模仿的一些标本,模式识别是指识别出给定物体所模仿的标本。人工智能所研究的模式识别是指用计算机代替人类或帮助人类感知模式,这是一种对人类感知外界功能的模拟。通俗地说,怎样使计算机对于声音、文字、图像、温度、震动、气味、色彩等外界事物能够像人类一样有效地感知。目前,如手写字符识别、指纹识别、语音识别等都取得了很大进展。如果计算机能够识别人类赖以生存的外部环境,必将具有相当深远的意义。

人工智能所涉及的领域很多,如智能控制、智能检索、智能调度、人工智能语言等。

1.5 本章小结

本章主要介绍了计算机的发展概况、现代计算机的特点、计算机的组成及工作过程,还包括计算机的分级及计算机的技术指标。

希望学生能在头脑中对计算机的组成形成一个基本轮廓,对其工作有一个大致了解,并了解人与计算机如何产生联系。

1.6 习题

一、选择题

1. 微型计算机的分类通常是以微处理器的(　　　)来划分。

    A. 芯片名　　　　　　B. 寄存器数目　　　　　C. 字长　　　　　　　D. 规格

2. 将有关数据加以分类、统计、分析,以取得有价值的信息,我们称为(　　　)。

    A. 数据处理　　　　　B. 辅助设计　　　　　　C. 实时控制　　　　　D. 数值计算

3. 计算机技术在半个世纪中虽有很大的进步,但至今其运行仍遵循科学家(　　　)提出的基本原理。

    A. 爱因斯坦　　　　　B. 爱迪生　　　　　　　C. 牛顿　　　　　　　D. 冯·诺依曼

4. 冯·诺依曼机工作的最重要特点是(　　　)。

    A. 存储程序的概念　　　　　　　　　　　B. 堆栈操作

    C. 选择存储器地址　　　　　　　　　　　D. 按寄存器方式工作

5. 目前的 CPU 包括(　　　)。

    A. 控制器、运算器　　　　　　　　　　　B. 控制器、逻辑运算器

    C. 控制器、算术运算器　　　　　　　　　D. 运算器、算术运算器

二、填空题

1. 数字式电子计算机的主要特性可从记忆性、可靠性、_____、_____、_____和_____几方面来体现。

2. 世界上第一台数字式电子计算机诞生于_____年。

3. 第一代电子计算机逻辑部件主要由_____组装而成。第二代电子计算机逻辑部件主要由_____组装而成。第三代电子计算机逻辑部件主要由_____组装而成。第四代电子计算机逻辑部件主要由_____组装而成。

4. 从应用计算机的角度看，当前计算机朝着_____、_____、_____和_____等方向发展。

5. 冯·诺依曼机器结构由_____、_____、_____、_____和_____五部分组成。

6. 中央处理器由_____和_____两部分组成。

7. 计算机中的字长是指_____。

8. 运算器又被称为_____,负责进行_____。

9. 存储器在计算机中的主要功能是_____和_____。

10. 控制器负责_____并_____指令的执行,协调全机进行工作。

11. 接口是指_____。

12. 存取周期是指_____。

13. 计算机的兼容性是指_____。

14. 表示计算机硬件特性的主要性能指标有_____、_____、_____,除此之外还包括_____和_____。

15. 可由硬件直接识别和执行的语言是_____。

16. 系统软件(又称系统程序)的主要功能是_____。

17. 计算机系统就是计算机的_____和_____系统的有机结合。

三、简答题

1. 试说明计算机的解题过程。

2. 简要描述由五大组成部分组成的计算机的工作过程。

3. 简要说明冯·诺依曼结构计算机的主要思想。

1.7　参考答案

一、选择题

1. D　　2. A　　3. D　　4. A　　5. A

二、填空题

1. 快速性　准确性　通用性　逻辑性

2. 1946

3. 电子管　晶体管　集成电路　大规模集成电路

4. 高性能软件平台　开放系统　智能化　网络化

5. 控制器　存储器　运算器　输入设备　输出设备

6. 运算器　控制器

7. 计算机所能同时并行处理的二进制位数

8. 算术逻辑运算单元　算术、逻辑运算

9. 存储程序　数据

10. 分析　控制

11. 主机与外设间的连接通道及相应的控制电路

12. 连续两次访问存储器所需要的最短时间间隔

13. 与其他系统的各方面的通用性

14. 字长　存储容量　运算速度　主频　存取周期

15. 机器语言

16. 负责对计算机的软硬件系统进行调度、监视、管理及服务等

17. 硬件　软件

三、简答题

1. 用户用程序设计语言编写程序,连同数据一起送入计算机(源程序);然后由系统程序将其翻译成机器语言程序(目标程序);再在计算机硬件上运行后输出结果。

2. 用户通过输入设备输入程序和数据,存放在计算机的存储器中;控制器把指令逐条从存储器取出,经分析后,指挥相应的部件完成相应的动作。如果是传输、存储类的动作,指挥传输部件和存储器来完成;如果是运算类动作,需要把操作数从存储器取到运算器中,经运算器运算后再把结果回送给存储器,需要输出的再由存储器把数据传送给输出设备进行输出。

3. ①计算机系统由运算器、存储器、控制器、输入设备和输出设备五大基本部件组成;②计算机内部采用二进制来表示指令和数据;③采用存储程序的概念——把编制好的程序和数据一起送入计算机的主存储器中,然后启动计算机工作,计算机在不需要操作人员干预的情况下,自动取出指令、分析指令并控制执行指令规定的任务。

第 2 章

计算机中数据的表示

本章学习目标

- 了解计算机内数值数据和非数值数据的组织格式和编码规则
- 掌握数值数据中指导计算机进行算数运算的理论基础——进位记数制、小数点的处理以及符号的表示
- 熟练掌握进位记数制、补码及浮点数

计算机所要加工处理的对象是数据信息,而指挥计算机操作的信息是控制信息。因此,可把计算机的内部信息分为控制信息和数据信息两大类。其中控制信息包括指令和控制字,数据信息包括数值数据和非数值数据,非数值数据中又包括文字、字符、图形、图像、声音数据等。

在计算机内部,信息的表示依赖于机器硬件电路的状态。数据采用什么形式表示,直接影响到计算机的性能和结构。应在保证数据性质不变和工艺许可的条件下,尽量选用简单的数据表示形式,以提高机器的效率和通用性。

本章就是要介绍计算机内数值数据和非数值数据的组织格式和编码规则,对计算机内数据信息的表示进行全方位的把握。

其中,进制、补码、浮点数将作为本章学习的重点。

2.1 数值数据

数值数据是指具有确定的数值、能表示其大小、在数轴上能够找到对应点的数据。

在现实生活中习惯采用十进制来表示数据,而计算机却用二进制表示信息。计算机采用二进制的理由如下。

(1) 二进制表示便于物理实现。在物理器件中,具有两个稳定状态的物理器件是很多的(如灯具有开关两个状态、二极管具有导通和截止两个状态、开关具有断开和闭合两个状态等),可以利用 0 和 1 两个数字符号来表示器件的两个状态;而十进制具有 0~9 这样 10 个数字符号,要找到具有 10 个稳定状态的物理器件几乎是不可能的。这也是计算机采用二进制表示数据的最重要的理由。

(2) 二进制表示运算简单。用二进制表示,在做加法和乘法运算时,我们只需要记住 0 和 0、0 和 1、1 和 1 三对数 $\left(\dfrac{2\times(2+1)}{2}\right)$ 的和与积就可以了,而十进制运算却要考虑

$\dfrac{10\times(10+1)}{2}$共 55 对数的和与积。计算机采用二进制表示数字,运算器件的电路实现起来是相对简单的。

(3) 二进制表示工作可靠。计算机是电子设备,它容易实现的稳定状态有两种,如电路的导通或截止电位的高或低。两稳态抗干扰能力强、工作可靠性高。两个稳定状态恰好对应二进制的"0"和"1"两个值。

(4) 二进制表示便于逻辑判断。逻辑判断中,只有"是"和"非"两种状况,似是而非的状况是不存在的。正好可以用二进制的 0 和 1 分别代表逻辑判断中的是与非。

当然,二进制表示也有它的不足。那就是,它表示的数容量小。同样是 n 位数,二进制最多可表示 2^n 个数,而十进制则可以表示 10^n 个数。如 3 位二进制数,可以表示 000～111 一共 8 个数;而 3 位十进制数却可以表示 0～999 共 1000 个数。

尽管二进制表示也有它的局限,但基于它所带来的方便与简洁,计算机采用了二进制作为信息表示的基础。

十进制也好,二进制也好,都采用进位记数制。因此,要研究计算机内数值数据的表示,首先要研究进位记数的理论。不仅如此,还要考虑小数点和符号在计算机内如何表示。

所以,表示一个数值数据要包含三个要素:进制、小数点和符号。

2.1.1　进位记数制

本节介绍各种进位制结构的特性,以及它们之间的相互转换。从十进制入手,系统研究进位记数制。

1. 十进制及十进制数

十进制采用逢十进一的进位规则表示数字。具体规则如下:

(1) 十进制用 $0,1,\cdots,9$ 十个数字符号分别表示 $0,1,\cdots,9$ 十个数。

(2) 当要表示的数值大于 9 时,用数字符号排列起来表示,表示规则如下:

· 数字符号本身具有确定的值。

· 不同位置的值由数字符号本身的值乘以一定的系数表示。

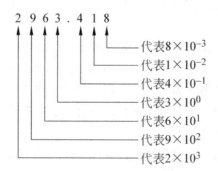

· 系数是 10^n,n 为整数。

（3）一个数的实际值为各位上的实际值总和。如：
$$1\ 966\ 298.735=1\times10^6+9\times10^5+6\times10^4+6\times10^3+2\times10^2+$$
$$9\times10^1+8\times10^0+7\times10^{-1}+3\times10^{-2}+5\times10^{-3}$$

2．R 进制及 R 进制数

通过对十进制的总结，可以得出任意（R）进制数按逢 R 进一的规则表示数字的规则。

（1）R 进制用 $0,1,\cdots,R-1$ 共 R 个数字符号分别表示 $0,1,\cdots,R-1$ 共 R 个数。这里的 R 为数制系统所采用的数字符号的个数，称为基数。

（2）当要表示的数值大于 $R-1$ 时，用数字符号排列起来表示，表示规则如下：

- 数字符号本身具有确定的值。
- 不同位置的值由数字符号本身的值乘以一定的系数表示。
- 系数为以 R 为底的指数。

假设数字符号序列为：
$$x_{n-1}x_{n-2}\cdots x_i\cdots x_1 x_0.\ x_{-1}x_{-2}\cdots x_{-m}$$

通常在数字符号序列后面加上标注以示声明，如上面的 R 进制数表示为 $(x_{n-1}x_{n-2}\cdots x_i\cdots x_1 x_0.\ x_{-1}x_{-2}\cdots x_{-m})_R$。$x_i$ 为 0 和 $R-1$ 之间的整数；x_i 的下标为数字符号的位序号，它所代表的值为 $x\times R^i$。系数 R^i（$R^{位序号}$）被称为 x_i 所在位置的权。

（3）一个数的实际值为各位上的实际值总和。如：
$$x=x_{n-1}x_{n-2}\cdots x_i\cdots x_1 x_0.\ x_{-1}x_{-2}\cdots x_{-m}$$
$$V(x)=x_{n-1}\times R^{n-1}+x_{n-2}\times R^{n-2}+\cdots x_i\times R^i+\cdots x_1\times R+x_0\times R^0+$$
$$x_{-1}\times R^{-1}+x_{-2}\times R^{-2}+\cdots x_{-m}\times R^{-m}$$

即：
$$V(x)=\sum_{i=0}^{n-1}x^i\times R^i+\sum_{i=-1}^{-m}x^i\times R^i$$

$V(x)$ 表示 x 的值，m、n 为正整数。

3．二进制及二进制数的运算

二进制采用逢二进一的进位规则表示数字，采用 0 和 1 两个数字符号。计算机里就采用二进制表示信息。二进制的运算规则如下。

1）加法规则："逢二进一"
$$0+0=0\quad 0+1=1+0=1\quad 1+1=10$$

【例 2-1】　求 $1010.110+1101.010$。

解：
$$\begin{array}{r}1010.110\\+1101.010\\\hline 11000.000\end{array}$$

结果：$1010.110+1101.100=11000.000$

2）减法规则："借 1 当 2"
$$0-0=0\quad 1-0=1\quad 1-1=0\quad 10-1=1$$

【例 2-2】 求 $11000.000-1101.010$。

解：

$$
\begin{array}{r}
11000.000 \\
-1101.010 \\
\hline
1010.110
\end{array}
$$

结果：$11000.000-1101.010=1010.110$

3）乘法规则

$$0\times0=0 \quad 0\times1=1\times0=0 \quad 1\times1=1$$

【例 2-3】 求 1010.11×1101.01。

解：

$$
\begin{array}{r}
1010.11 \\
\times 1101.01 \\
\hline
10.1011 \\
000.000 \\
1010.11 \\
00000.0 \\
101011 \\
101011 \\
\hline
10001110.0111
\end{array}
$$

结果：$1010.11\times1101.01=10001110.0111$

在乘法运算的过程中，因为乘数的每一位只有 0 或 1，所以部分积也只有 0 和乘数本身两个值（不考虑小数点的位置），根据这一特点，可以把二进制的乘法归结为移位和加法运算，即通过测试乘数的相应位是 0 还是 1 决定要加的部分积是 0 还是被乘数。

4）除法规则

【例 2-4】 求 $10001110.0111\div1010.11$。

解：

$$
\begin{array}{r}
0000001101.01 \\
101011\,\overline{)\,1000111001.11} \\
101011 \\
\hline
0111000 \\
101011 \\
\hline
00110101 \\
101011 \\
\hline
001010\;11 \\
1010\;11 \\
\hline
0000\;00
\end{array}
$$

结果：10001110.0111÷1010.11＝1101.01

除法是乘法的逆运算,可以归结为与乘法相反方向的移位和减法运算。因此,在计算机中,使用具有移位功能的加减法运算,就可以完成四则运算。

例 2-4 恰好是可以整除的。如果是不能整除的,那么在商达到了足够的精度后,最下面的部分就是余数。

4．八进制与十六进制

除了二进制与十进制外,八进制与十六进制由于其与二进制的特殊关系($8＝2^3,16＝2^4$)也常被使用。一般在机器外部,为了书写方便,也为了减少书写错误,常采用八进制与十六进制。八进制的基数为 8,采用逢八进一的原则表示数据,权值为 $8^{位序号}$,数字符号为 0,1,2,3,4,5,6,7;十六进制的基数为 16,采用逢十六进一的原则表示数据,权值为 $16^{位序号}$,数字符号为 0,1,2,3,4,5,6,7,8,9,A,B,C,D,E,F。十六进制后面常加后缀 H 以示用于表示数字符号的 A、B、C、D、E、F 与字母的区别。如 13AH、E25H 等。

二、八、十、十六进制之间的关系如表 2.1 所示。

表 2.1 四种进位记数制

二 进 制 数	八 进 制 数	十 进 制 数	十六进制数
0000	0	0	0
0001	1	1	1
0010	2	2	2
0011	3	3	3
0100	4	4	4
0101	5	5	5
0110	6	6	6
0111	7	7	7
1000	10	8	8
1001	11	9	9
1010	12	10	A
1011	13	11	B
1100	14	12	C
1101	15	13	D
1110	16	14	E
1111	17	15	F
101101	55	45	2D
01101011	153	107	6B
110011010	632	410	19A

2.1.2 进制间的相互转换

1．十进制转换为 R 进制

将十进制数转换为 R 进制数时,可以将十进制数分为整数和小数两部分分别转换,然后再拼接起来即可实现整个转换。

假设某十进制数已转换为 R 进制的数,数字符号序列为:

$$x_{n-1} x_{n-2} \cdots x_1 x_0 . x_{-1} x_{-2} \cdots x_{-m}$$

1) 整数部分

$$V(x) = x_{n-1} x_{n-2} \cdots x_i \cdots x_1 x_0$$
$$= x_0 + x_1 \times R^1 + x_2 \times R^2 + \cdots x_i \times R^i + \cdots$$
$$x_{n-2} \times R^{n-2} + x_{n-1} \times R^{n-1}$$

若将其除以 R,可得:

$$V(x)/R = Q_0/R$$
$$= x_0 + R \times (x_1 + x_2 \times R^1 + \cdots x_i \times R^{i-1} + \cdots x_{n-1} \times R^{n-2})$$
$$= x_0 + Q_1$$

其中,x_0 为小于 R 的数,所以 x_0 为余数,Q_1 为商。

再将 Q_1 除以 R,可得:

$$Q_1/R = x_1 + Q_2$$

x_1 为新得到的余数。

依此类推,

$$Q_i/R = x_i + Q_{i+1}$$

如此循环下去,直到商为 0,就得到了从 x_0、x_1 一直到 x_{n-1} 的数字符号序列。

也就是说,要把十进制的整数转换为 R 进制的整数时,只需将十进制的整数连续地除以 R,其逐次所得到的余数即为从低位到高位的 R 进制的数字符号序列。

【例 2-5】 将 $(58)_{10}$ 转换为二进制数。

```
            商
     2 | 58     余数
       | 29      0        低位
       | 14      1
       | 7       0
       | 3       1
       | 1       1
       | 0       1        高位
```

由此可得 $(58)_{10} = (111010)_2$

【例 2-6】 将 $(58)_{10}$ 转换为八进制数。

```
            商
     8 | 58     余数
       | 7       2        低位
       | 0       7        高位
```

由此可得 $(58)_{10} = (72)_8$

【例 2-7】 将 $(58)_{10}$ 转换为十六进制数。

```
             商
     16 | 58     余数
        | 3      10→十六进制的A    低位
        | 0      3→十六进制的3     高位
```

由此可得$(58)_{10}=(3A)_{16}$

2）小数部分

$$V(x)=0.x_{-1}x_{-2}\cdots x_{-m}=x_{-1}\times R^{-1}+x_{-2}\times R^{-2}+\cdots x_{-m}\times R^{-m}$$

若将其乘以 R，可得：

$$V(x)\times R=F_0\times R=x_{-1}+x_{-2}\times R^{-1}+x_{-2}\times R^{-3}+\cdots x_{-m}\times R^{-(m-1)}=x_{-1}+F_1$$

其中，x_{-1} 为大于 1 的数，所以 x_{-1} 为整数，F_1 小数部分。

再将 F_1 乘以 R，可得：

$$F_1\times R=x_{-2}+F_2$$

x_{-2} 为新得到的整数。

依此类推，

$$F_i\times R=x_{-(i+1)}\times+F_{i+1}$$

如此循环下去，直到小数部分为 0 或商的精度达到我们的要求为止，我们就得到了从 x_{-1}、x_{-2} 一直到 x_{-m} 的数字符号序列。

也就是说，把十进制的小数转换为 R 进制的小数数时，只需将十进制的小数连续地乘以 R，其逐次所得到的整数即为从 x_{-1} 到 x_{-m} 的 R 进制小数的数字符号序列。

【例 2-8】 将$(0.5625)_{10}$转换为二进制数。

余数

	0.5625	整数	
	× 2		
	0.1250	1	高位
	0.250	0	
	0.50	0	
	0.0	1	低位

由此可得$(0.5625)_{10}=(0.1001)_2$

【例 2-9】 将$(0.5625)_{10}$转换为八进制数。

余数

	0.5625	整数	
	× 8		
	0.5000	4	高位
	0.0	4	低位

由此可得$(0.5625)_{10}=(0.44)_8$

【例 2-10】 将$(0.5625)_{10}$转换为十六进制数。

余数

	0.5625	整数	
	× 16		
	0.0000	9	低位,高位

由此可得 $(0.5625)_{10} = (0.9)_{16}$

【例 2-11】 将 $(0.6)_{10}$ 转换为二进制数。

$$
\begin{array}{ccc}
 & & \text{余数} \\
0.6 & & \text{整数} \\
\underline{\times\quad 2} & & \\
0.2 & 1 & \text{高位} \\
\overline{0.4} & 0 & \\
\overline{0.8} & 0 & \\
\overline{0.6} & 1 & \\
\overline{0.2} & 1 & \\
\overline{0.4} & 0 & \\
\overline{0.8} & 0 & \\
\overline{0.6} & 1 & \text{低位} \\
\vdots & \vdots &
\end{array}
$$

由此可得 $(0.6)_{10} = (0.10011001\cdots)_2$

小数部分在转换过程中出现了循环,永远也不可能出现 0。那么,就要根据需要的精度(或说计算机可能表示的精度)终止运算。

假如要保留小数点后 n 位,那么至少要求出 n−1 位整数,然后进行舍入。此处介绍一下二进制的舍入问题。

3) 二进制的舍入

二进制的舍入有两种方法。

(1) 0 舍 1 入法

被舍去的部分最高位如果为 1,就将其加到保留部分的最低位,否则直接舍去。

(2) 恒 1 法

被舍去的部分如果含有真正的有效数位(即 1),就使保留的部分的最低位为 1(不管其原来是 0 还是 1)。

【例 2-12】 将 0.101100101 保留到小数点后 5 位。

解:按 0 舍 1 入法保留后的结果为 0.10110;按恒 1 法舍入后的结果为 0.10111。

【例 2-13】 将 0.101111101 保留到小数点后 5 位。

解:按 0 舍 1 入法保留后的结果为 0.11000;按恒 1 法舍入后的结果为 0.10111。

由上可知,$(0.6)_{10}$ 转换为二进制后,若小数点后保留 5 位,则无论是 0 舍 1 入法还是恒 1 法,其结果都为 $(0.10011)_2$。

上面分别介绍了从十进制到 R 进制的整数和小数部分的转换。在实际进行转换时,把一个数的整数部分和小数部分分别转换,再连接起来即可。

如从上面的例题中可以得出:

$$(58.5625)_{10} = (111010.1001)_2$$
$$(58.5625)_{10} = (72.44)_8$$
$$(58.5625)_{10} = (3A.9)_{16}$$

2. R 进制转换为十进制

按照求值公式：

$$x = x_{n-1}x_{n-2}\cdots x_1 x_0 . x_{-1} x_{-2}\cdots x_{-m}$$

$$V(x) = \sum_{i=0}^{n-1} x_i \cdot R^i + \sum_{i=-1}^{-m} x_i \cdot R^i$$

基数为 R 的数，只要将各位数字与它所在位置的权 R^i（$R^{位序号}$）相乘，其积相加（按逢十进一的原则），和即为相应的十进制数。

【例 2-14】 将 $(21A.8)_{16}$，$(3A.9)_{16}$ 转换为十进制数。

解：

$$V((21A.8)_{16}) = 2 \times 16^2 + 1 \times 16^1 + 10 \times 16^0 + 8 \times 16^{-1}$$
$$= 2 \times 256 + 1 \times 16 + 10 \times 1 + 8/16 = 538.5$$
$$V((3A.9)_{16}) = 3 \times 16^1 + 10 \times 16^0 + 9 \times 16^{-1}$$
$$= 3 \times 16 + 10 \times 1 + 9/16 = 58.5625$$

由此可得 $(21A.8)_{16} = (538.5)_{10}$，$(3A.9)_{16} = (58.5625)_{10}$

【例 2-15】 将 $(72.44)_8$ 转换为十进制数。

解：

$$V((72.44)_8)) = 7 \times 8 + 2 \times 8^0 + 4 \times 8^{-1} + 4 \times 8^{-2}$$
$$= 7 \times 8 + 2 \times 1 + 4/8 + 4/64 = 58.5625$$

由此可得 $(72.44)_8 = (58.5625)_{10}$

【例 2-16】 将 $(111010.1001)_2$ 转换为十进制数。

解：

$$V((111010.1001)_2) = 1 \times 2^5 + 1 \times 2^4 + 1 \times 2^3 + 0 \times 2^2 + 1 \times 2^1 + 0 \times 2^0 +$$
$$1 \times 2^{-1} + 0 \times 2^{-2} + 0 \times 2^{-3} + 1 \times 2^{-4}$$
$$= 32 + 16 + 8 + 2 + 0.5 + 0.625 = 58.625$$

由此可得 $(111010.1001)_2 = (58.5625)_{10}$

3. 二、八、十六进制间的相互转换

二进制、八进制与十六进制之间的转换由于它们之间存在着权值的内在联系而得到简化。因为 $2^4 = 16$、$2^3 = 8$，所以，每一位十六进制数相当于四位二进制数，而每一位八进制数相当于三位二进制数。

1）二进制转换为八进制或十六进制

可将二进制的 3 位或 4 位一组转换为一位八进制或十六进制数。在转换中，位组的划分以小数点为中心向左右两边延伸，不足者补齐 0。整数部分在高位补 0，小数部分在低位补 0。

【例 2-17】 将 $(111010.1001)_2$ 转换为八进制数。

解：

三位一组划分： 111　010 . 100　100

八进制数： 7　2　4　4

由此可得 $(111010.1001)_2 = (72.44)_8$

【例 2-18】 将 $(111010.1001)_2$ 转换为十六进制数。

解：

四位一组划分： 0011　1010 . 1001

十六进制数： 3　A　9

由此可得 $(111010.1001)_2 = (3A.9)_{16}$

2) 八进制或十六进制转换为二进制

每一位八进制或十六进制数化为 3 位或 4 位一组二进制数。

【例 2-19】 将 $(D3A.94)_{16}$ 转换为二进制的数。

解：

十六进制数： D　3　A . 9　4

相应二进制数： 1101　0011　1010　1001　0100

由此可得 $(D3A.94)_{16} = (110100111010.100101)_2$

【例 2-20】 将 $(376.52)_8$ 转换为二进制数。

解：

八进制数： 3　7　6 . 5　2

相应二进制数： 011　111　110　101　010

由此可得 $(376.52)_8 = (11111110.10101)_2$

掌握了二、八、十六进制之间的内在联系,在它们之间的数制转换就不必用十进制作为桥梁,既方便又不容易出错。

2.1.3 定点数与浮点数

在学习了计算机内的二进制表示及二进制与其他进位记数制之间的相互转换之后,再来看一下在计算机内是如何处理小数点的。

计算机处理小数点的方式有两种:定点表示法和浮点表示法。定点表示法中,所有数的小数点都固定到有效数位间的同一位置;浮点表示法中,一个数的小数点可以在有效数位间任意游动。

小数点位置固定不变的数叫定点数;小数点可以在有效数位间任意游动的数为浮点数。

采用定点表示法的计算机被称为定点机;采用浮点表示法的计算机称浮点机。

假设一个二进制数 X,可以表示为:

$$X = 2^E \times M = \pm 2^{\pm e} \times m$$

其中,E 是一个二进制整数,称为 X 的阶;2 为阶的基数;m 称为数 X 的尾数。尾数表示 X

的全部有效数字,而阶 E 指明该数的小数点的位置,阶和尾数都是带符号的数。在机器内部表示时,需要表示尾数和阶,至于基数和小数点,是无需用任何设备表示的。

定点表示法中当所有数的 E 值都相同。浮点表示法中一个数的 E 值就可以有多个,对应不同的 E 值,其尾数中小数点的位置就不同。

如 0.10、10.101 和 1011.011 这三个数,在八位字长的时候,如果小数点固定在第 4 位和第 5 位之间,那么它们分别为:0000.1000、0010.1010 及 1011.0110。

而浮点表示中,因小数点可以在有效数位间任意选择位置,一个数就可以有多种表示。如:

$$0.1011011 = 0.001011011 \times 2^2 = 101.1011 \times 2^{-3}$$

$$100.10000 = 0.1001 \times 2^3 = 1001 \times 2^{-1}$$

下面分别介绍定点数和浮点数。

1. 定点数

1) 定点整数和定点小数

计算机内,通常采取两种极端的形式表示定点数。要么所有数的小数点都固定在最高位,成为定点的纯小数机;要么所有数的小数点都固定在最低位,成为纯整数。

在定点的纯小数机中,若不考虑符号位,那么数的表示可归纳为:$0.x_{-1}x_{-2}\cdots x_{-m}$,其中 x_i 为各位数字符号,m 为数值部分所占位数;0 和小数点不占表示位,只是为了识别方便,在表示的时候才书写来,而在机器中,小数点的位置是默认的,无须表示。

定点的纯整数机中,数的表示可归纳为:$x_{n-1}x_{n-2}\cdots x_i\cdots x_1 x_0$,其中 x_i 为各位数字符号,n 为数值部分所占位数。

2) 定点数的表示范围

(1) n 位定点小数的表示范围。

- 最大数:$0.11\cdots11$
- 最小数:$0.00\cdots01$
- 范围:$2^{-n} \leqslant |x| \leqslant 1 - 2^{-n}$

(2) n 位定点整数的表示范围。

- 最大数:$11\cdots11$
- 最小数:0
- 范围:$0 \leqslant |x| \leqslant 2^n - 1$

如果运算的数小于最小数或而大于最大数,则产生溢出。这里所说的溢出是指数据大小超出了机器所能表示的数的范围。

当数据大于机器所能表示的最大数时,就产生了上溢;而数据小于机器所能表示的最小数时,就产生了下溢。

一般下溢可当成 0 处理,而不会产生太大大误差。而如果参加运算的数、中间结果或最后结果产生上溢,就会出现错误的结果。因此,计算机要用溢出做标志迫使机器停止运行或转入出错处理程序。在早期,程序员使用定点机进行运算往往要十分小心,常常通过选用比例因子来避免溢出的发生。

3）比例因子及其选取原则

在纯小数或纯整数机表示法中，若要表示的数不在纯小数或纯整数的范围之内，就要乘上一定的系数将其缩小或扩大为纯小数或纯整数以适应机器的表示，在输出的时候再做反方向调整即可。这个被乘的系数，称之为比例因子。

从理论上讲，比例因子的选择是任意的，因为尾数中小数点的位置可以是任意的。

比例因子不能过大。如果比例因子选择太大，将会影响运算精度。比如 $N=0.11$，机器字长为 4 位，则：

当比例因子为 2^{-1} 时，乘后的结果为 0.011；

当比例因子为 2^{-2} 时，乘后的结果为 0.001；

当比例因子为 2^{-3} 时，乘后的结果为 0.000。

比例因子也不能选择过小。比例因子太小有可能使数据超出机器范围，如 $0.0110+0.1101=1.0011$。纯小数相加，产生了整数部分。

因此，在选取比例因子的时候，必须要保证初始数据、预期的中间结果和运算的最后结果都在定点数的表示范围之内。

4）定点数的优缺点

定点数的最大优点是表示简单，电路实现起来相对容易，速度也比较快。但由于其表示范围有限，容易产生溢出。

2. 浮点数

1）浮点数的两部分

浮点数的形式为 $X=2^E \times M = \pm 2^{\pm e} \times m$。正如前面所述，其中的 E 是一个二进制整数，称为 X 的阶；2 为阶的基数；m 称为数 X 的尾数。尾数表示 X 的全部有效数字，而阶 E 指明该数的小数点的位置，阶和尾数都是带符号的数。在机器内部表示时，需要表示尾数和阶，至于基数和小数点，是无须用任何设备表示的。

在机器内部，要求尾数部分必须为纯小数；而阶的部分必须为纯整数。

例如：$-0.101100 \times 2^{=1011}$。

在表示浮点数的时候，除了要表示尾数和阶的数值部分，还要表示它们的符号。所以，完整地表示一个浮点数，包括阶的符号（阶符）、阶的数值（阶码）、尾数的符号（尾符）、尾数的数值（尾码）四部分。至于它们的顺序与位置，不同的机器会有所不同，但必须完整表示这四部分。

2）浮点数的表示范围

假设浮点数的尾数部分数值位为 n 位，阶数值位为 l 位，那么，它的表示范围为：

- 最大数：$0.11\cdots11 \times 2^{+11\cdots11}$
- 最小数：$0.00\cdots01 \times 2^{-11\cdots11}$
- 范围：$2^{-(2^l-1)} \times 2^{-n} \leqslant |x| \leqslant (1-2^{-n}) \times 2^{+(2^l-1)}$

可以看出，浮点数的表示范围要远远超过定点数的表示范围。浮点数的最大数和最小数要比定点小数的最大数和最小数大或小 $2^{+(2^l-1)}$ 倍。

3）浮点数的优缺点

从上面的形式可以看出,要表示一个浮点数,其电路要比定点数的复杂,因而速度也会有所下降;但它的表示范围和数的精度要远远高于定点数。

3. 浮点数的规格化

一个数所能保留的有效数位越多,其精度也就越高。

假如有下面三个浮点数:

$$A = 0.001011 \times 2^{00}$$
$$B = 0.1011 \times 2^{-10}$$
$$C = 0.00001011 \times 2^{+10}$$

这实际是同一个数的三个不同表示形式。

假如现在依据机器的要求,尾数的数值部分只能取 4 位,那么,在考虑舍入的情况下,三个数变为:

$$A = 0.0010 \times 2^{00}$$
$$B = 0.1011 \times 2^{-10}$$
$$C = 0.0000 \times 2^{+10}$$

A 只保留了两个有效数位,B 保留了全部的有效数位,而 C 却丢失了全部的有效数位。

那么,如何尽可能地利用有限的空间保留尽可能多的有效数位呢?可以发现:尾数部分的有效数位最高位的 1 越接近小数点,它的精度就越高。于是,要尽量使浮点数的尾数部分的最高位为 1 来赢取最高的精度。这就涉及浮点数的规格化问题。

所谓浮点数的规格化是指:在保证浮点数值不变的前提下,适当调整它的阶,以使它的尾数部分最高位为 1。

规格化浮点数尾数部分的数值特征为:$0.1X \cdots XX$。

4. 定点数与浮点数的比较

一台计算机究竟采用定点还是浮点表示数据,要根据计算机的使用条件来确定。两种表示法比较如表 2.2 所示。

表 2.2   定点表示与浮点表示的比较

比 较 项	定 点 表 示	浮 点 表 示
表示范围	较小	比定点范围大
精度	决定于数的位数	规格化时比定点高
运算规则	简单	运算步骤多
运算速度	快	慢
控制电路	简单,易于维护	复杂,难以维护
成本	低	高
程序编制	不方便	方便
溢出处理	由数值部分决定	由阶大小判断

5. 小结

从上面的介绍可以看出,定点数无论在数的表示范围、数的精度还是溢出处理方面,都不及浮点数,但浮点数的线路复杂,速度低。因此,在不是很要求精度和数的范围的情况下,采用定点数表示方法往往更快捷、经济。

2.1.4 数的符号表示——原码、补码、反码及阶的移码

数的符号是如何被处理的呢?下面就来讨论计算机内处理带符号数的二进制编码表示系统——码制。

1. 机器数与真值

二进制的数也有正负之分,如 A=+1011,B=-0.1110,A 是一个整数,而 B 是一个负数。然而,机器并不能表示"+""-"。为了在计算机中表示正负引入了符号位,即用一位二进制数表示符号。这被称之为符号位的数字化。

为了方便区分计算机内的数据和实际值,引入机器数和真值的概念。

真值——数的符号用"+""-"表示。

机器数——数的符号用"0""1"表示。

数的符号数字化后,是否参加运算?符号参加运算后数值部分又如何处理呢?计算机内有原码、补码、反码三种机器数形式,还有专门用于阶的移码形式。下面分别介绍。

2. 原码表示法

正负符号数字化后用"0"和"1"来表示,最简单的是用"0"和"1"在原来的"+""-"号位置上简单取代。这也正是原码表示法的基本思想。

在原码表示法中,用机器数的最高位表示符号,0 代表正数,1 代表负数;机器数的其余各位表示数的有效数值,为带符号数的二进制的绝对值。所以,原码又称符号——绝对值表示法。

【例 2-21】 原码表示法。

$$[+1010110]_原 = 01010110$$
$$[-1010110]_原 = 11010110$$
$$[+0.1010110]_原 = 0.1010110$$
$$[-0.1010110]_原 = 1.1010110$$

数的符号数值化后,就可以把原码的定义数学化出来。下面系统研究原码。

1) 原码的数学定义

n 字长定点整数(1 位符号位,n-1 位数值位)的原码数学定义为:

$$[x]_原 = \begin{cases} x & 0 \leqslant x < 2^{n-1} \\ 2^{n-1} + |x| & -2^{n-1} < x < 0 \end{cases}$$

n 字长定点小数的原码数学定义为:

$$[x]_{原} = \begin{cases} x & 0 \leqslant x < 1 \\ 1 + |x| & -1 < x < 0 \end{cases}$$

【例 2-22】 求在 16 位字长的机器中，+1010110、−1010110 和 +0.1010110、−0.1010110 的原码。

解：

$$[+000000001010110]_{原} = 0000000001010110$$
$$[-000000001010110]_{原} = 1000000001010110$$
$$[+0.101011000000000]_{原} = 0.101011000000000$$
$$[-0.101011000000000]_{原} = 1.101011000000000$$

数值部分不足 n−1 位时，要在整数数值位前面和小数数值位后面补足 0。

2）关于零的原码

对于 0 来讲，正负 0 的原码是不同的。

$$[+00\cdots00]_{原} = 000\cdots00$$
$$[-00\cdots00]_{原} = 100\cdots00$$

3）已知原码求真值

在已知数的原码的情况下，要求得它的真值也非常简单。

符号位为 1 的原码减去 1 或 2^{n-1} 就可得出真值的绝对值，符号位填上"−"就可得到真值。而符号位为 0 的原码，其本身就是真值的绝对值，只需把 0 改为"+"号或直接在前面加"+"（对于纯小数）即可。

【例 2-23】 已知原码求真值。

原码 10101100 的真值为：

$$-(10101100 - 2^{8-1}) = -(10101100 - 10000000) = -0101100$$

原码 1.101011000000000 的真值为：

$$-(1.101011000000000 - 1) = -0.101011000000000$$

原码 00101100 的真值为 +0101100，原码 0.101011000000000 的真值为 +0.101011000000000。我们也可以通过简单地把原码的符号位的"1"改为"−"、把"0"改为"+"而求得真值。

4）原码的运算

从上面的介绍可以看出，原码表示法只是简单地把"+""−"号数字化成了"0"和"1"。其他部分与真值相同。

原码的运算规则也与真值相同，即把符号和数值部分分开处理。

这对于乘除法来讲是相当适合的，因为两个数相乘除时，符号和绝对值就是分别处理的。而对于加减法来讲，就比较麻烦。两个数进行加减的时候，要先比较它们的绝对值，然后再决定是做加法还是减法。也就是说两个数相加，实际做的有可能不是加法而是减法，反之也一样。

那么可不可以把加减法变得简单起来呢？比如只做加法而不做减法。

下面引进的补码表示法就大大简化了加减法。

3．补码表示法

1）补的概念及模的含义

为了引进"补"的概念，先来看看日常使用的时钟。

时钟若以小时为单位,钟盘上有 12 个刻度。时针每转动一周,其计时范围为 1～12 点。若把 12 点称作 0 点,计时范围为 0～11,共 12 个小时。

假设现在时针指向 3。那么,要想让时针指向 9,有两种方法:

(1) 让时针顺时针转 6 个刻度。表示为:

$$3+6=9$$

(2) 让时针逆时针转 6 个刻度。表示为:

$$3-6=9(在共有 12 个数的前提下)$$

再来看时针指向 8 的情形。如果把时针顺时针转动 7 个刻度,它指向 3;逆时针转 5 个刻度也会到 3。可表示为:$8+7\equiv8-5$(在共有 12 个数的前提下)。

为什么加一个数和减一个数会是等价的呢?是因为钟盘只有 12 个刻度,是有限的。为了系统研究加与减等价的问题,再来看一个实例。

假设某二进制计数器共有 4 位,那么它的计数范围是 0000～1111,即十进制的 0～15 共 16 个数。如果它现在的内容是 1011,那么,把它变为 0000 也有两种方法:

$$\begin{array}{r} 1011 \\ -1011 \\ \hline 0000 \end{array} \qquad \begin{array}{r} 1011 \\ +0101 \\ \hline 10000 \end{array}$$

第二个式子中最高位的 1 会因只有 4 位而自动丢失。

于是可以得出:$1011-1011=0000,1011+0101=0000$(在只有 4 位二进制共可表示 2^4 即 16 个数的前提下)。可以表示为:$1011-1011\equiv1011+0101$(在只有 4 位二进制数的前提下)。

仔细观察上面的例子可以得出结论:在记数系统容量有限的前提下,加一个数和减一个数可能等价;并且它们的绝对值之和就等于这个记数系统的容量。如对于钟盘来讲,$-6\equiv+6,-5\equiv+7,6$ 与 6 之和及 7 与 5 之和都为钟盘刻度的总数 12;对于 4 位二进制计数器,1011 和 0101 之和为计数器的容量 16。

可以据此类推,假设计数系统的容量为 100,可有下面的式子存在:

$$97+7\equiv97-93, \qquad 25+67=25-33$$

前面的三个系统中,12、16 和 100 是记数系统的容量。在计算机科学中称为"模"。

所谓模就是指一个计量系统的量程或它所能表示的最多数。

在有了模的概念之后,上面的等价式子可以表示如下:

$$+7\equiv-5(\text{mod } 12)$$
$$-1011\equiv+0101(\text{mod } 2^4)$$
$$+7\equiv-93(\text{mod } 100)$$

这里的 +7 与 -5、-1011 与 +0101 以及 +7 与 -93 互称为在模 12、2^4 和 100 下的补数。

电子计算机系统是一种有限字长的数字系统。因此,它所有的运算都是有模运算。在运算过程中超过模的部分都会自然丢失。

补码的设计就是利用了有模运算的这种自然丢失的特点,把减法变成了加法,从而使计算机中的运算变得简单明了起来。

2）正数的补码和负数的补码

在有模运算中,加上一个正数(加法)或加上一个负数(减法)可以用加上一个负数或加上一个正数来等价。如果加一个负数在运算过程中用加一个正数来等价,就把减法变成了加法;反过来,如果一个正数用一个负数来等价,就把加法变成了减法。后者是我们所不希望的。所以,为了简化加减运算,在运算过程中,把正数保持不变,负数用它的正补数来代替。这就引出了补码的概念。可把补码简单定义如下:

$$[x]_{补} = \begin{cases} x & x \geqslant 0 \\ x\text{的正补数} & x < 0 \end{cases}$$

考虑到互为补数的两个数的绝对值之和为记数系统的模,又可将补码进一步定义为:

$$[x]_{补} = \begin{cases} x & x \geqslant 0 \\ 模 - |x| & x < 0 \end{cases}$$

对于用二进制表示信息的计算机系统来讲,如果不考虑符号位,n 位二进制数可表示的数从全 0 到全 1 共 2^n 个数,其模即为 2^n。上面定义中的模即为 2^n。

3）补码的数学定义

n 字长定点整数(1 为符号位,n-1 位数值位)的补码数学定义为:

$$[x]_{补} = \begin{cases} x & 0 \leqslant x < 2^{n-1} \\ 2^n - |x| & -2^{n-1} \leqslant x < 0 \end{cases} \quad (\text{mod } 2^n)$$

n 字长定点小数的补码数学定义为:

$$[x]_{补} = \begin{cases} x & 0 \leqslant x < 1 \\ 2 - |x| & -1 \leqslant x < 0 \end{cases} \quad (\text{mod } 2)$$

这里,有必要对补码数学定义中的模进行说明。n-1 位数值位可表示的数据个数为 2^{n-1} 个,其模应为 2^{n-1},但前面定义中的模却为 2^n。

下面以 4 位二进制数为例。四位数中,符号占 1 位,3 位数值位。如果以 2^3 为模,做如下运算:

$$\begin{array}{r} 1000 \\ -101 \\ \hline 0011 \end{array}$$

可以看到,得到的数为 0011。至于这个 0011 是 -101 的补数,还是 +011 本身,我们无从知晓。

倘若我们以 2^4 为模,运算如下:

$$\begin{array}{r} 10000 \\ -101 \\ \hline 1011 \end{array}$$

此时的结果 1011,就可以与 +011 区分开来。

由此可知,用 2^n 做模求出来的负数的补数在最高位带出了特征位"1",而用 2^{n-1} 做模却达不到这样的效果。小数补码的模由 1 变为 2,也是同样的道理。

【例 2-24】 已知真值求补码。

$$[+1010110]_{补}=01010110 \ (\mathrm{mod} \ 2^8)$$
$$[-1010110]_{补}=10101010 \ (\mathrm{mod} \ 2^8)$$
$$[+0.1110010]_{补}=0.1110010 \ (\mathrm{mod} \ 2)$$
$$[-0.1110010]_{补}=1.0001110 \ (\mathrm{mod} \ 2)$$

4) 求补码的方法

由定义可知：正数的补码只要把真值的符号位变为 0，数值位不变(n 位字长，数值位应为 n−1 位。超过 n−1 位时要适当舍入，不足 n−1 位时，要在整数的高位或小数的低位补足 0)即可求得，所以下面将要介绍的补码求法主要是针对负数而言。假设真值的数值位已为 n−1 位。

方法一：按补码的数学定义求。

方法二：从真值低位向高位检查，遇到 0 的时候照写下来，直到遇到第一个 1，也照写下来；第一个 1 前面的各位按位取反(0 变成 1，1 变成 0)，符号位填 1。

【例 2-25】 已知 X=−1101100，求 X 在 8 位机中的补码。

解：补码求法示意如下：

真值：−1 1 0 1 1 0 0

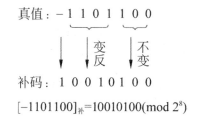

补码：1 0 0 1 0 1 0 0

$$[-1101100]_{补}=10010100(\mathrm{mod} \ 2^8)$$

方法三：对其数值位按位取反末位加 1 符号位填 1。

【例 2-26】 已知 X=−0.1010100，求 X 在 8 位机中的补码。

解：

真值：−0.1 0 1 0 1 0 0

变反

.0 1 0 1 0 1 1
+   1
符号填：1.0 1 0 1 1 0 0

$$[-0.1010100]_{补}=1.0101100(\mathrm{mod} \ 2)$$

用同样的方法可以求得$[-1101100]_{补}=10010100 \ (\mathrm{mod} \ 2^8)$。

计算机中常采用此种方法求补码。

5) 关于零的补码

对于 0 来讲，正负 0 的补码是相同的。

$$[+00\cdots00]_{补}=000\cdots00$$
$$[-00\cdots00]_{补}=000\cdots00$$

6) 已知补码求真值

先判断补码的最高位，若为 0，则表明该补码为正数的补码，也为正数的原码，只要将最高位用正或负表示，即得到其真值。若为 1，则表示该补码为负数的补码，只需将其数值部分再求一次补，即可得到该负数的原码表示，将最高位用负号表示，便得到其真值。

【例 2-27】 已知$[X]_\text{补}=10110110,[Y]_\text{补}=0.0101011$，求 X，Y。

解：$[X]_\text{补}$最高位为 1，所以 X 为负数。数值部分按求补的方法变换后为 1001010，因此，$X=-1001010$。

$[Y]_\text{补}$最高位为 0，所以 Y 为正数，数值部分不变。$Y=+0.0101011$。

7）补码的数学性质

假设：
$$[x]_\text{补}=x_{n-1}x_{n-2}\cdots\cdots x_1x_0$$

（1）当 $x_{n-1}=0$ 时，$[x]_\text{补}$的原来值为正；当 $x_{n-1}=1$ 时，$[x]_\text{补}$的原来值为负。

（2）$x=-x_{n-1}\cdot 2^{n-1}+\sum_{i=1}^{n-2}x_i\cdot 2^i$

证明：
$$x=[x]_\text{补}-2^n\cdot x_{n-1}$$
$$=x_{n-1}x_{n-2}\cdots x_1x_0-2^n\cdot x_{n-1}$$
$$=x_{n-1}\cdot 2^{n-1}+\sum_{i=0}^{n-2}x_i\cdot 2^i-2^n\cdot x_{n-1}$$
$$=-x_{n-1}\cdot 2^{n-1}+\sum_{i=1}^{n-2}x_i\cdot 2^i$$

（3）已知：
$$[x]_\text{补}=x_{n-1}x_{n-2}\cdots x_1x_0$$

那么，当 $x_{n-1}=0$ 时，
$$x=x_{n-2}\cdots x_1x_0；$$

当 $x_{n-1}=1$ 时，
$$[x]_\text{补}=2^n-|x|$$
$$|x|=2^n-[x]_\text{补}=2^n-x_{n-1}x_{n-2}\cdots x_1x_0$$
$$=100\cdots 00-x_{n-1}x_{n-2}\cdots x_1x_0$$
$$=00\cdots 01+11\cdots 11-1x_{n-2}\cdots x_1x_0$$
$$=0\bar{x}_{n-2}\bar{x}_{n-3}\cdots\bar{x}_1\bar{x}_0+00\cdots 01$$
$$=\bar{x}_{n-1}\bar{x}_{n-2}\bar{x}_{n-3}\cdots\bar{x}_1\bar{x}_0+00\cdots 01$$

8）变形补码

为了在补码的运算过程中方便地判断溢出，需要引进变形补码的概念。

变形补码即在补码的符号位前面再加一位符号位。正数的补码前加 0，负数的补码前加 1。

【例 2-28】 已知补码就变形补码。
$$[x]_\text{补}=01011$$
$$[x]_\text{变补}=001011$$
$$[x]_\text{补}=11011$$
$$[x]_\text{变补}=111011$$
$$[x]_\text{补}=1.1011$$

$$[x]_{变补} = 11.1011$$

变形补码的数学定义（n-1 为数值位）如下。

整数：

$$[x]_{变补} = \begin{cases} x & 0 \leqslant x < 2^{n-1} \\ 2^{n+1} - |x| & -2^{n-1} \leqslant x < 0 \end{cases}$$

小数：

$$[x]_{变补} = \begin{cases} x & 0 \leqslant x < 1 \\ 4 - |x| & -1 \leqslant x < 0 \end{cases}$$

9）补码的运算

补码的设计就是利用了有模运算的超过模的部分自动丢失的特点，把减法变成了加法，从而使计算机中的运算变得简单明了起来。

从上面的介绍可以看出，补码表示法不像原码只是简单地把"+""-"号数字化成了"0"和"1"。正如前面所举的例子所示，在做加减法运算的时候，补码的符号是和数值部分一起来参加运算的。

【例 2-29】 字长为 4 的补码运算。

$$\begin{array}{cccc}
6,-5 & 2,3 & 3,-4 & 2-(-5) \\
+110 & +010 & +011 & +010 \\
-101 & +011 & -100 & +101
\end{array}$$

$$\begin{array}{cccc}
0110 & 0010 & 0011 & 0010 \\
1011 & 0011 & 1100 & 0101 \\
\hline
0001 & 0101 & 1111 & 0111
\end{array}$$

通过上述例子可以看出，在利用补码做加法运算的时候，只需把两个数先求补码，再把补码相加就可得到和的补码；做减法的时候，只需把被减数求补码，减数取负之后再求补码，相加后即可得差的补码。无论加法还是减法，都是用加法来实现的。补码的设计，为计算机的加减法带来了极大的方便。

在做乘除法运算时，补码的符号和数值部分也是一起来处理的。关于补码的乘除法运算，将在第 4 章进行讨论。

4. 反码表示法

补码表示法确实为加减法运算带来了方便。但是，按照定义求负数的补码时却用到了减法。下面来做一下变换。以整数为例：

令 $X = -X_{n-2}X_{n-3}\cdots X_1X_0$，则有：

$$\begin{aligned}
[X]_{补} &= 2^n + X \\
&= 1000\cdots00 - X_{n-2}X_{n-3}\cdots X_1X_0 \\
&= 111\cdots11 + 00\cdots01 - X_{n-2}X_{n-3}\cdots X_1X_0 \\
&= 111\cdots11 + 00\cdots01 - X_{n-2}X_{n-3}\cdots X_1X_0
\end{aligned}$$

$$= 1\overline{X}_{n-2}\overline{X}_{n-3}\cdots\overline{X}_1\overline{X}_0 + 00\cdots01$$

上式中的 $1\overline{X}_{n-2}\overline{X}_{n-3}\cdots\overline{X}_1\overline{X}$ 即为负数 X 的反码。

一个负数的反码即为对其原码除符号位以外的各位按位取反,或补码减去末位的 1。

1) 反码的数学定义

n 字长定点整数(1 为符号位,n−1 位数值位)的反码数学定义为:

$$[x]_反 = \begin{cases} x & 0 \leqslant x < 2^{n-1} \\ 2^n - 1 - |x| & -2^{n-1} < x \leqslant 0 \end{cases} \quad \mod(2^n - 1)$$

n 字长定点小数的反码的数学定义为:

$$[x]_反 = \begin{cases} x & 0 \leqslant x < 1 \\ 2 - 2^{-n-1} - |x| & -1 < x \leqslant 0 \end{cases} \quad \mod(2 - 2^{-(n-1)})$$

反码又被称作"1"补码。

【例 2-30】 求 16 位字长的机器中,+1010110、−1010110 和 +0.1010110、−0.1010110 的反码。

解:

$$[+000000001010110]_反 = 0000000001010110$$
$$[-000000001010110]_反 = 1111111110101001$$
$$[+0.1010110000000000]_反 = 0.1010110000000000$$
$$[-0.1010110000000000]_反 = 1.0101001111111111$$

数值部分不足 n−1 位的时候,要在整数数值位前面和小数数值位后面补足 0。

2) 关于零的反码

对于 0 来讲,正负 0 的反码是不同的。

$$[+00\cdots00]_反 = 000\cdots00$$
$$[-00\cdots00]_反 = 111\cdots11$$

3) 已知反码求真值

在已知数的反码的情况下,要求得它的真值也非常简单。

可以按照公式,符号位为 1 的反码用 1.11⋯11 或 11⋯11(n 个 1)减去反码就可得出真值的绝对值,符号位填上"−"就可得到真值。而符号位为 0 的反码,其本身就是真值的绝对值,只要把 0 改为"+"号或直接在前面加"+"(对于纯小数)即可。

【例 2-31】 已知反码求真值(整数)。

反码 10101100 的真值为:

$$-(11111111 - 10101100) = -1010011$$

反码 1.101011000000000 的真值为:

$$-(1.111111111111111 - 1.101011000000000) = -0.010100111111111$$

反码 00101100 的真值为 +0101100,反码 0.101011000000000 的真值为 +0.101011000000000。

也可以通过简单地把负数反码的符号位的"1"改为"−"、把数值部分各位按位取反来求得真值。

【**例 2-32**】 已知反码求真值（小数）。

$$反码：\quad 1.\underbrace{1010100}_{\substack{\downarrow\\ 变\\ 反}}$$

$$真值：-0.0101011$$

$$反码：\quad 1\underbrace{1010010}_{\substack{\downarrow\\ 变\\ 反}}$$

$$真值：\quad -0101101$$

4）反码的运算

反码在运算的时候，符号和数值部分一起参加运算。关于反码运算方法，将会在第 4 章讨论。

5. 原码、补码、反码三种机器数的比较

1）定义

整数：

$$[x]_原=\begin{cases} x & 0<x<2^{n-1}\\ 2^{n-1}+|x| & -2^{n-1}<x\leqslant 0 \end{cases}$$

$$[x]_补=\begin{cases} x & 0\leqslant x<2^{n-1}\\ 2^n-|x| & -2^{n-1}\leqslant x<0 \end{cases} \quad \mathrm{mod}\ 2^n$$

$$[x]_反=\begin{cases} x & 0<x<2^{n-1}\\ 2^n-1-|x| & -2^{n-1}<x\leqslant 0 \end{cases} \quad \mathrm{mod}\ (2^n-1)$$

小数：

$$[x]_原=\begin{cases} x & 0<x<1\\ 1+|x| & -1<x\leqslant 0 \end{cases}$$

$$[x]_补=\begin{cases} x & 0\leqslant x<1\\ 2-|x| & -1\leqslant x<0 \end{cases} \quad \mathrm{mod}\ 2$$

$$[x]_反=\begin{cases} x & 0<x<1\\ 2-2^{-(n-1)}-|x| & -1<x\leqslant 0 \end{cases} \quad \mathrm{mod}\ (2-2^{-(n-1)})$$

2）正数与负数的不同码制

三种码制最高位均为符号位。

真值为正时：三种码制相同。符号位为 0，数值部分与真值同。

真值为负时：符号位均为 1。原码的数值部分与真值同，反码为原码的各位按位取反，补码为反码的末位加 1。

3）数的范围

0 的表示原、反码各有两种，补码只有一种。

原、反码表示的正、负数范围相对于 0 对称：

$$对于整数：-2^{n-1} < X < +2^{n-1}$$
$$对于小数：-1 < X < +1$$

补码表示的负数范围较正数范围为宽，多表示一个最小负数 $100\cdots00$，值为 -2^{n-1} 或 -1，无法表示与之对应的最大正数：

$$对于整数：-2^{n-1} \leqslant X < +2^{n-1}$$
$$对于小数：-1 \leqslant X < +1$$

4）运算规则

补码、反码的符号位与数值位一起参加运算，原码符号位与数值位分开处理。

5）右移规则不同

原码：符号位固定在最高位，右移后空出的位填"0"。

补码、反码：符号位固定在最高位，右移后空出的位填符号位。

例如：将 01101010 分别按原码、补码、反码规则右移 1 位。

按原码移位后结果为： 0**0**110101；

按补码或反码移位后为：0**0**110101。

再例如：将 11011010 分别按原码、补码、反码规则右移 1 位。

按原码移位后结果为： 1**0**101101；

按补码或反码移位后为：1**1**101101。

6. 阶的移码表示

在浮点数中，阶可正可负，在进行加减运算时必须先进行对阶操作（两个操作数的阶相同，尾数才能相加减），对阶要先比较两个阶的大小，然后再把两个数的阶调整成阶数较大的值（尾数部分要相应变动，才能保证数的大小不变），操作比较复杂。为了克服这一缺点，提出了移码表示法。移码只针对浮点数的阶而言，只有整数才可用移码表示。

n 字长定点整数移码的数学定义如下：

$$[e]_{移} = 2^{n-1} + e$$

例：

$$[+0001011]_{移} = 2^7 + 0001011 = 10001011$$
$$[-0001011]_{移} = 2^7 - 0001011 = 011110101$$

7. 综合例题

【例 2-33】 已知 $X = +13/128$，试用二进制表示成定点数和浮点数（尾数数值部分取 7 位，阶码部分取 3 位，阶符、尾符各占 1 位），并写出它们在定点机和浮点机中的机器数形式。

解：

$$x = +1101/2^7 = +0.0001101$$
$$定点：x = +0.0001101$$
$$规格化浮点：x = +0.1101000 \times 2^{-011}$$

定点机中：

$$[x]_{原} = [x]_{补} = [x]_{反} = 0.0001101$$

浮点机中：

$$[x]_原＝1011\quad01101000$$
$$[x]_补＝1101\quad01101000$$
$$[x]_反＝1100\quad01101000$$
$$[x]_移＝0101$$

　　注：因小数点在有效数位间可处于任意位置，一个数的浮点表示可以有很多种。这里只表示出规格化浮点数。

　　另外，在机器中，浮点数的阶、尾两部分不见得都用同一种码制表示。这里如此列出，只是为了方便。

　　【例 2-34】 已知 $X＝-17/64$，试用二进制表示成定点数和浮点数，要求同上例。

　　解：

$$x＝-10001/2^6＝-0.010001$$
$$定点：x＝-0.0100010$$
$$规格化浮点：x＝-0.1000100\times2^{-001}$$

定点机中：

$$[x]_原＝1.0100010$$
$$[x]_补＝1.1011110$$
$$[x]_反＝1.1011101$$

浮点机中：

$$[x]_原＝1001\quad11000100$$
$$[x]_补＝1111\quad10111100$$
$$[x]_反＝1110\quad10111011$$
$$[x]_移＝0111$$

2.2　非数值数据

　　计算机不仅能够对数值数据进行处理，还能够对逻辑数据、字符数据（字母、符号、汉字）以及多媒体数据（图形、图像、声音）等非数值数据信息进行处理。非数值数据是指不能进行算术运算的数据。

2.2.1　逻辑数据

　　逻辑数据是用二进制代码串表示的参加逻辑运算的数据。

　　逻辑数据由若干位无符号二进制代码串组成，位与位之间没有权的内在联系，只进行本位操作。每一位只有逻辑值："真"或"假"，比如 10110001010。从表现形式上看，逻辑数据与数值数据没有什么区别，要由指令来识别是否为逻辑数据。

　　逻辑数据只能参加逻辑运算，如与、或、非。

2.2.2　字符数据

　　字符数据是指用二进制代码序列表示的字母、数字和符号。字符数据主要用于主机与外设间进行信息交换。

字符数据也是一种编码。编码最早源于电报的明码。例如,北京为 0554 0019,四位十进制数表示一个汉字。在计算机中,关于字符数据的编码包括表示最基本字符的 ASCII 字符编码、汉字编码等。

1. ASCII 字符编码

在使用计算机进行输入输出操作的时候,需要用到 95 种可打印字符(可用键盘输入并可在显示器显示的字符,包括大小写英文字母 A~Z;数字符号 0~9;标点符号;特殊字符)和 32 种控制字符(不可打印的 Ctrl、Shift、Alt 等)。需将它们进行数字化处理之后才能进入计算机。数字化处理后的数据即为字符数据。

目前国际上广泛使用的字符表示是美国信息标准码,简称 ASCII 码。每个 ASCII 字符用 7 个二进制位编码,共可表示 $2^7 = 128$ 个字符,如表 2.3 所示。为了构成一个字节,ASCII 码允许加一位奇偶校验位,一般加在一个字节的最高位,用作奇偶校验。通过对奇偶校验位设置"1"或"0"状态,保持 8 位字节中的"1"的个数总是奇数(称奇校验)或偶数(称偶校验),用以检测字符在传送(写入或读出)过程中是否出错。

表 2.3　ASCII 码字符表

$b_3 b_2 b_1 b_0$		$b_6 b_5 b_4$ 0 000	1 001	2 010	3 011	4 100	5 101	6 110	7 111
0	0000	NUL	DLE	SP	0	@	P	、	p
1	0001	SOH	DC1	!	1	A	Q	a	q
2	0010	STX	DC2	"	2	B	R	b	r
3	0011	ETX	DC3	#	3	C	S	c	s
4	0100	EOT	DC4	$	4	D	T	d	t
5	0101	ENQ	NAK	%	5	E	U	e	u
6	0110	ACK	SYM	&	6	F	V	f	v
7	0111	BEL	ETB	'	7	G	W	g	w
8	1000	BS	CAN	(	8	H	X	h	x
9	1001	HT	EM	)	9	I	Y	i	y
A	1010	LF	SUB	*	:	J	Z	j	z
B	1011	VT	ESU	+	;	K	[	k	{
C	1100	FF	FS	,	<	L	\	l	|
D	1101	CR	GS	—	=	M	]	m	}
E	1110	SO	RS	.	>	N	↑	n	Esc
F	1111	SI	US	/	?	O	↓	o	Del

表中的 ENQ(查询)、ACK(肯定回答)、NAK(否定回答)等,是专门用于串行通信的控制字符。

在码表中查找一个字符所对应的 ASCII 码的方法是:向上找 $b_6 b_5 b_4$,向左找 $b_3 b_2 b_1 b_0$。例如,字母'J'的 ASCII 码中的 $b_6 b_5 b_4$ 为 100B(4H),$b_3 b_2 b_1 b_0$ 为 1010B(AH)。因此,'J'的 ASCII 码为 1001010B(4AH)。

ASCII 码也是一种 0,1 码,把它们当作数看待,称为字符的 ASCII 码值。可以用它们代表字符的大小,对字符进行大小比较。

1981 年我国参照 ASCII 码颁布了国家标准《信息处理交换用的七位编码字符集》,与 ASCII 码基本相同。

2. 汉字编码

一个英文字符集,共有 85 个字符(52 个英文大小写字母、10 个数字字符、23 个标点图符),只需用 50 键左右的英文键盘即可输入它们。但是,汉字是一种象形文字,其数量之多,是任何一种文字没有的。根据对我国汉字使用频度的研究,可把汉字分为:

- 高频字,约 100 个
- 常用字,约 3000 个
- 次常用字,约 4000 个
- 罕见字,约 8000 个
- 废弃字,约 4500 个

也就是说,正在使用的汉字字种达 15 000 余个。根据我国 1981 年公布的《通信用汉字字符集(基本集)及其交换码标准》GB 2312—80 方案,把高频字、常用字和次常用字归纳为汉字基本字符集,共 6763 个字。按出现的频度分,一级汉字 3755 个,二级汉字 3008 个,还有西文字母、数字、图形符号等 682 个,再加上自行定义的专用汉字和符号,共 7445 个。汉字输入有如下 4 种方法。

1) 整字大键盘输入

整字大键盘是早期仿照旧式中文打字机,把汉字按部阵或习惯排列起来,用光笔选字的输入设备。它比较直观,但由于尺寸所限,所列出的汉字量一般只有一级汉字。同时,在输入中英文混写的文件时,输入速度相当慢。目前已用得很少。

2) 手写输入

手写输入,是现在常用的一种输入方式。当汉字笔画较少时,速度较快;当汉字笔画较多时,速度相当慢,而且要求书写工整。目前,其应用范围在逐渐拓展。

3) 语音输入

这也是目前较为常用的一种输入方法。一般来说,它更适合于联想及按惯用的修辞方式所表达的意思完整的句子。对诗词、人名、地名以及单个字的输入比较困难,而且由于每个人发音的特殊性,说话的音调、速度、情绪等都会影响输入的准确性。目前,语音输入识别的准确率也在逐步提高。

4) 小键盘输入

小键盘输入,即利用标准英文键盘输入,这是目前最常用的一种输入方式。据说目前已提出的小键盘输入方法约有 2000 种左右,可归入以下几类:

(1) 汉字拼音输入码,如全拼码、双拼码等。

(2) 汉字字形编码,如五笔字型码、首尾码、101 码等。

(3) 汉字音形编码。

(4) 汉字数字编码,如区位码、电报码等。

小键盘输入的基本原理如图 2.1 所示。内码与字符是一一对应的。而外码(输入码)与内码具有多对一的关系,即对于内码可以有不同的输入方法。或者说,每一种汉字输入程序的基本功能,都是将输入码转换成内码。

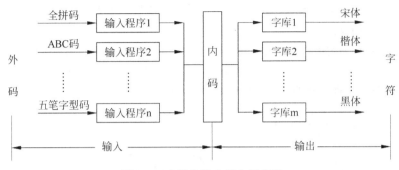

图 2.1 小键盘输入基本原理图

因为英文处理比较简单,所以其内码就是 ASCII 码。ASCII 码用 8 位二进制数表示一个字符,其中第 1 位是奇偶校验位。

汉字内码(计算机系统内部处理和存储汉字时使用的代码)有许多种,但以我国制定推行的国家标准 GB 2312—80《信息交换用汉字编码字符集——基本集》(简称国标码)为最好。国标码一个汉字内码占用 2 字节。当用某一种输入码输入一个汉字到计算机之后,汉字管理模块立刻将它转换成两字节长的 GB 2312—80 国标码,同时将国标码的每个字节的最高位置为"1",作为汉字的标识符。这样,汉字内码既兼容英文 ASCII 码,又不会与 ASCII 码产生二义性。同时,汉字内码还与国标码具有很简单的——一对应关系。例如,"啊"的国标码是:

$$0011\ 0000\ 0001\ 0010(3012\text{H})$$

生成的汉字内部码为:

$$1011\ 0000\ 1001\ 0010(\text{B0AIH})$$

除国标码外,使用较多的内码,还有 HZ 码(国标码的变形)和大五码(Big-5)等。

不管是用哪一种输入码输入的汉字,在计算机内部存储时,都使用机内码。这也就是为什么用一种汉字输入法输入的文档也可以用另一种汉字输入法对其进行修改的原因。

字库也称为字模码,字模码与内码也是多对一的关系,一个内码对应多个字模码,用于输出不同的字形,可以将内码转换成各种不同的字形。或者说,不同的字体有不同的字库。简单地说,输出时内码作为字库的地址,选定了字体后,每一个内码驱动一个字将其输出。全部汉字字型的集合叫作汉字字型库(简称汉字库)。汉字的字库有点阵字库和矢量字库两类。

字库的容量很大,存在一个单独的文件中。在显示字库中,每个汉字由 16×16 点阵组成,占 32 个字节;在打印字库中,每个汉字由 24×24 点阵组成,占 72 个字节。用户只有安装了某种字库,才能使用其中的字体。

2.2.3 多媒体数据

多媒体数据包括文字、声音、图形、图像及视频数据。文字可以理解为字符。

1. 声音编码

1) 音调、音强和音色

声音是通过声波改变空气疏密度,引起鼓膜振动而作用于人的听觉的。从听觉的角度,音调、音强和音色称为声音的三要素。

音调决定于声波的频率。声波的频率高,则音调就高;频率低,则音调就低。人的听觉范围为 20Hz~20kHz。

音强(又称响度)决定于声波的振幅。声波的振幅高,则声音就大;振幅低,声音就小。

音色决定于声波的形状。混入音波基音中的泛音不同,得到不同的音色。

图 2.2 形象地说明了两种不同的声音的三要素的不同。

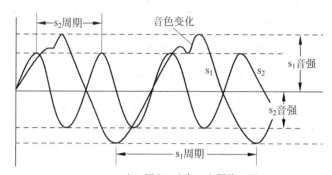

图 2.2　两种不同声音的三要素

显然,声音媒体的质量主要决定于它的频宽。

2) 波形采样量化

任何用符号表示的数字都是不连续的。如图 2.3 所示,波形的数字化过程是将连续的波形用离散的(不连续的)点近似代替的过程。在原波形上取点,称为采样。用一定的标尺确定各采样点的值(样本),称为量化(见图 2.3 中的粗竖线)。量化之后,很容易将它们转换为二进制(0,1)码(见图 2.3 中的表)。

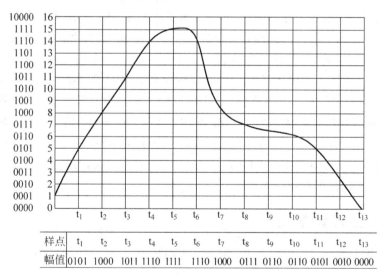

样点	t_1	t_2	t_3	t_4	t_5	t_6	t_7	t_8	t_9	t_{10}	t_{11}	t_{12}	t_{13}
幅值	0101	1000	1011	1110	1111	1110	1000	0111	0110	0110	0101	0010	0000

图 2.3　波形的采样与量化

3) 采样量化的技术参数

一个数字声音的质量,决定于下列技术参数。

（1）采样频率

采样频率，即 1s 内的采样次数，它反映了采样点之间的间隔大小。间隔越小，丢失的信息越少，数字声音越细腻逼真，要求的存储量也就越大。因为计算机的工作速度和存储容量有限，而且人耳的听觉上限为 20kHz，所以采样频率不可能，也不需要太高。根据奈奎斯特采样定律，只要采样频率高于信号中的最高频率的两倍，就可以从采样中恢复原始的波形。因此，40kHz 以上的采样频率足以使人满意。目前多媒体计算机的标准采样频率有 3 个：44.1kHz，22.05kHz 和 11.025kHz。CD 唱片采用的是 44.1kHz。

（2）测量精度

测量精度是样本在纵向的精度，是样本的量化等级，它通过对波形纵向的等分而实现。由于数字化最终要用二进制数表示，所以常用二进制数的位数表示样本的量化等级。若每个样本用 8 位二进制数表示，则共有 $2^8 = 256$ 个量级。若每个样本用 16 位二进制数表示则共有 $2^{16} = 65536$ 个量级。量级越多，采样越接近原始波形；数字声音质量越高，要求的存储量也越大。目前多媒体计算机的标准采样量级有 8 位和 16 位两种。

（3）声道数

声音记录只产生一个波形，称为单声道。声音记录产生两个波形，称为立体声双声道。立体声比单声道声音丰满、空间感强，但需两倍的存储空间。

2. 图形与图像编码

图形（graphic）和图像（image）是画面在计算机内部的两种表示形式。

图像表示法是将原始图画离散成 m×n 个像点——像素组成的矩阵。每一个像素根据需要用一定的颜色和灰度表示。对于 GRB 空间的彩色图像，每个像素用 3 个二进制数分别表示该点的红（R）、绿（G）、蓝（B）3 个彩色分量，形成 3 个不同的位平面。此外，每种颜色又可以分为不同的灰度，当采用 256 个灰度等级时，各位平面的像素位数都是 8 位。这样，对于 RGB 颜色空间，且具有 256 个灰度级别时，要用 24 位二进制数表示（称颜色深度为 24），总共可以表示 2^{24} 种颜色。图像表示常用于照片以及汉字字形的点阵描述。

图形表示是根据图画中包含的图形要素——几何要素（点、线、面、体）、材质要素、光照环境和视角等进行描述表示。图形表示常用于工程图纸、地图以及汉字字形的轮廓描述。

2.2.4　十进制数的编码

计算机内都使用二进制数进行运算，但通常采用八进制和十六进制的形式读写。

对于计算机技术专业人员，要理解这些数的含义是没问题的，但对非专业人员就不那么容易了。由于日常生活中，人们最熟悉的数制是十进制，因此专门规定了一种二进制的十进制码，简称 BCD 码（Binary-Coded Decimal），它是一种以二进制表示十进制数的编码。

BCD 编码是用 4 位二进制码的组合代表十进制的 0、1、2、3、4、5、6、7、8、9 十个数符。4 位二进制数码有 16 种组合，原则上可任选其中的 10 种作为代码，分别代表十个数字符号。因 $2^4 = 16$，而十进制数只有十个不同的数码，故 16 种组合中选取 10 组可有多种 BCD码方案。

根据四位代码中每一位是否有确定的位权来分，分为有权码和无权码两类。

在有权码中使用的最普遍的是 8421 码，即四个二进制位的位权从高到低分别为 8、4、

2、1。有权码还有 2421 码、5211 码及 4311 码。无权码中用的较多的是余 3 码和格雷码。余 3 码是在 8421 码的基础上,把每个代码加 0011 而成。格雷码的编码规则是相邻的两代码之间只有一位不同。常用的二-十编码如表 2.4 所示。

表 2.4　常用的二-十进制编码表

十 进 制 数	8421 码	2421 码	5211 码	4311 码	余 3 码	格 雷 码
0	0000	0000	0000	0000	0011	0000
1	0001	0001	0001	0001	0100	0001
2	0010	0010	0011	0011	0101	0011
3	0011	0011	0101	0100	0110	0010
4	0100	0100	0111	1000	0111	0110
5	0101	1011	1000	0111	1000	0111
6	0110	1100	1010	1011	1001	0101
7	0111	1101	1100	1100	1010	0100
8	1000	1110	1110	1110	1011	1100
9	1001	1111	1111	1111	1100	1101

【例 2-35】 求十进制数的编码。

$$(1945.628)_{10} = (0001100101000101.011000101000)_{8421}$$
$$= (0100110001111000.100101011011)_{余3码}$$
$$= (0001110101100111.010100111100)_{格雷码}$$

2.2.5　数据校验码

计算机系统工作过程中,由于脉冲噪声、串音、传输质量等原因,有时在信息的形成、存取、传送中会造成错误。为减少和避免这些错误,一方面要提高硬件的质量,另一方面可以采用抗干扰码来监控,即数据校验码。

数据校验码的基本思想是:按一定的规律在有用信息的基础上再附加上一些冗余信息,使编码在简单线路的配合下能发现错误、确定错误位置甚至自动纠正错误。

通常,一个 k 位的信息码组应加上 r 位的校验码组(奇偶校验码的 r=1),组成 k+r 位抗干扰码字(在通信系统中称为一帧)。例如,奇偶校验码是在信息码之外再加上一位校验位,使用奇偶校验线路检测码字是否合法。

数据校验抗干扰码可分为检错码和纠错码。

检错码是指能自动发现差错的码。最简单的检错码是奇偶校验码,它是一种最简单的检错码,分横向奇偶校验、纵向奇偶校验、横向纵向奇偶校验;例如海明码,不但能够检测出错误,而且能够充分地进行错误定位,为进一步纠错提供依据。

纠错码是指不仅能发现差错而且能自动纠正差错的码。不过应该指出,这两类码之间并没有明显的界限。纠错码也可用来检错,而有的检错码可以用来纠错。抗干扰码的编码原则是在不增加硬件开销的情况下,用最小的校验码组发现和纠正更多的错误。一般情况下,检验码组越长,其发现和纠正错误的能力越强。循环冗余检验码就是一种能力相当强的检错和纠错码。

2.3 本章小结

本章从进制转换、小数点处理、符号表示三方面系统介绍了计算机内数值数据的表示方法。概述了有关非数值数据的组织格式和编码规则,在学习中,学生要重点掌握进制、补码以及浮点数。

2.4 习题

一、选择题

1. 下列数中,最小的数是(   )。
   A. $(101001)_2$　　　　B. $(52)_8$　　　　C. $(2B)_{16}$　　　　D. $(45)_{10}$
2. 下列数中,最大的数是(   )。
   A. $(101001)_2$　　　　B. $(52)_8$　　　　C. $(2B)_{16}$　　　　D. $(45)_{10}$
3. 只针对浮点数阶的部分码制是(   )。
   A. 原码　　　　B. 补码　　　　C. 反码　　　　D. 移码
4. 字长16位,用定点补码小数表示时,一个字能表示的范围是(   )。
   A. $-1\sim(1-2^{-15})$　　　　　　B. $0\sim(1-2^{-15})$
   C. $-1\sim+1$　　　　　　D. $-(1-2^{-15})\sim(1-2^{-15})$
5. 若$[X]_{补}=10000000$,则十进制真值为(   )。
   A. -0　　　　B. -127　　　　C. -128　　　　D. -1
6. 定点整数16位,含1位符号位,原码表示,则最大正数为(   )。
   A. 2^{16}　　　　B. 2^{15}　　　　C. $2^{15}-1$　　　　D. $2^{16}-1$
7. 当$-1<x<0$时,$[x]_{原}=($ $)$。
   A. x　　　　　　B. $1-x$
   C. $4+x$　　　　　　D. $(2-2^n)-1\times1$
8. 8位反码表示数的最小值为(   ),最大值为(   )。
   A. -127　　　　B. $+255$　　　　C. $+127$　　　　D. -255
9. $n+1$位二进制正整数的取值范围是(   )。
   A. $0\sim2^n-1$　　　　　　B. $1\sim2^n-1$
   C. $0\sim2^{n+1}-1$　　　　　　D. $1\sim2^{n+1}-1$
10. 浮点数的表示范围和精度取决于(   )。
    A. 阶的位数和尾数的位数　　　　B. 阶的位数和尾数采用的编码
    C. 阶采用的编码和尾数采用的编码　　　　D. 阶采用的编码和尾数的位数
11. 在浮点数编码表示中,(   )在机器数中不出现,是隐含的。
    A. 尾数　　　　B. 符号　　　　C. 基数　　　　D. 阶码
12. 若用8421BCD码表示十进制的16,应该是(   )。
    A. 10000　　　　B. 00010110　　　　C. 11　　　　D. 10110

13. 正 0 和负 0 的机器数相同的是(   )。

    A. 原码   B. 真值   C. 反码   D. 补码

14. 不区分正数和负数的机器数是(   )。

    A. 原码   B. 移码   C. 反码   D. 补码

15. ASCII 码是对(   )进行编码的一种方案。

    A. 字符、数字、符号   B. 汉字

    C. 多媒体   D. 声音

16. 最适合做乘法运算的码制是(   )。

    A. 原码   B. 移码   C. 反码   D. 补码

17. 做加减法运算最方便的码制是(   )。

    A. 原码   B. 移码   C. 反码   D. 补码

18. 最简单的检验法是(   )。

    A. 循环冗余码校验   B. 海明码校验

    C. 判别校验   D. 奇偶校验

二、填空题

1. 二进制中的基数为_____,十进制中的基数为_____,八进制中的基数为_____,十六进制中的基数为_____。

2. $(27.25)_{10}$ 转换成十六进制数为_____。

3. $(0.65625)_{10}$ 转换成二进制数为_____。

4. 在原码、反码、补码三种编码中,_____数的表示范围最大。

5. 在原码、反码、补码三种编码中,符号位为 0,表示数是_____。符号位为 1,表示数是_____。

6. 0 的原码为_____;0 的补码为_____;0 的反码为_____。

7. 在_____表示的机器数中,零的表示形式是唯一的。

8. 8 字长的机器中,−1011011 的补码为_____,原码为_____,反码为_____。

9. 8 字长的机器中,+1001010 的补码为_____,原码为_____,反码为_____。

10. 浮点数的表示范围由_____部分决定。浮点数的表示精度由_____部分决定。

11. 在浮点数的表示中,_____部分在机器数中是不出现的。

12. 计算机机定点整数格式字长为 8 位(包含 1 位符号位),若 x 用补码表示,则 $[x]_{补}$ 的最大正数是_____,最小负数是_____(用十进制真值表示)。

13. 真值为 −100101 的数在 8 位字长的机器中,其补码形式为_____。

14. 浮点数一般由_____两部分组成。

15. 在计算机中,数据信息包括_____和_____。

16. 模是指_____。

17. 表示一个数据的基本要素是_____、_____和_____。

18. 在计算机内部信息分为两大类,即_____和_____。

三、解答题

1. 将二进制数－0.0101101用规格化浮点数格式表示。格式要求：阶4位,含1位符号位；尾数8位,含1位符号位。阶和尾数均用补码表示。

2. 将二进制数－1101.101用规格化浮点数格式表示。格式要求：阶4位,含1位符号位；尾数8位,含1位符号位。阶和尾数均用补码表示。

3. 什么是机器数？

4. 数值数据的三要素是什么？

5. 在计算机系统中,数据包括哪两种？简要解释。

2.5 参考答案

一、选择题

1. A   2. D   3. D   4. A   5. C   6. C   7. B   8. A；C   9. B   10. A
11. C   12. B   13. D   14. B   15. A   16. A   17. D   18. D

二、填空题

1. 2   10   8   16

2. $(1B.4)_{16}$

3. $(0.10101)_2$

4. 补码

5. 正的   负的

6. 000…000 或 100…00   000…00   000…000 或 111…11

7. 补码、移码

8. 10100101   11011011   10100100

9. 01001010   01001010   01001010

10. 阶   尾数

11. 基数

12. ＋127   －128

13. 11011011

14. 阶和尾数

15. 数值数据   非数值数据

16. 一个计量系统的量程或系统所能表示的最多数

17. 进位记数制   小数点位置   符号

18. 控制信息   数据信息

三、解答题

1. **解**：首先规格化：$-0.0101101 = -0.101101 \times 2^{-1} = -0.1011010 \times 2^{-1}$

尾数的补码：$[-0.1011010]_{补} = 1.0100110$

阶数的补码：$[-1]_{补}=[-001]_{补}=1111$

阶 符 一 位	阶 码 3 位	尾 符 一 位	尾 数 7 位
1	111	1	0100110

2. **解**：

首先规格化：$-1101.101=-0.1101101\times2^4$

尾数的补码：$[-0.1101101]_{补}=1.0110111$

阶数的补码：$[4]_{补}=0100$

阶 符 一 位	阶 码 3 位	尾 符 一 位	尾 数 7 位
0	100	1	0010011

3. 计算机可以直接识别的数称为机器数。或数的符号数字化后用"0""1"表示。

4. 进位记数制；小数点位置；符号。

5. 数据主要包括数值数据和非数值数据。数值数据是指有确定大小，可以在数轴上找到对应点的数据。非数值数据是指不能进行算术运算的数据，包括逻辑数据、字符数据（字母、符号、汉字）以及多媒体数据（图形、图像、声音）。

第 3 章

计算机中的逻辑电路

本章学习目标

- 了解逻辑代数的基础知识
- 掌握逻辑代数与逻辑电路之间的关系
- 掌握门电路与触发器的分类及功能
- 熟练掌握逻辑电路的分析与设计

各种信息必须经过数字化编码后才能在计算机内部被传送、存储和处理,计算机中所处理的物理量均为数字量,采用二进制编码表示。二进制编码有两种可能的值:"1"或"0"。它们的逻辑属性可表示成"有"或"无"、"真"或"假"、"是"或"非"等,称其为逻辑值。组成计算机硬件逻辑电路的输入和输出端所对应的状态,就是这种逻辑值。

计算机中的逻辑电路在制造工艺上从分立元件电路发展到 20 世纪 60 年代的集成电路(采用半导体制作工艺,在一块较小的单晶硅片上集成许多晶体管及电阻器、电容器等元器件,并按照多层布线或隧道布线的方法将元器件组合成完整的电子电路),又从小规模集成电路(每个芯片集成 10~100 个晶体管)历经中规模集成电路(每个芯片集成 100~1000 个晶体管)、大规模集成电路(每个芯片集成 1000~100 000 个晶体管)乃至现今的超大规模集成电路(每个芯片集成 100 000~1 000 000 个晶体管)已得到了长足的发展。

按照逻辑电路的工作性质,可将其分为无记忆功能的组合逻辑电路和有记忆功能的时序逻辑电路两种。

计算机中的基本逻辑单元电路如图 3.1 所示。

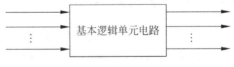

图 3.1　计算机中的逻辑单元电路

所有逻辑单元电路都满足如下特点:

(1) 每个单元都有若干输入端和输出端。

(2) 每端只有两种不同的稳定状态,"高"或"低"电平;逻辑"真"或"假";或谓"1"或"0"。

组合逻辑电路输出端的状态只和当前输入端的状态有关。其基本单元电路为"门电路"。

时序逻辑电路输出端的状态不只和当前输入端的状态有关,与以前输入端的状态也有关系。其输入、输出端关系如图 3.2 所示。

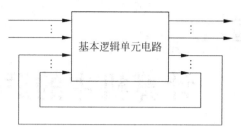

图 3.2　计算机中的时序逻辑电路

时序逻辑电路的基本单元为"触发器"。

本章从功能角度介绍组合电路及时序电路的基本逻辑单元,讲述分析和设计逻辑电路的基本工具(逻辑代数)和方法。并力求使学生在完成本章学习后达到两个目的:

(1) 在给出功能要求(文字说明或逻辑函数)的前提下,能用基本逻辑单元完成给定功能的电路设计。

(2) 在给出逻辑电路的前提下,能写出它的逻辑表达式,并大致描述其功能。

要求学生重点掌握基本门电路、触发器及寄存器的基本功能,并在此基础上进行电路的分析与设计。

3.1　逻辑代数

逻辑代数最初是由英国数学家布尔(George Boole)首先提出来的,也被称为布尔代数。后来香农(Shannon)将布尔代数用到开关矩阵电路中,因而又称为开关代数。现在逻辑代数被广泛用于数字逻辑电路的分析和设计中,成为数字逻辑电路的理论基础。逻辑代数的变量称为逻辑变量。逻辑变量与普通代数变量不同,逻辑变量的取值只有"1"和"0",也就是说逻辑电路中只有两种逻辑状态。这里的"1"和"0"可以由数字电路中电平的高低、开关的通断和信号的有无来表示。因此,它们已没有数量大小的概念,只表示两种不同的逻辑状态。

3.1.1　基本逻辑运算与逻辑函数

逻辑代数中最基本的运算为"与""或"和"非"运算。逻辑运算又被称为逻辑关系。

逻辑变量通过逻辑关系组成逻辑函数。相应地,有"与函数""或函数"和"非函数"三种基本逻辑函数。

下面以电路为例来说明三种基本逻辑关系。

1. "与"逻辑

从图 3.3(a)中的电路可以看出:只有当两个开关同时闭合时,灯才会亮,否则,灯就不亮。从而可以得出这样的因果关系:只有当决定事物某一结果的全部条件都具备时,这个结果才会发生,这种因果关系称为逻辑与,或者叫逻辑乘。表达式为:

$$Y = A \cdot B \tag{3-1}$$

式中,Y是逻辑函数;A和B是逻辑变量。运算符号"·"表示与逻辑,习惯上与运算符号在变量间省略。与逻辑运算要有两个以上的变量。可以把开关的接通和断开状态对应称为"1"和"0"状态,这样A和B就有1和0两个值;而灯的亮、灭也能表示为1和0,用Y来表示。这里所对应的逻辑关系就可以描述为:当且仅当A和B都为1时,Y才为1,否则为0。

把所有逻辑变量和逻辑函数的值以表格的形式表示出来,称为真值表。真值表的左半部分是所有可能的变量取值的组合,右半部分是对应变量取值的函数值。真值表对于分析逻辑关系、简化逻辑运算都是非常有用的。二变量的与逻辑真值表如图3.4(a)所列,它清楚地表明了与逻辑关系。

如果在图3.3(a)中再串联一个开关,那么,只有三个开关都闭合时灯才能亮,任何一个开关处于断开状态,灯都是灭的。相应地,与运算也可以有多个变量。可以把与运算描述成:当且仅当所有的变量都为1时,函数值才为1。或者:只要有一个变量值为0,函数值就为0。

2. "或"逻辑

或逻辑关系如图3.3(b)所示,只要有一个开关接通,灯就会亮。在决定事物结果的各个条件中,只要有一个(或更多的)条件满足,结果就会发生,这种因果关系叫作逻辑或,也叫作逻辑加。这种逻辑关系表达式为:

$$Y = A + B \tag{3-2}$$

运算符号"+"表示或逻辑。或逻辑运算也要有两个以上的变量。图3.4(b)的真值表给出了或逻辑的真值表,可以看出其逻辑关系。

可以把或运算描述成:当且仅当所有的变量都为0时,函数值才为0。或者:只要有一个变量值为1,函数值就为1。

3. "非"逻辑

非逻辑关系表示的是一种变量和函数互为逆运算的过程,例如数码的取反运算。在图3.3(c)电路中,开关断开时,指示灯亮,开关闭合时指示灯反而不亮。此例表明,条件具备了,结果便不发生;而条件不具备时,结果一定发生。这种因果关系叫作逻辑非,或逻辑反、逻辑否。这种逻辑关系表达式为:

$$Y = \overline{A} \tag{3-3}$$

运算符号"—"表示非逻辑,非逻辑运算只有一个变量。非函数$\overline{A}$又称A的反变量。从图3.4(c)的真值表可以看出非逻辑的逻辑关系。

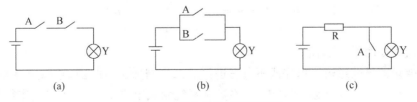

图3.3 用电路描述逻辑运算

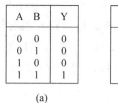

图 3.4　各种基本逻辑运算的真值表

3.1.2　组合逻辑运算与组合逻辑函数

"与""或""非"是逻辑代数中最基本的逻辑运算。而实际中的逻辑问题却往往比"与""或""非"关系复杂得多。复杂的逻辑问题需要用"与""或""非"组合逻辑运算来表示。组合逻辑运算对应组合逻辑函数。

1．与非逻辑

把与逻辑运算和非逻辑运算相结合可实现与非逻辑，其逻辑式为：

$$Y = \overline{A \cdot B} \tag{3-4}$$

运算顺序是：先进行与运算，然后再进行非运算。

与非逻辑真值表如图 3.5(a)所示。由真值表可见，只有逻辑变量全部为 1 时，函数值才为 0。

2．或非逻辑

把或逻辑运算和非逻辑运算相结合可实现或非逻辑，其逻辑式为：

$$Y = \overline{A + B} \tag{3-5}$$

图 3.5　与非、或非逻辑运算的真值表

运算顺序是：先进行或运算，然后再进行非运算。

或非逻辑运算真值表如图 3.5(b)所示。由真值表可见，只有逻辑变量全部为 0，函数值才为 1。

3．异或逻辑

异或逻辑的逻辑关系为：当变量中 1 的个数为奇数时，函数值为 1，否则为 0。"$\oplus$"是异或的运算符号。

对于只有两个变量的异或逻辑，当两个变量不同时，函数值为 1；而当两个变量相同时，函数值为 0；用与、或、非运算可以表示异或的逻辑关系。其表达式为：

$$Y = A \oplus B = \overline{A} \cdot B + A \cdot \overline{B} \tag{3-6}$$

其真值表如图 3.6(a)所列。

两个变量的异或逻辑可以完成不考虑进位的二进制加法，即运算结果只有和而没有进位。所以也把异或运算称为"半加"。它在数字系统领域中应用广泛，可以用作数字运算、代码变换、信息检测和比较等。

4. 同或逻辑

同或逻辑的逻辑关系为：当变量中 1 的个数为偶数时，函数值为 1，否则为 0。"⊙"是同或的运算符号。

对于只有两个变量的同或逻辑，当两个变量相同时，函数值为 1；而当两个变量不同时，函数值为 0；用与、或、非运算可以表示同或的逻辑关系。其表达式为：

$$Y = A \odot B = A \cdot B + \overline{A} \cdot \overline{B} \qquad (3\text{-}7)$$

其真值表如图 3.6(b) 所列。

相对于异或逻辑的"半加"，同或逻辑又被称为"半乘"。

A	B	Y
0	0	0
0	1	1
1	0	1
1	1	0

(a)

A	B	Y
0	0	1
0	1	0
1	0	0
1	1	1

(b)

图 3.6 异或、同或逻辑运算的真值表

3.1.3 基本定律

如普通代数有其运算规律一样，逻辑代数运算也有其自身的规律。这些规律有些与普通代数相同，有些则是其自身所特有。熟悉这些规律就可以大大简化运算过程、提高运算速度和增加运算的准确性。

1. 公理

数字代数中，变量的取值只有"1"和"0"二值，根据逻辑运算定义，下面的式子是很容易理解和记忆的：

$$A \cdot 0 = 0; \quad A \cdot 1 = A; \quad A + 0 = A; \quad A + 1 = 1; \quad A \cdot A = A;$$
$$A + A = A; \quad A \cdot \overline{A} = 0; \quad A + \overline{A} = 1; \quad \overline{\overline{A}} = A$$

2. 定律

逻辑代数运算的规律如表 3.1 所示。这些定律有些是公理，根据逻辑代数的性质就可以得出来，而有些则需要证明。证明的方法可以把所有逻辑变量和函数列成真值表，证明等式成立。其中反演定律也称为德·摩根定理，是个非常有用的公式。

表 3.1 逻辑代数的一般定律

定律	公　　式	定律	公　　式
0-1 定律	$A \cdot 0 = 0$；$A + 1 = 1$	结合律	$A \cdot (B \cdot C) = (A \cdot B) \cdot C$；$A + (B + C)$ $= (A + B) + C$
自等律	$A \cdot 1 = A$；$A + 0 = A$	分配律	$A \cdot (B + C) = A \cdot B + A \cdot C$；$A + B \cdot C$ $= (A + B) \cdot (A + C)$
重叠率	$A \cdot A = A$；$A + A = A$	非非律	$\overline{\overline{A}} = A$
互补律	$A \cdot \overline{A} = 0$；$A + \overline{A} = 1$	反演律	$\overline{A + B} = \overline{A} \cdot \overline{B}$；$\overline{A \cdot B} = \overline{A} + \overline{B}$
交换律	$A \cdot B = B \cdot A$；$A + B = B + A$	吸收律	$A + A \cdot B = A$；$A \cdot (A + B) = A$

3. 代入规则

任何一个含有变量 A 的逻辑等式中，所有变量 A 都可代之以另一个逻辑函数 Y，等式仍然成立,这就是代入规则。

因为变量值仅有 0 和 1 两种,而逻辑函数的取值也一样,所以代换过程中的等式自然成立。利用代入规则可以把单变量公式推广为多变量的形式。

注意,在对复杂的逻辑式进行运算时,仍需遵守普通代数一样的运算优先顺序,即先算括号里的内容,然后算乘法,最后算加法。

【例 3-1】 用代入规则证明德·摩根定理也适用于多变量的情况。

解:已知二变量的德·摩根定理为

$$\overline{A+B}=\overline{A}\cdot\overline{B} \quad \text{以及} \quad \overline{A\cdot B}=\overline{A}+\overline{B}$$

现以(B+C)代入左边等式中 B 的位置,同时以(B·C)代入右边等式中 B 的位置,于是得到:

$$\overline{A+(B+C)}=\overline{A}\cdot\overline{(B+C)}=\overline{A}\cdot\overline{B}\cdot\overline{C}$$

$$\overline{A\cdot(B\cdot C)}=\overline{A}+\overline{(B\cdot C)}=\overline{A}+\overline{B}+\overline{C}$$

为了简化书写,除了乘法运算的"·"可以省略以外,对一个乘积项或逻辑式求反时,乘积项或逻辑式外边的括号也可以省略,如 $\overline{ABC}$、$\overline{A+B+CD}$。

4. 反演规则

对一个原函数求反函数的过程称为反演。反演规则是说将原逻辑函数中所有的"·"变成"+","+"变成"·";0 换成 1;1 换成 0;原变量换成反变量,反变量换成原变量。这样所得到的新逻辑函数就是其反函数,或称为补函数。

应用反演规则可以很方便地求出反函数。

在使用反演规则时要注意:仍需遵守"先括号,然后乘,最后加"的运算优先顺序;再有,多个变量上的非号应保持不变,可视为一个子函数再进行反演。

【例 3-2】 已知 $Y=A(B+C)+CD$,求 $\overline{Y}$。

解:依据反演定律可直接写出

$$\overline{Y}=(\overline{A}+\overline{BC})(\overline{C}+\overline{D})$$

$$=\overline{AC}+\overline{BC}+\overline{AD}+\overline{BCD}$$

$$=\overline{AC}+\overline{BC}+\overline{AD}$$

5. 对偶规则

如果把任何一个逻辑表达式 Y 中的"·"变成"+","+"变成"·",0 换成 1,1 换成 0,则得到一个新的逻辑式 Y',称为 Y 的对偶式。

例如:$Y=A(B+C)$,则 $Y'=A+BC$。

对偶规则是:如果两逻辑表达式相等,则它们的对偶式也相等。

如果要证明两个逻辑式相等,也可以通过证明它们的对偶式相等来完成,因为有些情况下证明它们的对偶式相等更容易。

前面给出的公式中有许多都互为对偶式,因此,对偶规则在证明和化简逻辑函数中被广泛应用。

3.1.4　逻辑表达式与真值表之间的相互转换

逻辑函数的函数值与逻辑变量之间的逻辑关系既可以用运算表达式(简称逻辑表达式)

来表示,也可以用表格(真值表)来表示。下面介绍两种表示方法之间的相互转换。

1. 逻辑表达式转化为真值表

在转化时,先将所有变量的取值组合列在真值表的左半部分,为确保列出全部组合,一般以二进制的计数顺序填写;再将所有取值组合中的变量值逐一代入逻辑式求出函数值,填在表的右半部分相应行上,即可得到真值表。

【例 3-3】 已知逻辑函数 $Y = A + \overline{B}C + \overline{A}B\overline{C}$,求其真值表。

解:将 A、B、C 的各种取值逐一代入 Y 式中计算,将计算结果列表,即得到如表 3.2 所示真值表。

表 3.2 真值表 1

A	B	C	Y
0	0	0	0
0	0	1	1
0	1	0	1
0	1	1	0
1	0	0	1
1	0	1	1
1	1	0	1
1	1	1	1

有时为了运算方便,往往在表中插入中间函数列,如表 3.3 所示。

表 3.3 真值表 2

A	B	C	$\overline{B}C$	$\overline{A}B\overline{C}$	Y
0	0	0	0	0	0
0	0	1	1	0	1
0	1	0	0	1	1
0	1	1	0	0	0
1	0	0	0	0	1
1	0	1	1	0	1
1	1	0	0	0	1
1	1	1	0	0	1

2. 真值表转化为逻辑表达式

为便于理解转换的原理,先讨论一个具体的例子。

【例 3-4】 已知一个判别函数的真值表如表 3.4 所示,试写出它的逻辑表达式。

解:由真值表 3 可见,当 A、B、C 三个输入变量取值为以下三种情况时,Y 等于 1。

$$A = 0 \quad B = 1 \quad C = 1$$
$$A = 1 \quad B = 0 \quad C = 1$$
$$A = 1 \quad B = 1 \quad C = 0$$

表 3.4 真值表 3

A	B	C	Y
0	0	0	0
0	0	1	0
0	1	0	0
0	1	1	1
1	0	0	0
1	0	1	1
1	1	0	1
1	1	1	0

而当 A＝0、B＝1、C＝1 时,必然使乘积项 $\overline{A}BC$ 等于 1;当 A＝1、B＝0、C＝1 时,必然使乘积项 $A\overline{B}C$ 等于 1;当 A＝1、B＝1、C＝0 时,必然使乘积项 $AB\overline{C}$ 等于 1;而只要这三组取值有一组满足,Y 就为 1(如表 3.5 所示)。

表 3.5 真值表 4

A	B	C	Y
0	0	0	
0	0	1	
0	1	0	
0	1	1	$\overline{A}BC$
1	0	0	
1	0	1	$A\overline{B}C$
1	1	0	$AB\overline{C}$
1	1	1	

因此 Y 的逻辑函数应当等于这三个乘积项之和,即:

$$\overline{A}BC + A\overline{B}C + AB\overline{C}$$

通过例 3-4 可以总结出由真值表写出逻辑表达式的一般步骤:

(1) 找出真值表中使逻辑函数 Y 为 1 的那些输入变量取值的组合。

(2) 每组输入变量取值的组合应对应一个乘积项,其中取值为 1 的用原变量表示,取值为 0 的用反变量表示。

(3) 将这些乘积项相加,即得到函数 Y 的逻辑表达式。

3.1.5 逻辑函数的标准形式

即使都是采用乘积之和的形式,同一函数在化简前后仍会有不同的表示形式。

$$A\overline{B}C + \overline{A}BC + \overline{A}\,\overline{B}C + ABC$$

$$\overline{A}C + BC$$

上面两个表达式实际对应同一个函数。

因此,需要给出逻辑函数的标准形式。

最常见的标准形式有最小项之和及最大项之积两种。它们都有这样的特点:逻辑函数的每一项中都包含全部变量,而且每一项中每个变量以原变量或反变量的形式出现一次。表达式中的每一项可以是积项,也可以是和项。下面给出两种逻辑函数的标准形式,即逻辑函数的最小项之和形式和逻辑函数的最大项之积形式。

1. 最小项之和形式

在逻辑函数中若 m 为包含 n 个因子的乘积项,而且这几个变量均以原变量或反变量的形式在 m 中出现一次,则称 m 为该组变量的最小项。

例如,A、B、C 三个变量的最小项共有 8 个(即 2^3 个)分别为:

$$\overline{A}\overline{B}\overline{C}、\overline{A}\overline{B}C、\overline{A}B\overline{C}、\overline{A}BC、A\overline{B}\overline{C}、A\overline{B}C、AB\overline{C}、ABC$$

所以说 n 变量的最小项应有 2^n 个。

变量的每一组取值都使一个对应的最小项的值等于 1。例如在三变量 A、B、C 的最小项中,当 $A=1$、$B=0$、$C=1$ 时,$A\overline{B}C=1$。如果把 $A\overline{B}C$ 的取值 101 看作一个二进制数,那么它所表示的十进制数就是 5。为了今后使用的方便,将 $A\overline{B}C$ 这个最小项记作 m_5。按照这一约定,可得到三个变量的全部最小项,简记为 m_0、m_1、m_2、m_3、m_4、m_5、m_6、m_7。

根据同样的道理,把 A、B、C、D 这四个变量的 16 个最小项的记作 $m_0 \sim m_{15}$。

从最小项的定义出发可以证明它具有如下的重要性质:

* 变量的任何一组取值对应且仅对应一个最小项,并且这个最小项的值为 1。
* 全体最小项之和为 1。
* 任意两个最小项的乘积为 0。
* 相邻的两个最小项之和可以消去一对因子合并成一项。

若两个最小项只有一个因子不同,则称这两个最小项具有相邻性。这两个最小项相加时能合并成一项并将一对不同的因子消去。如:

$$\overline{A}B\overline{C} + AB\overline{C} = (\overline{A} + A)B\overline{C} = B\overline{C}$$

当表达式中的所有乘积项都是最小项时,该式就称为最小项表达式。以下给出三变量和四变量的最小项表达式的例子:

$$F = \overline{A}\overline{B}C + \overline{A}BC + ABC$$

$$F = \overline{A}\overline{B}\overline{C}D + \overline{A}\overline{B}\overline{C}\overline{D} + A\overline{B}\overline{C}D + ABCD$$

最小项表达式与真值表之间的一一对应关系可总结为:

* 真值表中的每一行取值对应一个最小项,三变量最小项与四变量最小项分别如表 3.6 和表 3.7 所示。

表 3.6 三变量最小项真值表

A	B	C	最小项	m
0	0	0	$\overline{A}\overline{B}\overline{C}$	m_0
0	0	1	$\overline{A}\overline{B}C$	m_1
0	1	0	$\overline{A}B\overline{C}$	m_2
0	1	1	$\overline{A}BC$	m_3
1	0	0	$A\overline{B}\overline{C}$	m_4
1	0	1	$A\overline{B}C$	m_5
1	1	0	$AB\overline{C}$	m_6
1	1	1	ABC	m_7

表 3.7　四变量最小项真值表

A	B	C	D	最小项	m
0	0	0	0	$\overline{A}\overline{B}\overline{C}\overline{D}$	m_0
0	0	0	1	$\overline{A}\overline{B}\overline{C}D$	m_1
0	0	1	0	$\overline{A}\overline{B}C\overline{D}$	m_2
0	0	1	1	$\overline{A}\overline{B}CD$	m_3
0	1	0	0	$\overline{A}B\overline{C}\overline{D}$	m_4
0	1	0	1	$\overline{A}B\overline{C}D$	m_5
0	1	1	0	$\overline{A}BC\overline{D}$	m_6
0	1	1	1	$\overline{A}BCD$	m_7
1	0	0	0	$A\overline{B}\overline{C}\overline{D}$	m_8
1	0	0	1	$A\overline{B}\overline{C}D$	m_9
1	0	1	0	$A\overline{B}C\overline{D}$	m_{10}
1	0	1	1	$A\overline{B}CD$	m_{11}
1	1	0	0	$AB\overline{C}\overline{D}$	m_{12}
1	1	0	1	$AB\overline{C}D$	m_{13}
1	1	1	0	$ABC\overline{D}$	m_{14}
1	1	1	1	$ABCD$	m_{15}

- 最小项表达式中包含的最小项对应于真值表中函数值为"1"的行。
- 任何逻辑函数都有唯一的最小项表达式,任何形式的表达式都可以写成最小项表达式形式。例如:

$$F(A,B,C)=\overline{A}\overline{B}C+\overline{A}BC+ABC=m_1+m_3+m_7=\sum m(1,3,7)$$

$$F(A,B,C,D)=\overline{A}\overline{B}CD+\overline{A}B\overline{C}\overline{D}+A\overline{B}\overline{C}D+ABCD$$
$$=m_3+m_4+m_9+m_{15}=\sum m(3,4,9,15)$$

利用基本公式 $A+\overline{A}=1$ 可以把任何一个逻辑函数化为最小项之和的标准形式。这种标准形式在逻辑函数的化简以及计算机辅助分析和设计中有广泛的应用。

例如:给定三变量逻辑函数为

$$Y=AB\overline{C}+BC$$

则可化为

$$Y=AB\overline{C}+BC=AB\overline{C}+(A+\overline{A})BC=AB\overline{C}+ABC+\overline{A}BC$$

2. 最大项之积形式

在 n 个变量的逻辑函数中,若 M 为 n 个变量之和,而且这 n 个变量均以原变量或反变量的形式在 M 中出现一次,则称 M 为该组变量的最大项。

例如,三变量 A,B,C 的最大项共有 8 个(即 2^3)分别为:

$$(A+B+C),(A+B+\overline{C}),(A+\overline{B}+C),(A+\overline{B}+\overline{C})$$
$$(\overline{A}+B+C),(\overline{A}+B+\overline{C}),(\overline{A}+\overline{B}+C),(\overline{A}+\overline{B}+\overline{C})$$

对于 n 个变量则有 2^n 个最大项。可见,n 变量的最大项数目和最小项数目是相等的。

变量的每一组取值都使一个对应的最大项的值为 0。例如,在三变量 A,B,C 的最大项中,当 A=1,B=0,C=1 时,$(\overline{A}+B+\overline{C})=0$。若是将最大项为 0 的 ABC 的取值视为一个二进制数,并以其对应的十进制数给最大项编号,则 $(\overline{A}+B+\overline{C})$ 可记作 M_5。

根据同样的道理,把 A,B,C,D 这 4 个变量的 16 个最大项的记作 $M_0\sim M_{15}$。

根据最大项的定义可以得到它的主要性质：

- 在变量的任何取值组合下必有一个且只有一个最大项的值为 0。
- 全体最大项之积为 0。
- 任意两个最大项之和为 1。
- 只有一个变量不同的两个最大项的乘积等于各相同变量之和，例如，$(\overline{A}+\overline{B}+C)$$(\overline{A}+B+C)=\overline{A}+C$。

当和之积表达式中的所有和项都是最大项时，该式就为最大项表达式。以下给出三变量和四变量的最大项表达式的例子：

$$F=(\overline{A}+\overline{B}+C)(\overline{A}+B+C)(A+B+C)$$

$$F=(\overline{A}+\overline{B}+C+D)(\overline{A}+B+\overline{C}+\overline{D})(A+\overline{B}+\overline{C}+D)(A+B+C+D)$$

最大项表达式与真值表的一一对应关系可总结为：

- 真值表中的每一行取值对应一个最大项。三变量最大项与四变量最大项分别如表 3.8 和表 3.9 所示。

表 3.8　三变量最大项真值表

A	B	C	最大项	M
0	0	0	$A+B+C$	M_0
0	0	1	$A+B+\overline{C}$	M_1
0	1	0	$A+\overline{B}+C$	M_2
0	1	1	$A+\overline{B}+\overline{C}$	M_3
1	0	0	$\overline{A}+B+C$	M_4
1	0	1	$\overline{A}+B+\overline{C}$	M_5
1	1	0	$\overline{A}+\overline{B}+C$	M_6
1	1	1	$\overline{A}+\overline{B}+\overline{C}$	M_7

表 3.9　四变量最大项真值表

A	B	C	D	最大项	M
0	0	0	0	$A+B+C+D$	M_0
0	0	0	1	$A+B+C+\overline{D}$	M_1
0	0	1	0	$A+B+\overline{C}+D$	M_2
0	0	1	1	$A+B+\overline{C}+\overline{D}$	M_3
0	1	0	0	$A+\overline{B}+C+D$	M_4
0	1	0	1	$A+\overline{B}+C+\overline{D}$	M_5
0	1	1	0	$A+\overline{B}+\overline{C}+D$	M_6
0	1	1	1	$A+\overline{B}+\overline{C}+\overline{D}$	M_7
1	0	0	0	$\overline{A}+B+C+D$	M_8
1	0	0	1	$\overline{A}+B+C+\overline{D}$	M_9
1	0	1	0	$\overline{A}+B+\overline{C}+D$	M_{10}
1	0	1	1	$\overline{A}+B+\overline{C}+\overline{D}$	M_{11}
1	1	0	0	$\overline{A}+\overline{B}+C+D$	M_{12}
1	1	0	1	$\overline{A}+\overline{B}+C+\overline{D}$	M_{13}
1	1	1	0	$\overline{A}+\overline{B}+\overline{C}+D$	M_{14}
1	1	1	1	$\overline{A}+\overline{B}+\overline{C}+\overline{D}$	M_{15}

- 最大项表达式中包含的最大项对应于真值表中函数值为"0"的行。
- 任何逻辑函数都有唯一的最大项表达式，任何形式的表达式都可以写成最大项表达

式形式,例如:

$$F(A,B,C) = (\overline{A} + \overline{B} + C)(\overline{A} + B + C)(A + B + \overline{C})$$

$$= M_6 \cdot M_4 \cdot M_1 = \prod M(1,4,6)$$

$$F(A,B,C,D) = (\overline{A} + \overline{B} + C + D)(\overline{A} + B + \overline{C} + \overline{D})(A + \overline{B} + \overline{C} + D)$$

$$= M_{12} \cdot M_{11} \cdot M_6 = \prod M(6,11,12)$$

利用基本公式 $A \cdot \overline{A} = 0$ 可以把任何一个逻辑函数化为最小项之和的标准形式。

例如:给定三变量逻辑函数为:

$$Y = (A + B + \overline{C})(B + C)$$

则可化为:

$$Y = (A + B + \overline{C})(A\overline{A} + B + C)$$

$$= (A + B + \overline{C})(A + B + C)(\overline{A} + B + C)$$

注意:在展开时用到了加对乘的分配律。

【**例 3-5**】 已知一个函数的真值表如表 3.10 所示,试分别以最小项之和形式和最大项之积形式写出逻辑函数。

表 3.10　函数的真值表

A	B	C	最大项	最小项	F
0	0	0	$A+B+C$	$\overline{A}\,\overline{B}\,\overline{C}$	0
0	0	1	$A+B+\overline{C}$	$\overline{A}\,\overline{B}C$	0
0	1	0	$A+\overline{B}+C$	$\overline{A}B\overline{C}$	0
0	1	1	$A+\overline{B}+\overline{C}$	$\overline{A}BC$	1
1	0	0	$\overline{A}+B+C$	$A\overline{B}\,\overline{C}$	0
1	0	1	$\overline{A}+B+\overline{C}$	$A\overline{B}C$	1
1	1	0	$\overline{A}+\overline{B}+C$	$AB\overline{C}$	1
1	1	1	$\overline{A}+\overline{B}+\overline{C}$	ABC	1

解:函数的最小项表达式为

$$F = \overline{A}BC + A\overline{B}C + AB\overline{C} + ABC$$

函数的最大项表达式为

$$F = (A + B + C)(A + B + \overline{C})(A + \overline{B} + C)(\overline{A} + B + C)$$

【**例 3-6**】 已知一个函数的真值表如表 3.11 所示,试分别以最小项之和形式和最大项之积形式写出它的逻辑函数。

表 3.11　函数的真值表

A	B	最大项	最小项	F
0	0	$A+B$	$\overline{A}\,\overline{B}$	1
0	1	$A+\overline{B}$	$\overline{A}B$	0
1	0	$\overline{A}+B$	$A\overline{B}$	0
1	1	$\overline{A}+\overline{B}$	AB	1

解:函数的最小项表达式为

$$F = \overline{A}\,\overline{B} + AB$$

函数的最大项表达式为：

$$F = (A + \overline{B})(\overline{A} + B)$$

实际上，很容易证明两个式子相等。

$$F = (A + \overline{B})(\overline{A} + B) = A\overline{A} + AB + \overline{B}\overline{A} + \overline{B}B = 0 + AB + \overline{B}\overline{A} + 0 = \overline{A}\overline{B} + AB$$

3.1.6　逻辑表达式的化简

一个逻辑函数可以写成多个不同形式的逻辑表达式，即使同一种形式的表达式的繁简程度也不尽相同。简洁的逻辑式，不但逻辑关系明显，而且会以最少的元件构成逻辑电路实现这个逻辑函数。因此，往往需要对逻辑函数进行化简。

化简的目的是使逻辑函数中的项最少，每一项包含的因子也最少。

例如有两个逻辑函数：

$$Y = ABC + \overline{B}C + ACD \quad \text{和} \quad Y = AC + \overline{B}C$$

列出真值表就可以看出，它们是同一个逻辑函数。显然，后面的式子要简单得多。

由于逻辑代数的基本公式和常用公式多以"与—或"形式给出，用于化简"与—或"逻辑函数比较方便。下面主要讨论"与—或"逻辑函数式的化简。有了最简的"与—或"函数式，再通过公式变换就可以得到其他类型的函数式了。究竟应该将函数式变换成什么形式，要视所用门电路的功能类型而定。但必须注意，将最简"与—或"函数式直接变换为其他类型的逻辑式时，得到的结果不一定是最简的；同时，在逻辑设计中，最简的表达式不一定能得到最简电路。

下面介绍两种常用的化简方法：代数化简法和卡诺图化简法。

1．代数化简法

代数化简法就是利用逻辑代数的基本公理和定律对给定的逻辑函数表达式进行化简。常用的代数化简法有吸收法、消去法、并项法、配项法。

1）吸收法

利用公式 $A + AB = A$，吸收多余的与项进行化简。

例如：

$$F = \overline{A} + \overline{A}BC + \overline{A}BD + \overline{A}E = \overline{A} \cdot (1 + BC + BD + E) = \overline{A}$$

2）消去法

利用公式 $A + \overline{A}B = A + B$，消去与项中多余的因子进行化简。

例如：

$$F = A + \overline{A}B + \overline{B}C + \overline{C}D = A + B + \overline{B}C + \overline{C}D$$
$$= A + B + C + \overline{C}D = A + B + C + D$$

3）并项法

利用公式 $A + \overline{A} = 1$，把两项并成一项进行化简。

例如：

$$F = A\overline{BC} + AB + A \cdot (\overline{\overline{BC} + B}) = A \cdot (\overline{BC} + B + \overline{\overline{BC} + B}) = A$$

4）配项法

例如：先通过乘以 $A + \overline{A}$ 或加上 $A\overline{A}$，增加必要的乘积项，然后再进行化简。

$$F = AB + \overline{A}C + BCD$$

$$= AB + \overline{A}C + BCD(A + \overline{A}) = AB + \overline{A}C + ABCD + \overline{A}BCD$$

$$= AB + \overline{A}C$$

有时对逻辑函数表达式进行化简,可以几种方法并用,综合几种方法化简。例如:

$$F = \overline{A}BC + AB\overline{C} + A\overline{B}C + ABC$$

$$= \overline{A}BC + ABC + AB\overline{C} + ABC + A\overline{B}C + ABC$$

$$= AB \cdot (C + \overline{C}) + AC \cdot (B + \overline{B}) + BC \cdot (A + \overline{A})$$

$$= AB + AC + BC$$

在这个例子中就使用了配项法和并项法两种方法。

2. 卡诺图化简法

卡诺图化简法是借助于卡诺图的一种几何化简法。代数化简法技巧性强,化简的结果是否最简不易判断;而卡诺图化简法是一种肯定能得到最简结果的方法,但是它只适用于变量较少的情况。

1) 卡诺图的结构

若两个乘积项(或两个和项)只有一个变量取值相反,其他变量都相同,则这两项可以合并为一项。这样的项称为逻辑相邻项。例如 $(ABC + \overline{A}BC) = BC$。

卡诺图是变形的真值表,用方格图表示自变量取值和相应的函数值。其构造特点是:自变量取值按循环码排列,使卡诺图中任意两个相邻的方格对应的最小项(或最大项)只有一个变量不同,从而将逻辑相邻项转换为几何相邻项,方便合并。图 3.7 分别给出了三变量、四变量和五变量的卡诺图。

BC＼A	00	01	11	10
0	0	1	3	2
1	4	5	7	6

(a) 三变量卡诺图

CD＼AB	00	01	11	10
0	0	1	3	2
01	4	5	7	6
11	12	13	15	14
10	8	9	11	10

(b) 四变量卡诺图

CDE＼AB	000	001	011	010	110	111	101	100
00	0	1	3	2	6	7	5	4
01	8	9	11	10	14	15	13	12
11	24	25	27	26	30	31	29	28
10	16	17	19	18	22	23	21	20

(c) 五变量卡诺图

图 3.7　变量卡诺图

2）在卡诺图上合并最小项（或最大项）

卡诺图上任意两个相邻的最小项（或最大项）可以合并为一个乘积项（或和项），并消去其中取值不同的变量。图 3.8 给出了两变量卡诺图中两个相邻项的合并情况。

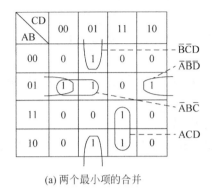
(a) 两个最小项的合并

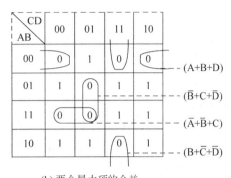
(b) 两个最大项的合并

图 3.8　卡诺图中两个相邻项的合并

卡诺图中四个相邻项也可以合并为一项，并消去其中两个取值不同的变量。图 3.9 给出了两变量卡诺图中四个相邻项的合并情况。

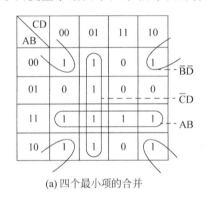
(a) 四个最小项的合并

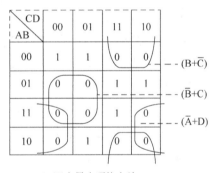
(b) 四个最大项的合并

图 3.9　卡诺图中四个相邻项的合并

卡诺图中八个相邻项可以合并为一项，并消去其中三个取值不同的变量。图 3.10 给出了五变量卡诺图中八个相邻项合并的情况，也给出了五变量卡诺图中镜像相邻的最小项合并的情形。

CDE\AB	000	001	011	010	110	111	101	100	
00	1	1	1	1	1	1	1	1	— $\overline{A}\overline{B}$
01	0	0	1	1	0	0	0	0	— $\overline{C}D$
11	1	0	1	0	0	0	0	1	— $A\overline{D}\overline{E}$
10	1	0	1	0	0	0	0	1	

图 3.10　五变量卡诺图中最小项的合并

卡诺图中合并的结果表示：

圈"1"将最小项合并为乘积项,所有卡诺圈对应的乘积项之和就是最简"与或式"。

乘积项的书写规则：卡诺圈对应的自变量取值为"1"时,则该自变量在乘积项中取原变量形式；取值为"0"时,为反变量形式。

圈"0"对应于最大项的合并,每个圈中的最大项合并为一个和项,所有卡诺圈对应的和项之积就是最简"或与式"。

和项中的书写规则：取值为"0"的自变量写成原变量形式,取值为"1"的自变量写成反变量形式。

说明：卡诺图上圈"1"的原则：圈的个数最少,每个圈尽可能大。

为了防止化简后的表达式中出现冗余项,必须保证卡诺图中的每个圈中至少有一个"1"（或"0"）是不在其他圈中的。

3）卡诺图化简逻辑表达式举例

【例 3-7】 用卡诺图化简 $F(A,B,C,D) = \sum m(0,3,9,11,12,13,15)$,写出最简与或式。

解：

（1）画出四变量卡诺图,如图 3.11 所示。

（2）填图（将最小项对应的"1"填入卡诺图）。

（3）圈"1"（先圈孤立的"1",再圈只有一种合并方式的两个"1",然后是四个"1"……）。

（4）读出（将化简结果读出,写出最简与或式）。

最简与或式为：

$$F = \overline{ABCD} + \overline{B}CD + AB\overline{C} + AD$$

【例 3-8】 用卡诺图化简函数 $F(A,B,C,D) = \sum m(1,2,4,5,6,7,11)$,分别求出最简与或式和最简或与式。

解：画出四变量卡诺图,如图 3.12 所示。

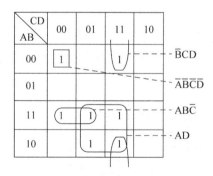

图 3.11 例 3-7 的卡诺图

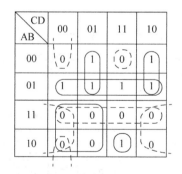

图 3.12 例 3-8 的卡诺图

最简与或式为：

$$F = AB\overline{C}D + \overline{A}CD + \overline{A}C\overline{D} + \overline{A}B$$

最简或与式为：

$$F = (A+B+\overline{C}+\overline{D})(B+C+D)(\overline{A}+C)(\overline{A}+D)(\overline{A}+\overline{B})$$

3.2　门电路

实现基本逻辑运算和复合逻辑运算的单元电路通称为门电路。基本门电路"与门""或门""非门"分别用于实现与、或、非三种基本逻辑运算。组合门电路对应实现组合逻辑运算。

用基本的门电路可以构成复杂的逻辑电路,完成复合逻辑运算功能。逻辑电路是构成计算机及其他数字电路的重要基础。

门电路的功能可描述如图 3.13。

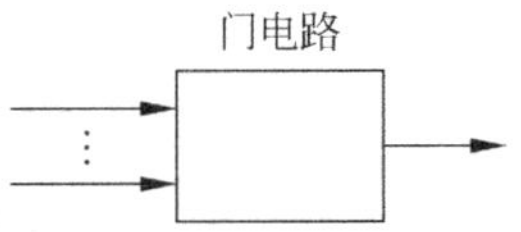

所有门电路都满足如下特点:

(1) 每个单元都有若干输入端,1 个输出端。

(2) 每端只有两种不同的稳定状态,逻辑"真"或"假",或称"1"或"0"。

图 3.13　计算机中的门电路

3.2.1　三种基本门

国内、国际常用的三种基本门电路的符号如图 3.14 和图 3.15 所示。

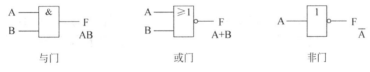

图 3.14　基本门电路的国内符号

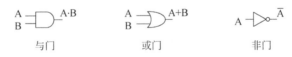

图 3.15　基本门电路的国际符号

1. 与门

与门对应与运算。功能可描述为:当且仅当所有的输入端状态都为 1 时,输出端状态才为 1,否则为 0;或者只要有一个输入端为 0,输出端就为 0。

2. 或门

或门对应或运算。功能可描述为:当且仅当所有的输入端状态都为 0 时,输出端状态才为 0,否则为 1;或者只要有一个输入端为 1,输出端就为 1。

3. 非门

非门对应非运算。其输出端状态永远与输入端相反。

3.2.2　门电路的真值表

也可把门电路的功能用真值表来概括。真值表中左半部分对应所有可能的输入状态组合(输入组合一般以二进制计数顺序填写),右半部分是相应于输入组合的输出状态。

两输入端与门、或门及非门真值表如表 3.12 所示。

表 3.12　两输入端与门、或门及非门真值表

A	B	F	A	B	F	A	F
0	0	0	0	0	0	0	1
0	1	0	0	1	1	1	0
1	0	0	1	0	1		
1	1	1	1	1	1		

总结与门、或门真值表,归纳如下:

(1) 0 和任何数相与都为 0。

(2) 1 和任何数相与都为另一个数本身。

(3) 1 和任何数相或都为 1。

(4) 0 和任何数相或都为另一个数本身。

3.2.3　门电路的波形图

真值表能全面反映出门电路输出端与输入端之间的逻辑关系,但却不能形象反映输出端与输入端之间瞬间的逻辑关系。而波形图能形象地表示出输出端与输入端之间瞬间的逻辑关系。

波形图是指逻辑电路中某点点位随时间变化的波形。

两输入端与门、或门的波形图如图 3.16 所示。

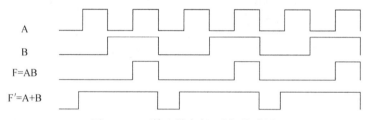

图 3.16　两输入端与门、或门波形图

图中很形象地描绘了与门、或门输出端随输入端状态变化的对应。

注意:图中并没有标出时间轴,因为这里强调的是输出端和输入端之间的关系,具体对应的时间并不重要。

3.2.4　几种常用组合门电路

前面介绍了基本门电路及其真值表、波形图。

正如复杂问题的解法可以通过相应的算法,最终化为四则运算等初等数学方法进行运算一样,任何复杂的逻辑问题,最终均可用“与”“或”“非”这三种基本逻辑运算的组合加以描述。常用的组合逻辑电路单元有“与非门”“或非门”“异或门”“同或门”等,它们都是计算机中广泛应用的基本组合逻辑电路单元。表 3.13 给出了这几种组合逻辑门电路的功能、符号(上面一个为国内符号、下面的为国际符号)、逻辑表达式及真值表。

表 3.13 常用组合门电路

运 算 名 称	逻辑表达式	真 值 表		逻辑门符号	运 算 特 征
与非	$F = \overline{A \cdot B}$	AB 00 01 10 11	F 1 1 1 0	A & B — F A B — F	输入全为1时,输出 F=0
或非	$F = \overline{A + B}$	AB 00 01 10 11	F 1 1 0 0	A ≥1 B — F A B — F	输入全为0时,输出 F=1
异或	$F = A \oplus B$ $= \overline{A}B + A\overline{B}$	AB 00 01 10 11	F 0 1 1 0	A =1 B — F A B — F	输入奇数个1时,输出 F=1
同或 (异或非)	$F = A \odot B$ $= \overline{A \oplus B}$ $= AB + \overline{A}\overline{B}$	AB 00 01 10 11	F 1 0 0 1	A = B — F A B — F	输入偶数个1时,输出 F=1

"与非门""或非门"在功能上相当于一个与门、或门再加上一个非门,都是先"与""或"再"非";"异或门"是输入相同时输出为0,输入不同输出则为1;反之,"同或门"是输入相同则输出为1,输入不同则输出为0。

3.3 逻辑电路的分析与设计

前两节介绍了各种常用门电路以及分析和设计逻辑电路的基本工具——逻辑代数。下面通过一个实例来体验门电路的功能。

图 3.17 中包含了两个非门、三个与门和一个或门。整个电路有两个输入端、两个输出端。

可根据各门的输入及输出的关系写出电路输出端 S 和 C 的表达式:

$$S = A\overline{B} + \overline{A}B$$

$$C = AB$$

为了搞清楚电路输出端和输入端状态之间的关系,可根据逻辑表达式得出此电路的输入输出关系真值表如 3.14 所示。

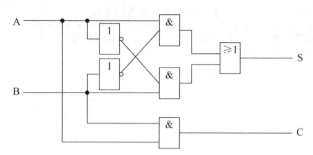

图 3.17　逻辑电路实例

表 3.14　图 3.17 逻辑电路真值表

A	B	C	S
0	0	0	0
0	1	0	1
1	0	0	1
1	1	1	0

从真值表可以看出,如果把 A 和 B 看成被加数和加数,那么 S 和 C 正好对应这两个二进制数的和与进位。

由此可知,图 3.17 所示电路可实现两个一位二进制数相加的功能。

由上例可以看出,用逻辑门电路相互连接可产生任意逻辑函数。而实际上,任意逻辑函数又都对应一个相应逻辑电路的描述。可用逻辑函数来分析和设计逻辑电路。

3.3.1　分析逻辑电路

分析逻辑电路的步骤如下。

(1) 从输入端开始,逐个查出每个门的输出,将此作为下一级的输入,再查出其输出,又作为下一级的输入,如此继续,直至产生函数值,写出输出端的逻辑表达式。

(2) 根据逻辑表达式填制逻辑电路输入输出真值表。

(3) 综合分析,给出逻辑电路的功能。

【例 3-9】　试根据图 3.18 写出此逻辑电路的逻辑表达式。

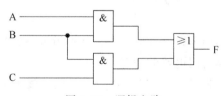

图 3.18　逻辑电路

解:根据输入端和使用的门电路可以得出该逻辑电路的逻辑表达式:

$$F = AB + BC$$

【例 3-10】　写出图 3.19 对应的每个 Y 的逻辑表达式,分析其功能。

解:根据逻辑图可以写出每一个输出端的逻辑表达式:

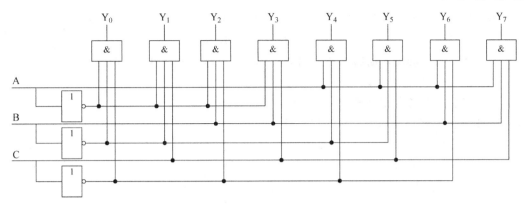

图 3.19 逻辑电路

$$Y_0 = \overline{A}\,\overline{B}\,\overline{C}, \quad Y_1 = \overline{A}\,\overline{B}C, \quad Y_2 = \overline{A}B\overline{C}, \quad Y_3 = \overline{A}BC,$$

$$Y_4 = A\overline{B}\,\overline{C}, \quad Y_5 = A\overline{B}C, \quad Y_6 = AB\overline{C}, \quad Y_7 = ABC$$

根据逻辑表达式填制出的真值表如表 3.15 所示。

表 3.15 真值表

A	B	C	Y_0	Y_1	Y_2	Y_3	Y_4	Y_5	Y_6	Y_7
0	0	0	1	0	0	0	0	0	0	0
0	0	1	0	1	0	0	0	0	0	0
0	1	0	0	0	1	0	0	0	0	0
0	1	1	0	0	0	1	0	0	0	0
1	0	0	0	0	0	0	1	0	0	0
1	0	1	0	0	0	0	0	1	0	0
1	1	0	0	0	0	0	0	0	1	0
1	1	1	0	0	0	0	0	0	0	1

通过分析真值表可以看出:相对于一组可能的输入状态组合,电路中的 8 个输出端的状态有且仅有一个输出端的状态为高;当把输入端 ABC 看成一个 3 位二进制数时,输出端为高的那个输出端的下标正好对应输入状态的二进制数所代表的值。

由此可知,如果把输入端看成二进制数的各位,输出端看成对应的八进制数字符号,此电路可以实现由二进制到八进制的数制转换,是一个进制转换器。

实际上,这是一个典型的三-八译码器。

【例 3-11】 试分析图 3.20 中逻辑电路的功能。

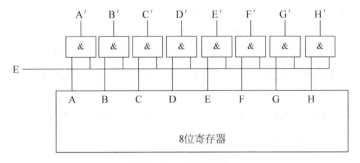

图 3.20 逻辑电路

解：此电路的 8 个输出端分别为 8 个与门的输出；而每个与门的两输入端中有一个是一致的——E 端，另一个输入端则是寄存器里寄存的数据位。

由于各个与门的输入输出关系很相似，所以，仅分析其一即可。由图可知，$A' = E \cdot A$。在介绍与门时，曾得出结论：

- 0 和任何数相与都为 0。
- 1 和任何数相与都为另一个数本身。

因此：当 E 端为 0 时，$A' = 0$；E 为 1 时，$A' = A$。也就是说，当 E 为 0 时，各输出端都为 0；而 E 为 1 时，各输出端为 8 位寄存器寄存的数据值。

由此可知，这是一个可控数据传输器。E 为控制端，为 0 时封锁数据，为 1 时传输数据。

实际上，在分析上面电路功能时，并没有填制真值表。也就是说，在实际分析电路时，可根据情况适当跳过分析电路三步中的某步骤，不必教条。

3.3.2 设计逻辑电路

设计逻辑电路的步骤如下。

(1) 根据给出的命题确定好输入、输出端，做出真值表。

(2) 由真值表写出逻辑表达式(可做适当化简，以简化电路、节省器件)。

(3) 选择逻辑器件实现电路。

【例 3-12】 试设计一电路：三输入一输出，当输入端中有两个以上(含两个)的 1 时，输出为 1，否则为 0。

解：首先根据要求填制真值表如 3.16 所示。

表 3.16　真值表

A	B	C	F
0	0	0	0
0	0	1	0
0	1	0	0
0	1	1	1
1	0	0	0
1	0	1	1
1	1	0	1
1	1	1	1

由真值表写出逻辑表达式：

$$F = \overline{A}BC + A\overline{B}C + AB\overline{C} + ABC$$

按此表达式，可选取三个非门、四个与门及一个或门来实现电路，如图 3.21 所示。

图 3.21 是表达式未经化简就直接用门电路实现。实际上，经过化简之后会节省很多门电路。

$$F = \overline{A}BC + A\overline{B}C + AB\overline{C} + ABC = \overline{A}BC + ABC + A\overline{B}C + ABC + AB\overline{C} + ABC$$

$$= (\overline{A} + A)BC + (\overline{B} + B)AC + (\overline{C} + C)AB = BC + AC + AB$$

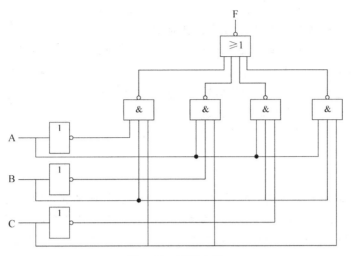

图 3.21 逻辑电路

根据上面的逻辑表达式，只要选择与门和或门就能构成逻辑电路，如图 3.22 所示。

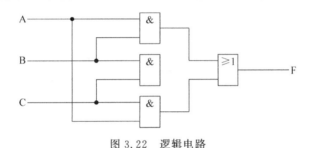

图 3.22 逻辑电路

图 3.22 要比图 3.21 简化得多，并且根本就不用非门。由此可见，逻辑表达式的化简在电路设计时是十分必要的。

3.4 触发器及寄存器

前面介绍的各种门电路属于没有记忆功能的组合电路。接下来介绍有记忆功能的时序电路。

时序电路的基本单元电路为触发器，能存放一位二进制信息；多个触发器构成寄存器，用来存放多位二进制信息。

3.4.1 触发器

能够存放一位二进制信息的触发器如图 3.23 所示。从功能的角度，触发器可分为 R-S 触发器、D 触发器、J-K 触发器以及 T 计数器 4 种。但任何类型的触发器都满足下面的特点：

(1) 具有多个输入端。

(2) 两输出端，且状态永远相反。

（3）触发器具有两个稳定状态："0"代表触发器寄存的是0，此时 Q=0；"1"代表触发器寄存的是1，此时 Q=1。

（4）多输入端中有两个输入端，分别为清0端（R）及置1端（S），R、S 低电平有效，且不同时为0。

（5）R、S 信号结束后，如无新代码输入，触发器就保持原来的"0""1"状态不变，直到有新的代码输入，触发器的输出并不随着输入的消失而消失，这就是触发器的记忆功能。

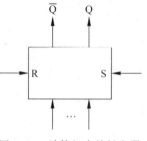

图 3.23　计算机中的触发器

1. R-S 触发器

R-S 触发器的逻辑符号及功能表如表 3.17 所示，它只有 R 和 S 两个输入端。R 和 S 平时为高电平1，当变为低电平0时，进入有效工作状态。当 S 为0时，将触发器置为1状态，即 Q 为1，Q 非为0；当 R 为0时，将触发器置为0状态，即 Q 为0，Q 非为1。S 端又被称为置1端，相应地 R 端被称为置0或清0端。R 和 S 不同时有效。

表 3.17　R-S　触发器功能表

输　　入		输　　出	
R	**S**	**Q**	**$\overline{Q}$**
0	0	不允许	
0	1	0	1
1	0	1	0
1	1	Q	$\overline{Q}$

2. D 触发器

D 触发器的逻辑符号及功能表如表 3.18 所示，它除了 R 和 S 输入端外，还有 D 和 CP 两个输入端。D 端为数据端，用于输入数据；CP(Clock Pulse)端为时钟端，用于控制工作时序。

表 3.18　D 触发器功能表

时钟信号	输　　入	输　　出
	D	**Q**
有正跳	0	0
	1	1
无正跳	0	Q
	1	

D 分两级工作。

第一级为 R、S 清0、置1级。只要 R 或 S 有效，就将触发器清0、置1，D 和 CP 端不起作用。

第二级为 D 和 CP 联合控制级。当 R、S 无效时，在 CP 由低电平变为高电平的瞬间（形象地称这个瞬间的波形为正跳沿,相对而言,CP 由高电平变为低电平称为负跳沿),触发器接收 D 端的数据,即 Q=D。

3. J-K 触发器

J-K 触发器的逻辑符号及功能表如表 3.19 所示,它除了 R 和 S 输入端外,还有 J、K 和 CP 三个输入端。J、K 端为数据端,用于输入数据;CP(Clock Pulse)端为时钟端,用于控制工作时序。

表 3.19　J-K 触发器功能表

时钟信号	输　入		输　出	
	J	**K**	**Q**	
有负跳	0	0	Q	
	0	1	0	
	1	0	1	
	1	1	$\overline{Q}$	

J-K 触发器也是分两级工作。

第一级为 R、S 清 0、置 1 级。只要 R 或 S 有效,就将触发器清 0、置 1,J、K 和 CP 端不起作用。

第二级为 J、K 和 CP 联合控制级。当 R、S 无效时,在 CP 由高电平变为低电平的瞬间(有负跳时),触发器由 J、K 联合决定触发器状态。当 J=K=1 时,在时钟的负跳沿,触发器翻转,即原来为 0 变为 1,原来为 1 则变成 0;当 J=K=0 时,在时钟的负跳沿,触发器仍然保持原来的状态不变;当 J≠K 时,在时钟的负跳沿,触发器接收 J 的状态,即 Q=J。

J-K 触发器的逻辑功能比较全面,因此在各种寄存器、计算器、逻辑控制等方面应用最为广泛。但在某些情况,如二进制计数、移位、累加等,多用 D 触发器。由于 D 触发器线路简单,所以大量应用于移位寄存器等方面。

4. T 与 T′ 触发器

T′ 触发器与 T 触发器的工作中状态始终在 0 和 1 之间变换,就像在进行 1 位二进制计数一样,所以也被称为计数器。T′ 触发器为不可控计数器,T 触发器为可控计数器。它们的逻辑符号及功能表分别如表 3.20 和表 3.21 所示。

表 3.20　T′ 触发器功能表

时钟信号	输　出
有正跳	$\overline{Q}$
无正跳	Q

表 3.21　T 触发器功能表

时钟信号	输　入	输　出	
	T	Q	
有正跳	0	Q	
	1	$\overline{Q}$	
无正跳	0	Q	
	1		

T′触发器除了 R 和 S 输入端外,只有一个 CP 时钟端,在时钟的正跳沿,触发器翻为原来的反状态(翻转)。

T 触发器比 T′触发器多了一个控制端 T。当 T 为 1 时触发器才可在时钟正跳沿翻转,T 为 0 时触发器状态不变。

T′触发器与 T 触发器也是分两级工作。

下面举例来熟悉触发器的功能。

【例 3-13】　已知 D 触发器的 D 和 CP 端波形如图 3.24 所示,试绘出其输出端波形。

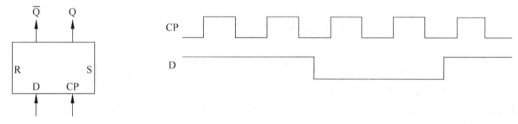

图 3.24　D 和 CP 端波形

解:图中未给出 R、S 端波形,说明 R、S 处于无效状态。只考虑二级 D、CP 决定触发器状态。

另外,题中未给出 Q 端的初始状态,所以需要考虑初始为 0 或 1 两种情况,或者也可以把前面未知状态时的波形省略。

由于触发器两个输出端状态相反,所以只绘出 Q 端波形,如图 3.25 所示。图中 CP 波形中上箭头标明了正跳沿点,也就是 Q 端接收 D 数据的点。

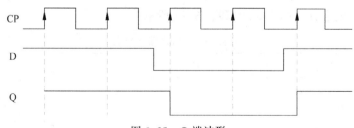

图 3.25　Q 端波形

【例 3-14】　已知两个 J-K 触发器连成如图 3.26 所示的电路,预置触发器为 00,试画出当时钟信号连续来临时两个 Q 端的波形。

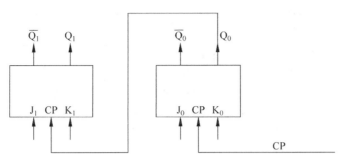

图 3.26　J-K 触发器连成的电路

解：图中未给出 R、S 端波形，说明 R、S 处于无效状态，而 J、K 端都悬空（相当于高电平）。根据 J、K 触发器的功能表可以看出，两个触发器都处于翻转状态——即只要有时钟的负跳沿，触发器就变为原来的反状态。

Q_0 触发器的时钟端接至外部时钟端，只要外部始终有负跳沿，Q_0 就翻转。而 Q_1 触发器的时钟端与 Q_0 端相连，则只有在 Q_0 由高变为低时，Q_1 才翻转。

随着时钟负跳沿的不断来临，Q_0、Q_1 的波形如图 3.27 所示。

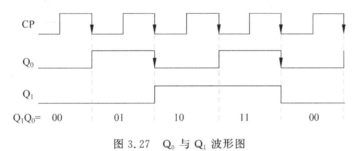

图 3.27　Q_0 与 Q_1 波形图

Q_1Q_0 的状态起始为 00；当第一个时钟负跳沿来临之后，变为 01；当第二个时钟负跳沿来临时，变为 10；第三个时钟负跳沿过后，变为 11；等第四个时钟负跳沿一过，又变为 00。

可以推测，随着后继时钟负跳沿的来临，Q_1Q_0 的状态将变为 01、10、11、00。

实际上，这两个触发器如此连接，构成了一个两位的计数器，能记录 4 个时钟周期。

3.4.2　寄存器

寄存器是由触发器组成的、用于存放多位二进制信息的器件。一个触发器是一个一位寄存器，多个触发器就可以组成一个多位的寄存器。由于寄存器在计算机中的作用不同，寄存器分为缓冲寄存器、移位寄存器、计数器等。

1. 缓冲寄存器

缓冲寄存器是用来暂存某个数据。图 3.28 是一个由 4 个 D 触发器组成的 4 位缓冲器。

各触发器时钟端通过 CLK(CLOCK)端统一控制，它们同时通过 CLR(CLEAR)端清 0，同时接收新数据。为了保证存储数据的准确性，在寄存器接收新数据之前，先把触发器统一清 0，然后在时钟的正跳沿，寄存器把从 X 输入的数据保存在寄存器中。

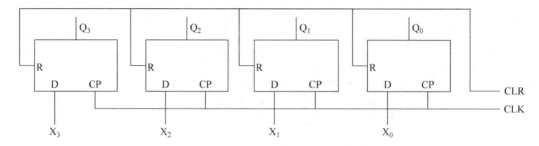

图 3.28　4 位 D 触发器组成的缓冲寄存器

J-K 触发器也实现缓冲寄存器的功能。关键是要让 J 和 K 处于不同的状态，然后把数据从 J 端接收。图 3.29 所示的 J-K 触发器在功能上相当于 D 触发器。

无论是 D 触发器还是 J-K 触发器构成的缓冲寄存器，都可用图 3.30 所示的符号来表示。

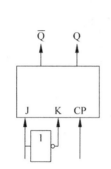
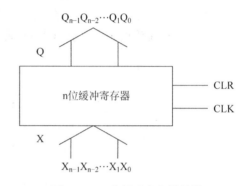

图 3.29　实现缓冲寄存器功能的 J-K 触发器　　　图 3.30　n 位缓冲寄存器符号

2. 移位寄存器

在计算机的工作中，在进行位运算、乘除法运算等好多场合要用到移位操作。移位寄存器能将存储的数据逐位向左或向右移动，以完成计算机运行过程中所需的功能。图 3.31 所示是用 4 个 D 触发器构成的 4 位右移寄存器。

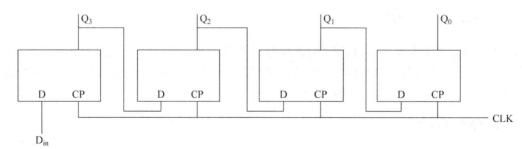

图 3.31　由 D 触发器组成的 4 位右移寄存器

各触发器时钟端通过 CLK 统一控制，移位前不能清 0。在时钟的正跳沿，寄存器里的各位数据依次右移，$Q_0 = Q_1$，$Q_1 = Q_2$，$Q_2 = Q_3$，Q_3 接收新输入的数据 D_{in}。

J-K触发器也可用来组成移位寄存器。此不赘述。

3. 可控缓冲寄存器

可控缓冲寄存器在原来的基础上增加了控制端LOAD。当LOAD端为高电平时,时钟跳变,寄存器接收新数据X,否则保持原来的数据不变,如图3.32所示。

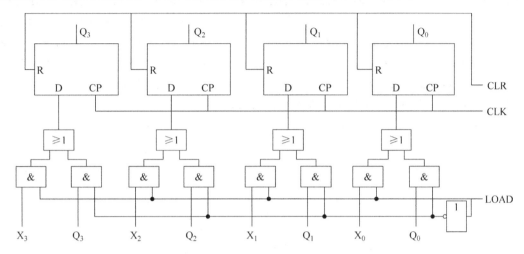

图3.32　用D触发器制成的可控缓冲寄存器

4. 可控移位寄存器

图3.33是一个比较实用的多功能寄存器,它能实现左移、右移、输入和保持功能,这些功能的实现是由控制端LOAD(输入)、LS(左移)、RS(右移)来控制的,同一时刻这三个控制端只能有一个有效(高电平有效),三者都无效时,保持原数据不变。CLR为清0端,CLK为统一时钟端,L_{in}、R_{in}分别为左移、右移时的数据输入端。

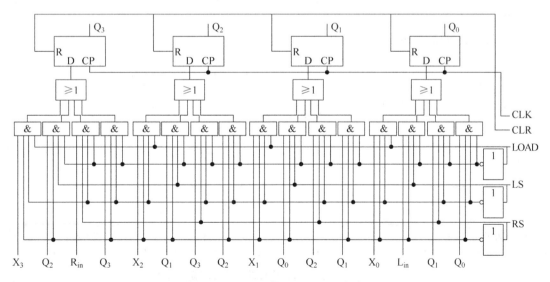

图3.33　D触发器构成的多功能寄存器

3.4.3　计数器

计数器也是由若干个触发器组成的寄存器,它的特点是能够把存储在其中的数据在时钟信号来临时加 1 或减 1。计数器的种类也很多,有异步计数器和同步计数器等。所谓的异步和同步是指组成计数器的各触发器的输出端 Q 是先后到达计数后的稳定状态还是同时到达。同步计数器里的各触发器时钟统一控制,时钟信号来临后,各触发器的输出端 Q 同时到达计数后的稳定状态;而异步计数器中各触发器的时钟分别控制,计数后各触发器 Q 端从低位到高位逐步达到稳定状态,高一位的触发器靠低一位的触发器 Q 端推动达到新的稳定状态,就像波浪逐级前行一样,所以,异步计数器又称行波计数器。

图 3.34 是一个由 J-K 触发器组成的 4 位行波计数器。

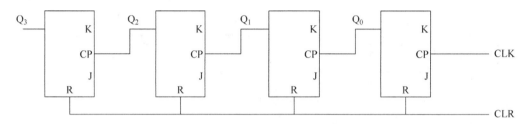

图 3.34　J-K 触发器组成的 4 位行波计数器

各触发器的 J、K 端都悬空,为高电平,处于接收来自 CLK 的负跳沿就翻转的状态。最低位触发器的 CP 端接外部 CLK 端,高位触发器的 CP 端连接低位的 Q 端。低位的 Q 由 1 变为 0 时,高位的 Q 翻转。

计数时,CLR 端有效低电平先将各位触发器清 0,然后随着时钟信号的来临,$Q_3 \sim Q_0$ 触发器的状态由 0000 变为 0001,再变为 0010,0011,0100,…,这个计数器是 4 位的,因此可以计 16 个数,0000~1111。

把时钟信号连续输入时计数器各触发器的状态用波形图表示出来,就能形象地理解计数器的计数过程,如图 3.35 所示。

计数器也可用 T' 触发器组成,如图 3.36 所示。

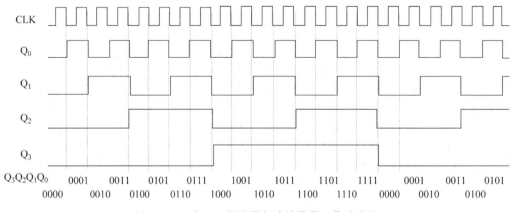

图 3.35　4 位 J-K 触发器行波计数器工作波形图

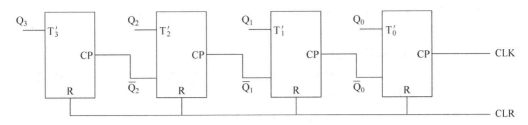

图 3.36　T′ 触发器组成的 4 位行波计数器

各触发器处于接收来自 CLK 的正跳沿就翻转的状态。最低位触发器的 CP 端接外部
CLK 端,高位触发器的 CP 端连接低位的 $\overline{Q}$ 端。低位的 Q 由 1 变为 0 时,即 $\overline{Q}$ 由 0 变 1 时,
高位的 Q 翻转。波形如图 3.37 所示。

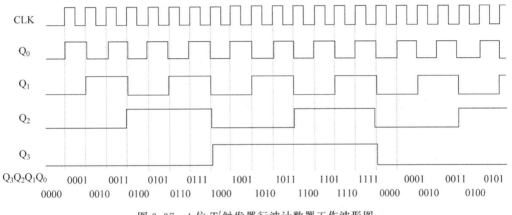

图 3.37　4 位 T′ 触发器行波计数器工作波形图

T′ 触发器组成的行波计数器与 J-K 触发器组成的计数器的不同点只在于前者是时钟
正跳沿计数,而后者是时钟负跳沿计数。

3.5　本章小结

本章在介绍逻辑代数和各种门电路的基础上学习了逻辑电路的分析和设计,又在介绍
触发器的基础上学习了各种寄存器与计数器。对今后学习计算机各部件的组成及工作原理
打下良好的基础。要求学生重点掌握门电路、触发器及寄存器的基本功能,了解逻辑电路的
分析与设计。

3.6　习题

一、选择题

1. 现代计算机内的逻辑电路多采用(　　)电路。
　　A. 分立元件　　　　B. 硅片　　　　　　C. 小规模集成　　　D. 超大规模集成

2. 逻辑电路的任何输入端和输出端都只有(　　)稳定状态。

    A. 2 个　　　　　　　　B. 1 个　　　　　　　　C. 不一定　　　　　　D. 10 个

3. 只与当前的输入有关的是(　　)。

    A. 计数器　　　　　　　B. 触发器　　　　　　　C. 寄存器　　　　　　D. 门电路

4. 用来分析和设计逻辑电路的基本工具是(　　)。

    A. 逻辑代数　　　　　　B. 逻辑表达式　　　　　C. 真值表　　　　　　D. 波形图

5. 可用来组成缓冲寄存器的触发器有(　　)和 D 触发器。

    A. R-S 触发器　　　　　B. T' 触发器　　　　　C. T 触发器　　　　　D. J-K 触发器

二、填空题

1. 计算机中的逻辑电路按工作性质可分为_____和_____。

2. 组成组合电路的最基本单元电路为_____,而时序电路的最基本单元电路为_____。

3. 组合电路的输出只与_____有关,而时序电路的输出不只与_____有关,与以前的_____也有关。

4. 可全面描述逻辑电路输入与输出关系的表为_____。

5. 逻辑电路中某点电位随时间变化的图形叫_____。

三、简答题

1. 简述分析和设计逻辑电路的大致步骤。

2. 简述组合电路与时序逻辑电路。

3. 简述门电路和触发器的特征。

4. 如何让 J-K 触发器等同于 D 触发器和 T' 计数器?

四、表达式化简,并用基本门电路设计逻辑电路

1. $F = AB + \overline{A}\overline{C} + B\overline{C}$

2. $F = AB + \overline{A}C + B\overline{C}$

3. $F = A\overline{B} + \overline{A}B\overline{C} + ABC + \overline{A}B\overline{C}$

4. $F = A\overline{B} + \overline{A}C + BC + CD$

5. $F = AB + \overline{A}CD + \overline{B}CD + CD\overline{E} + CD\overline{G}$

6. $F = A + AB\overline{C} + \overline{A}CD + (\overline{C} + \overline{D})E$

7. $F = \overline{A} + \overline{B} + ABCD$

8. $F = A\overline{B} + \overline{\overline{A}B}$

五、电路设计题

1. 用 J-K 触发器组成 4 位循环左移(最高位移给最低位)寄存器。

2. 用 D 触发器组成 4 位行波计数器。

3. 用 J-K 触发器组成 4 位可控移位寄存器。要求可输入、保持、左移和右移。

4. 用基本门电路设计一可鉴别 8421BCD 码的电路。要求：当 4 个输入端的组合属于 8421BCD 码里用于表示十进制数的数字符号的组合时，输出为 1，否则为 0。

3.7 参考答案

一、选择题

1. D　　2. A　　3. D　　4. A　　5. D

二、填空题

1. 组合逻辑电路　时序逻辑电路
2. 门电路　触发器
3. 当前的输入　当前的输入　输入
4. 真值表
5. 波形图

三、简答题

1. 答：分析逻辑电路的步骤为：

（1）从输入端开始，逐个检查每个门的输出，将此作为下一级的输入，再将其输出作为下一级的输入，如此继续，直至产生函数值，写出输出端的逻辑表达式。

（2）根据逻辑表达式做出逻辑电路输入输出真值表。

（3）综合分析，给出逻辑电路的功能。

设计逻辑电路的步骤如下：

（1）根据给出的命题确定好输入、输出端，做出真值表。

（2）由真值表写出逻辑表达式（可做适当化简，以简化电路、节省器件）。

（3）选择逻辑器件实现电路。

2. 答：所有逻辑单元电路都有若干个输入端、若干个输出端，每端只有两种不同的稳定状态，"高"或"低"电平，逻辑"真"或"假"，或谓"1"或"0"。组合逻辑电路输出端的状态只和当前输入端的状态有关。其基本单元电路为"门电路"。时序电路输出端的状态不仅和当前输入端的状态有关，与以前输入端的状态也有关系。

3. 答：

门电路特征：

（1）每个单元都有若干个输入端、1 个输出端。

（2）每端只有两种不同的稳定状态，逻辑"真"或"假"，或称"1"或"0"。

触发器特征：

（1）具有多个输入端。

（2）两输出端，且状态永远相反。

（3）触发器具有两个稳定状态："0"代表触发器寄存的是 0，此时 $Q=0$；"1"代表触发器寄存的是 1，此时 $Q=1$。

（4）多输入端中有两个输入分别为清 0 端(R)及置 1 端(S)，R、S 低电平有效，且不同时为 0。

（5）工作特点：R、S 信号结束后，如无新代码输入，触发器就保持原来的状态不变，直到有新的代码输入。触发器的输出并不随着输入的消失而消失。此即所谓记忆功能。

4. **解：**

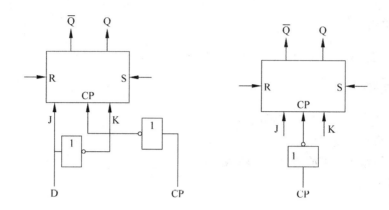

四、表达式化简，并用基本门电路设计逻辑电路

1. $F = AB + \overline{A}C$

2. $F = \overline{A}C + B$

3. $F = A\overline{B} + \overline{A}\,\overline{C}$

4. $F = A\overline{B} + C$

5. $F = AB + CD$

6. $F = A + CD$

7. $F = \overline{A} + \overline{B} + CD$

8. $F = A + \overline{B}$

注： 电路设计略。

五、电路设计题

1. 电路如下：

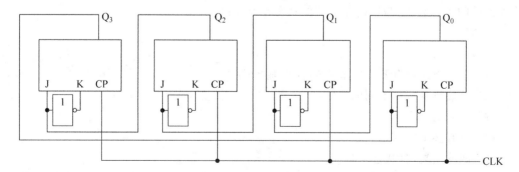

2. 电路如下：

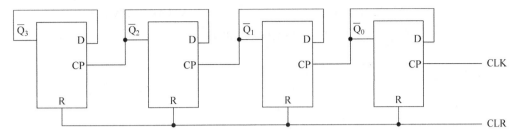

3. 电路如下：

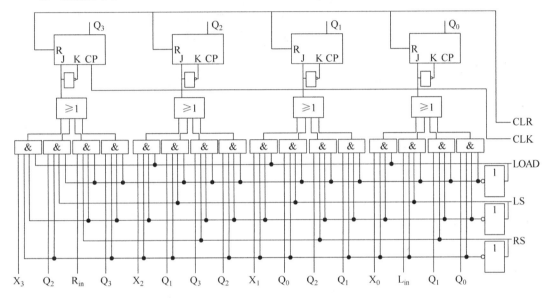

4. **解**：根据题意可列真值表如下。

A	B	C	D	F
0	0	0	0	1
0	0	0	1	1
0	0	1	0	1
0	0	1	1	1
0	1	0	0	1
0	1	0	1	1
0	1	1	0	1
0	1	1	1	1
1	0	0	0	1
1	0	0	1	1
1	0	1	0	0
1	0	1	1	0
1	1	0	0	0
1	1	0	1	0
1	1	1	0	0
1	1	1	1	0

　　由真值表得到表达式并化简：

$$F = \overline{A}\,\overline{B}C\overline{D} + \overline{A}B\overline{C}\overline{D} + \overline{A}B\overline{C}D + \overline{A}BC\overline{D} + \overline{A}BC\overline{D} + \overline{A}BCD +$$

$$ABCD + \overline{A}BCB + A\overline{B}\,\overline{C}\,\overline{D} + \overline{A}B\overline{C}\,\overline{D}$$

$$= \overline{A} + \overline{B}\,\overline{C}$$

电路图如下。

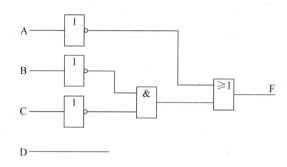

第 4 章

运算方法和运算器

本章学习目标

- 了解算术运算的定点、浮点以及各种码制的运算方法
- 掌握各种方法的运算器的实现、运算器的基本结构及分类
- 重点掌握补码加减法运算公式及加法器的实现
- 重点掌握原码乘法运算方法及原码乘法器的工作原理

计算机中的运算包括算术运算和逻辑运算两大类。算术运算是指带符号数的加法、减法、乘法和除法运算。因为在计算机中，数值有定点和浮点两种表示方式，所以算术运算应有定点数算术运算和浮点数算术运算之分。逻辑运算是指不考虑进位"位对位"的运算，参加逻辑运算的操作数，常被称作逻辑数。一般来说，逻辑数是不带符号的整数，广义的逻辑运算可定义为非算术运算。本章主要讨论各种算术运算的运算方法及其实现。运算器是计算机中完成各种运算的重要部件。本章将使学生在了解算术运算的定点、浮点以及各种码制的运算方法的基础上，掌握各种方法的运算器实现。重点掌握补码加减法运算公式及加法器的实现、原码乘法运算方法及原码乘法器的工作原理以及运算器的基本结构及分类。

4.1 定点加减法运算

在计算机中进行定点加减法运算基本上都是采用补码，极少数机器中也可采用反码，但是基本上没有采用原码进行加减法运算的。其实原因很简单，如果采用原码进行加减法运算，操作太复杂。单就加法运算而言，不仅要有一个加法器，而且还要有减法器，不仅要对数值位进行加减法运算，还要对符号位进行特殊处理。因此，本节主要讨论补码和反码的加减法运算以及有关加法器的一些知识。

4.1.1 补码加减法运算

对于补码加减法运算需要证明如下的公式：

$$[X+Y]_{补} = [X]_{补} + [Y]_{补}$$

$$[X-Y]_{补} = [X]_{补} + [-Y]_{补}$$

下面分 4 种情况证明。

（1）$X \geqslant 0, Y \geqslant 0$,显然 $X + Y \geqslant 0$

根据定点小数的补码定义：

$$[X]_补 = X$$

$$[Y]_补 = Y$$

可得出：

$$[X]_补 + [Y]_补 = X + Y = [X + Y]_补$$

（2）$X > 0, Y < 0$

根据定点小数的补码定义：

$$[X]_补 = X$$

$$[Y]_补 = 2 + Y$$

可得出：

$$[X]_补 + [Y]_补 = 2 + X + Y$$

那么,如果 $X + Y > 0$,则：

$$[X]_补 + [Y]_补 = X + Y = [X + Y]_补$$

如果 $X + Y < 0$,则：

$$[X]_补 + [Y]_补 = 2 + (X + Y) = [X + Y]_补$$

（3）$X < 0, Y > 0$

证明同（2）。

（4）$X < 0, Y < 0$,显然 $X + Y < 0$

根据定点小数的补码定义：

$$[X]_补 = 2 + X$$

$$[Y]_补 = 2 + Y$$

可得出：

$$[X]_补 + [Y]_补 = 2 + 2 + X + Y = 2 + (X + Y) = [X + Y]_补$$

对于 $[X - Y]_补 = [X]_补 + [-Y]_补$ 的证明则较容易,因为 $[X - Y]_补 = [X + (-Y)]_补$,利用补码加法的公式得：

$$[X + (-Y)]_补 = [X]_补 + [-Y]_补$$

以上是根据定点小数的定义进行的证明,对于 n 位的定点整数来说,证明方法完全相同,只是整数的补码以 2^{n+1} 为模,不再证明。

【例 4-1】 已知 $X = +0.0010, Y = +0.1010$,求 $X + Y$ 和 $X - Y$。

（机器数为 5 位）

解：

$$X = +0.0010 \qquad\qquad Y = +0.1010$$

$$[Y]_原 = 0.0010 \qquad\qquad [Y]_原 = 0.1010$$

$$[X]_补 = 0.0010 \qquad\qquad [Y]_补 = 0.1010$$

$$\qquad\qquad\qquad\qquad\qquad [-Y]_补 = 1.0110$$

$$\begin{array}{r} [X]_补 = 0.0\,0\,1\,0 \\ + [Y]_补 = 0.1\,0\,1\,0 \\ \hline [X+Y]_补 = 0.1\,1\,0\,0 \\ X + Y = +0.1100 \end{array} \qquad \begin{array}{r} [X]_补 = 0.0\,0\,1\,0 \\ + [-Y]_补 = 1.0\,1\,1\,0 \\ \hline [X-Y]_补 = 1.1\,0\,0\,0 \\ X - Y = -0.1000 \end{array}$$

【例 4-2】 已知 X＝－0.0001，Y＝－0.1100，求 X＋Y 和 X－Y。
（机器数为 5 位）

解：

$$X=-0.0001 \qquad\qquad Y=-0.1100$$
$$[X]_原=1.0001 \qquad\qquad [Y]_原=1.1100$$
$$[X]_补=1.1111 \qquad\qquad [Y]_补=1.0100$$
$$\qquad\qquad\qquad\qquad\quad [-Y]_补=0.1100$$

$$\begin{array}{r}[X]_补=1.1111 \\ +[Y]_补=1.0100 \\ \hline [X+Y]_补=1.0011 \\ X+Y=-0.1101\end{array} \qquad \begin{array}{r}[X]_补=1.1111 \\ +[-Y]_补=0.1100 \\ \hline [X-Y]_补=0.1011 \\ X-Y=+0.1011\end{array}$$

【例 4-3】 已知 X＝＋0.0100，Y＝－0.1010，求 X＋Y 和 X－Y。
（机器数为 5 位）

解：

$$X=+0.0100 \qquad\qquad Y=-0.1010$$
$$[X]_原=0.0100 \qquad\qquad [Y]_原=1.1010$$
$$[X]_补=0.0100 \qquad\qquad [Y]_补=1.0110$$
$$\qquad\qquad\qquad\qquad\quad [-Y]_补=0.1010$$

$$\begin{array}{r}[X]_补=0.0100 \\ +[Y]_补=1.0110 \\ \hline [X+Y]_补=1.1010 \\ X+Y=-0.1010\end{array} \qquad \begin{array}{r}[X]_补=0.0100 \\ +[-Y]_补=0.1010 \\ \hline [X-Y]_补=0.1110 \\ X-Y=+0.1110\end{array}$$

【例 4-4】 已知 X＝－0.0010，Y＝＋0.1001，求 X＋Y 和 X－Y。
（机器数为 5 位）

解：

$$X=-0.0010 \qquad\qquad Y=+0.1001$$
$$[X]_原=1.0010 \qquad\qquad [Y]_原=0.1001=[Y]_补$$
$$[X]_补=1.1110 \qquad\qquad [-Y]_补=1.0111$$

$$\begin{array}{r}[X]_补=1.1110 \\ +[Y]_补=0.1001 \\ \hline [X+Y]_补=0.0111 \\ X+Y=+0.0111\end{array} \qquad \begin{array}{r}[X]_补=1.1110 \\ +[-Y]_补=0.0111 \\ \hline [X-Y]_补=0.0101 \\ X-Y=+0.1011\end{array}$$

【例 4-5】 已知 X＝＋11001，Y＝－00101，求 X＋Y 和 X－Y。
（机器数为 6 位）

解：

$$X=+11001 \qquad\qquad Y=-00101$$
$$[X]_原=011001 \qquad\qquad [Y]_原=100101$$
$$[X]_补=011001 \qquad\qquad [Y]_补=111011$$
$$\qquad\qquad\qquad\qquad\quad [-Y]_补=000101$$

$$[X]_补 = 0\ 1\ 1\ 0\ 0\ 1$$
$$\underline{+[Y]_补 = 1\ 1\ 1\ 0\ 1\ 1}$$
$$[X+Y]_补 = 0\ 1\ 0\ 1\ 0\ 0$$
$$X+Y = +010100$$

$$[X]_补 = 0\ 1\ 1\ 0\ 0\ 1$$
$$\underline{+[-Y]_补 = 0\ 0\ 0\ 1\ 0\ 1}$$
$$[X-Y]_补 = 0\ 1\ 1\ 1\ 1\ 0$$
$$X-Y = +11110$$

【例 4-6】 已知 $X = -01001$，$Y = +10100$，求 $X+Y$ 和 $X-Y$。
（机器数为 6 位）

解：

$$X = -01001 \qquad\qquad Y = +10100$$
$$[X]_原 = 101001 \qquad\qquad [Y]_原 = 010100 = [Y]_补$$
$$[X]_补 = 110111 \qquad\qquad [-Y]_补 = 101100$$

$$[X]_补 = 1\ 1\ 0\ 1\ 1\ 1$$
$$\underline{+[Y]_补 = 0\ 1\ 0\ 1\ 0\ 0}$$
$$[X+Y]_补 = 0\ 0\ 1\ 0\ 1\ 1$$
$$X+Y = +01011$$

$$[X]_补 = 1\ 1\ 0\ 1\ 1\ 1$$
$$\underline{+[-Y]_补 = 1\ 0\ 1\ 1\ 0\ 0}$$
$$[X-Y]_补 = 1\ 0\ 0\ 0\ 1\ 1$$
$$X-Y = -11101$$

从上述的例子可得出如下重要的结论：

（1）采用补码进行加、减法运算可变减法为加法，运算器中只要设置一个加法器便可完成加、减法运算。

（2）补码加法运算中，符号位像数值位一样参加加法运算，能自然得到运算结果的正确符号。

（3）定点小数的补码加法运算以 2 为模；定点整数的补码加法运算以 2^{n+1} 为模。即符号位向更高位的进位自然丢失，并不影响运算结果的正确性。

4.1.2 反码加减法运算

对于反码加减法运算有如下的公式：

$$[X+Y]_反 = [X]_反 + [Y]_反$$
$$[X-Y]_反 = [X]_反 + [-Y]_反$$

关于反码加减运算公式的证明和补码的类似，也分 4 种情况来证明，请读者自行完成证明。

【例 4-7】 已知 $X = +0.0010$，$Y = +0.1010$，求 $X+Y$ 和 $X-Y$。
（机器数为 5 位）

解：

$$X = +0.0010 \qquad\qquad Y = +0.1010$$
$$[X]_原 = 0.0010 \qquad\qquad [Y]_原 = 0.1010$$
$$[X]_反 = 0.0010 \qquad\qquad [Y]_反 = 0.1010$$
$$\qquad\qquad\qquad\qquad\qquad [-Y]_反 = 1.0101$$

$$[X]_反 = 0.0\ 0\ 1\ 0$$
$$\underline{+[Y]_反 = 0.1\ 0\ 1\ 0}$$
$$[X+Y]_反 = 0.1\ 1\ 0\ 0$$
$$X+Y = 0.1100$$

$$[X]_反 = 0.0\ 0\ 1\ 0$$
$$\underline{+[-Y]_反 = 1.0\ 1\ 0\ 1}$$
$$[X-Y]_反 = 1.0\ 1\ 1\ 1\ 1$$
$$X-Y = -0.1000$$

【例 4-8】 已知 X=+0.0100,Y=−0.1010,求 X+Y 和 X−Y。

（机器数为 5 位）

解：

$$X=+0.0100 \qquad\qquad Y=−0.1010$$

$$[X]_原=0.0100 \qquad\qquad [Y]_原=1.1010$$

$$[X]_反=0.0100 \qquad\qquad [Y]_反=1.0101$$

$$\qquad\qquad\qquad\qquad\qquad [−Y]_反=0.1010$$

$$[X]_反=0.0\,1\,0\,0 \qquad\qquad [X]_反=0.0\,1\,0\,0$$

$$+[Y]_反=1.0\,1\,0\,1 \qquad\qquad +[−Y]_反=0.1\,0\,1\,0$$

$$\overline{[X+Y]_反=1.1\,0\,0\,1} \qquad\qquad \overline{[X−Y]_反=0.1\,1\,1\,0}$$

$$X+Y=−0.0110 \qquad\qquad X−Y=−0.1110$$

【例 4-9】 已知 X=−10011,Y=−00101,求 X+Y 和 X−Y。

（机器数为 6 位）

解：

$$X=−10011 \qquad\qquad Y=−00101$$

$$[X]_原=110011 \qquad\qquad [Y]_原=100101$$

$$[X]_反=101100 \qquad\qquad [Y]_反=111010$$

$$\qquad\qquad\qquad\qquad\qquad [−Y]_反=000101$$

$$[X]_反=1\,0\,1\,1\,0\,0 \qquad\qquad [X]_反=1\,0\,1\,1\,0\,0$$

$$+[Y]_反=1\,1\,1\,0\,1\,0 \qquad\qquad +[−Y]_反=0\,0\,0\,1\,0\,1$$

$$\overline{[X+Y]_反=1\,0\,0\,1\,1\,\underset{进位}{1}} \qquad\qquad \overline{[X−Y]_反=1\,1\,0\,0\,0\,1}$$

$$X+Y=−11000 \qquad\qquad X−Y=−01110$$

从例 4-9 可以看到,在用反码进行加减运算时,当最高位有进位时,不是将进位丢弃,而是将进位加到结果的末位,称为循环进位,这是反码运算与补码运算的不同点。由于有了循环进位,使得计算过程相对于补码来说复杂了很多,所以在实际应用中有关反码的运算很少使用。

4.1.3 定点加减法中的溢出问题

所谓"运算溢出"是指运算结果大于机器所能表示的最大正数或者小于机器所能表示的最小负数,这就是说,运算溢出只对带符号数的运算有效。

下面举例说明补码加法运算中什么情况下会产生运算溢出。

【例 4-10】 两个正数相加。

$$[X]_补=0.1\,0\,1\,0$$

$$+[Y]_补=0.1\,0\,0\,1$$

$$\overline{[X+Y]_补=1.0\,0\,1\,1}$$

【例 4-11】 两个负数相加。

$$[X]_补=1.0\,0\,0\,1$$

$$+[Y]_补=1.0\,1\,0\,1$$

$$\overline{[X+Y]_补=0.0\,1\,1\,0}$$

从上面两个例子中可看出,两个正数相加结果为负数,两个负数相加结果为正数,这显然是错误的,造成这种错误的原因是运算产生了溢出;除此之外,正数减负数,或负数减正数,也可能产生运算溢出。溢出是一种错误,计算机在运算过程中必须能发现这种溢出现象,并进行必要的处理,否则将带来严重后果。常用判定溢出的方法有以下 3 种。

1. 通过加数、被加数、和的符号位来判定溢出

这种方法是最常用也是最简单的判定溢出的方法。

首先,令 $[X]_补 = X_{n-1}X_{n-2}\cdots X_1X_0$,$[Y]_补 = Y_{n-1}Y_{n-2}\cdots Y_1Y_0$,其中 X_{n-1}、Y_{n-1} 为符号位。同时令 $[X+Y]_补 = Z_{n-1}Z_{n-2}\cdots Z_1Z_0$,其中 Z_{n-1} 为 $[X+Y]_补$ 的符号位。此时,

$$\text{OF(溢出标志 Overflow Flag)} = \overline{X_{n-1}}\,\overline{Y_{n-1}}Z_{n-1} + X_{n-1}Y_{n-1}\overline{Z_{n-1}}$$

即当符号位 $X_{n-1} \neq Y_{n-1}$ 时有可能产生溢出,当 $Z_{n-1} \neq X_{n-1} = Y_{n-1}$ 时一定会产生溢出。

2. 采用变形补码判定溢出

"变形补码"是采用 2 位符号位的补码,常记作 $[X]'_补$。

上述两个例子中,如果采用变形补码来进行加法运算,则:

$$
\begin{array}{r}
[X]'_补 = 00.1010 \\
+[Y]'_补 = 00.1001 \\
\hline
[X+Y]'_补 = 01.0011
\end{array}
\qquad
\begin{array}{r}
[X]'_补 = 11.0001 \\
+[Y]'_补 = 11.0101 \\
\hline
[X+Y]'_补 = 10.0110
\end{array}
$$

在例 4-10 中,运算结果的两位符号位为 01,表示产生了正溢出。例 4-11 中,运算结果的两位符号位为 10,表示产生了负溢出。

不溢出的情况分别为:

$$
\begin{array}{r}
[X]'_补 = 00.0101 \\
+[Y]'_补 = 00.0111 \\
\hline
[X+Y]'_补 = 00.1100
\end{array}
\qquad
\begin{array}{r}
[X]'_补 = 11.1011 \\
+[Y]'_补 = 11.0111 \\
\hline
[X+Y]'_补 = 11.0010
\end{array}
$$

这就是说,采用变形补码进行加、减法运算时,运算结果的两位符号位应当相同,若两位符号位同时为 00,表示结果是一个正数;反之,若两位符号位同时为 11,表示结果是一个负数。若两位符号位不同,则表示运算产生了溢出,且左边一位表示结果的正确符号,因此两位符号位为 01,表示运算结果的正确符号应该为正,即产生了正溢出;与此相反,若两位符号位为 10,则表示运算结果的正确符号应该为负,即产生了负溢出。

这种判定溢出的办法简单,而且容易实现,只要在两位符号上增设一个半加器就行了,但是运算器要增加一位字长,或者要降低一位运算精度。

3. 利用符号位的进位信号判定溢出

对于带符号数,最高位是符号位,假设将最高数值位向符号位的进位叫作"进位入",记作 C_{n-1},将符号位向更高位的进位叫作"进位出",记作 C_n。

计算上述两个例子。

$$[X]_{补}=0.1\ 0\ 1\ 0$$
$$+[Y]_{补}=0.1\ 0\ 0\ 1$$
$$\underline{\phantom{+[Y]_{补}=}1\ 0\ 0\ 0\ 0}$$
$$[X+Y]_{补}=1.0\ 0\ 1\ 1$$
$$C_{n-1}=1$$
$$C_{n}=0$$

$$[X]_{补}=1.0\ 0\ 0\ 1$$
$$+[Y]_{补}=1.0\ 1\ 1\ 1$$
$$\underline{\phantom{+[Y]_{补}=}1\ 1\ 1\ 1\ 0}$$
$$[X+Y]_{补}=1.1\ 0\ 0\ 0$$
$$C_{n-1}=0$$
$$C_{n}=1$$

例 4-10 中：$C_n=0$，$C_{n-1}=1$，表示产生了正溢出。

例 4-11 中：$C_n=1$，$C_{n-1}=0$，表示产生了负溢出。

只有 $C_n=C_{n-1}=0$ 或 $C_n=C_{n-1}=1$，才表示运算未溢出。

因此可以由 $C_n\neq C_{n-1}$ 来判定运算是否产生了溢出，这种判定溢出方式不降低运算精度，只需增设一个半加器来产生溢出标志，即：

$$OF(溢出标志)=C_n\oplus C_{n-1}$$

注意：机器本身无法知道加、减法运算的操作数是带符号数还是无符号数，而总是把它当成带符号的操作数来处理，并判定是否产生了溢出。溢出标志当前是否有效，应由程序员自己来判定。也就是说，如果当前进行的是两个无符号数的加减法运算，则尽管 $OF=1$，也不表示运算产生了溢出。

4.1.4 加法器

计算机中的加、减、乘、除四则运算，都是在加法器的基础上再辅之以适当的电路来实现的。因此，加法运算电路是计算机中最基本的运算电路。本节先介绍加法运算的核心部件半加单元和全加单元。

1. 半加单元

不考虑进位输入时，两数值 X_n、Y_n 相加称为半加。图 4.1(a) 是半加单元的真值表。由此表可以得出半加和 H_n 的表达式如下：

$$H_n=X_n\cdot\overline{Y}_n+\overline{X}_n\cdot Y_n=X_n\oplus Y_n$$
$$C=X_nY_n$$

图 4.1(b) 是半加单元的逻辑图。

X_n	Y_n	H_n	C
0	0	0	0
1	0	1	0
0	1	1	0
1	1	0	1

(a) 真值表

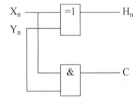

(b) 逻辑图

图 4.1 半加单元的真值表与逻辑图

2. 全加单元

X_n、Y_n 及低位进位 C_{n-1} 相加称为全加。全加运算指两个多位二进制数相加时,第 n 位的被加数 X_n 和加数 Y_n 及来自低位的进位数 C_{n-1} 三者相加,得到本位的和数 S_n 和向高位的进位数 C_n。图 4.2(a)是全加单元的真值表,图 4.2(b)是全加单元的逻辑图。图 4-3 是半加单元和全加单元的常用电路图。

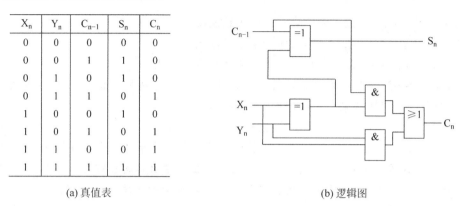

X_n	Y_n	C_{n-1}	S_n	C_n
0	0	0	0	0
0	0	1	1	0
0	1	0	1	0
0	1	1	0	1
1	0	0	1	0
1	0	1	0	1
1	1	0	0	1
1	1	1	1	1

(a) 真值表　　　　　　　　　　　　　　　　(b) 逻辑图

图 4.2　全加单元真值表与逻辑图

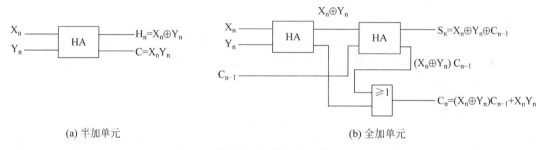

(a) 半加单元　　　　　　　　　　　　(b) 全加单元

图 4.3　半加单元和全加单元常用电路图

全加器根据进位的方式不同可分为表 4.1 所示的三种类型。

表 4.1　全加器产品简介

名　　称	常用型号	功　　能
双保留进位全加器	T694,74LS183,C611	具有两个独立的全加器,若把某一个全加器的进位输出连至另一个全加器的进位输入端,可构成两位串行进位加法器
4 位串行进位加法器	T692,74LS83	可以完成两个 4 位二进制数的加法运算,但其加法时间较长
4 位超前进位加法器	T693,74LS283,C662,CC4008B	可以完成两个 4 位二进制数的加法运算采用超前进位方式,速度快

图 4.4 所示的 4 位串行进位加法器中,对进位的处理是串行的。本位全加和 S_n 必须等低位进位 C_{n-1} 来到后才能进行,加法时间与位数有关。这样串行的加法器加法时间会比较

长。只有改变进位逐位传送的路径,才能提高加法器的工作速度。解决办法之一就是采用"超前进位产生电路"来同时形成各位进位,从而实现快速加法。这种加法器称为超前进位加法器。最后,给出最常用的串行进位加法器的通用符号,如图4.5所示。

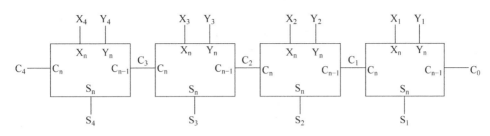

图 4.4   4 位串行进位加法器

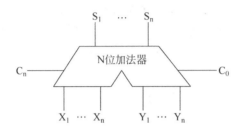

图 4.5   加法器通用符号

4.2   定点乘法运算

定点乘法运算与定点加、减法运算不同,在定点数的乘法运算中,由于将符号位和数值位分开处理比较方便,所以一般用原码进行运算,原码乘法又有原码一位乘法和原码两位乘法。同时也可以采用补码进行,补码乘法也有补码一位乘法和补码两位乘法之分,更进一步提高乘法运算速度还可以采用阵列乘法器来实现。

4.2.1   原码乘法运算及原码乘法器

先给原码乘法下个定义:"符号位单独运算,将两个操作数的数值位相乘,最后给乘积冠以正确符号"称作原码乘法。从最低位开始,每次取一位乘数与被乘数相乘,最后累加结果,称作"原码一位乘法"。

原码一位乘法的操作过程与十进制乘法运算的过程很类似,下面通过一个具体例子来说明。

【例 4-12】 已知 $X=+1101$,$Y=-1011$,求 $Z=X \cdot Y$。

解:

$$[X]_原 = 01101$$
$$[Y]_原 = 11011$$

先进行符号位运算，

$$Z_s = X_s \oplus Y_s = 0 \oplus 1 = 1$$

后将两数值位的原码相乘，操作过程如下：

```
          1 1 0 1
      ×   1 0 1 1
      ─────────────
          1 1 0 1
        1 1 0 1
      0 0 0 0
    + 1 1 0 1
  ─────────────────
    1 0 0 0 1 1 1 1
```

这是二进制乘法的手算过程。这一过程如果在计算机中实现，存在两个问题：其一是两个 n 位数相乘，需要 2n 位的加法器；其二是 n 批部分积一次累加，实现有困难，而这两个问题只需要操作上稍微改动就可以得到满意的解决。

假设被乘数与乘数为 N+1 位的原码，分别为：

$$[X]_{原} = X_s X = X_s X_{n-1} X_{n-2} \cdots X_1 X_0$$

$$[Y]_{原} = Y_s Y = Y_s Y_{n-1} Y_{n-2} \cdots Y_1 Y_0$$

积　$[Z]_{原} = Z_s Z$，　$Z_s = X_s \oplus Y_s$，　$Z = X \times Y$

$Y = Y_{n-1} \times 2^{n-1} + Y_{n-2} \times 2^{n-2} + \cdots + Y_{n-i} \times 2^{n-i} + \cdots + Y_1 \times 2^{n-(n-1)} + Y_0 \times 2^{n-n}$

　$= 2^n (Y_{n-1} \times 2^{-1} + Y_{n-2} \times 2^{-2} + \cdots + Y_{n-i} \times 2^{-i} + \cdots + Y_1 \times 2^{-(n-1)} + Y_0 \times 2^{-n})$

$Z = X \times Y$

　$= 2^n X (Y_{n-1} \times 2^{-1} + Y_{n-2} \times 2^{-2} + \cdots + Y_{n-i} \times 2^{-i} + \cdots + Y_1 \times 2^{-(n-1)} + Y_0 \times 2^{-n})$

　$= 2^n (XY_{n-1} \times 2^{-1} + XY_{n-2} \times 2^{-2} + \cdots + XY_{n-i} \times 2^{-i} + \cdots +$

　　$XY_1 \times 2^{-(n-1)} + XY_0 \times 2^{-n})$

　$= 2^n (2^{-1}(XY_{n-1} + 2^{-1}(XY_{n-2} + \cdots + 2^{-1}(XY_i + \cdots + 2^{-1}(XY_1 + 2^{-1}(XY_0 + 0)) \cdots)$

用递推公式描述如下：

$Z_{-1}^* = 0$ 　　　　　　　　　　$Z = Z_{n-1}^* \times 2^n$

$Z_0^* = 2^{-1}(XY_0 + Z_{-1}^*)$

$Z_1^* = 2^{-1}(XY_1 + Z_0^*)$

$\vdots$ 　　　　　　　　　　　　XY_i—— 第 i 位乘数与被乘数的位积

$Z_i^* = 2^{-1}(XY_i + Z_{i-1}^*)$ 　　　　Z_{i-1}^*—— 前 i 次位积之和，部分积

$\vdots$ 　　　　　　　　　　　　Z_i^*—— 本次运算的部分积

$Z_{n-1}^* = 2^{-1}(XY_{n-1} + Z_{n-2}^*)$ 　　2^{-1}—— 右移一位完成

通过前面的方法，将原码乘法变成了若干次的判断、相加、右移。既克服了手工运算的多个位积一次相加，又将加法的长度控制在 N 位，进而节省了器材、提高了速度。

前面的例子用递推公式表示计算过程如下：

$$
\begin{array}{ll}
1011 & X \\
\times 1101 & Y \quad Y_3 Y_2 Y_1 Y_0 \\
\hline
0000 & \text{初始化部分积} \quad Z_{-1}^* = 0000 \\
1011 & XY_0 \\
\hline
1011 & XY_0 + Z_{-1}^* \\
01011 & Z_0^* = 2^{-1}(XY_0 + Z_{-1}^*) \\
0000 & XY_1 \\
\hline
01011 & XY_1 + Z_0^* \\
001011 & Z_1^* = 2^{-1}(XY_1 + Z_0^*) \\
1011 & XY_2 \\
\hline
110111 & XY_2 + Z_1^* \\
0110111 & Z_2^* = 2^{-1}(XY_2 + Z_1^*) \\
1011 & XY_3 \\
\hline
10001111 & XY_3 + Z_2^* \\
10001111 & Z_3^* = 2^{-1}(XY_3 + Z_2^*)
\end{array}
$$

$$Z_s = 0 \oplus 1 = 1$$

$$Z = 10001111$$

$$[Z]_原 = Z_s Z = 110001111$$

在计算机内实现原码一位乘法的操作过程如下：

可以看出，上面的例子中经过 4 次相加右移的操作，在粗黑线左方可得到正确的运算结果，最后给它冠以正确的符号"1"，所以：

$$[Z]_原 = 110001111$$

$$Z = -10001111$$

图 4.6 为原码一位乘法逻辑结构图。其中，加法器为 n 位加法器。在寄存器 MR（n位）中存放乘数 Y，最低位 MR_0 为判断位；寄存器 AC（n位）中存放部分积，寄存器 C（1位）

用于存放加法器产生的进位。MR、C、AC 以及 MR 具有右移功能并且是连通的。寄存器 AX(n 位)存放被乘数 X。加法器用来完成部分积与位积的求和。计数器 COUNT 用来记录重复运算的次数。控制部件的输入信号 START 及 END 是 CPU 发来的起始及结束信号,CLK 为时钟信号。控制部件的输出信号 ADD 及 RS 为发往加法器及 MR、C、AC 各寄存器的相加及右移信号。$T_0 \sim T_n$ 为时钟脉冲信号,其中 T_0 为初始化信号,$T_1 \sim T_n$ 为 n 次部分积计算信号。

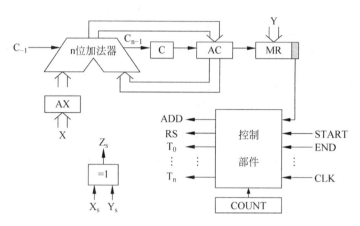

图 4.6　原码一位乘法的逻辑结构图

乘法开始运算时,初始化信号来临,寄存器 C、AC 以及计数器 COUNT 被清 0,MR 初始化成乘数的数值部分,AX 初始化成被乘数的数值部分。在部分积计算过程中,首先判断 MR_0 的值,如果是 1,则 AC 中的部分积与 X 相加后再送到 AC 中,如有进位,则传送给 C 寄存器;如果是 0,则 AC、C 寄存器内容不变。然后,C、AC、MR 寄存器的内容联合右移一位,C 右移到 AC 的最高位,AC 的最低位右移到 MR 的最高位,C 右移后清 0,MR 的最低位被移除。最后,计数器 COUNT 加 1,表示完成一次部分积运算。如此重复 n 次,即完成了整个乘积运算。乘积的高 n 位在 AC 寄存器中,低 n 位在 MR 寄存器中。符号位 Z_S 通过一个异或门(半加器)求得。

上述原码一位乘法的操作过程可用流程图来描述,如图 4.7 所示。

如果 n+1 位加法器进行一次加法运算的时间为 t_a,两个寄存器一次右移操作的时间为 t_s,那么原码一位乘法所需要的时间为:

$$t_m = n(t_a + t_s)$$

很显然,减少加法运算的时间 t_a 对于加快乘法运算速度无疑是有效的。

关于原码两位乘法,其基本原理与原码一位乘法类似,只是从最低位开始,每次取两位乘数与被乘数相乘,得到一次部分积,与上次部分积相加后右移 2 位。显然,两个 n 位数相乘,采用原码两位乘法时,只需要进行 n/2 次"相加右移"的操作,因此,乘法运算速度可提高一倍。有关原码两位乘法的具体操作过程不再详细讨论,请读者自己进行推导。

4.2.2　补码乘法运算及补码乘法器

原码乘法存在两个明显的缺点:其一是符号位需要单独运算;其二是最后要根据符号

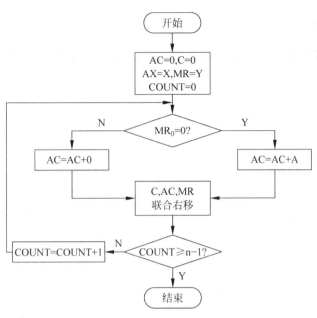

图 4.7 原码一位乘法操作流程图

位运算的结果给乘积冠以正确的符号。尤其是对采用补码存储的计算机,从存储器或寄存器中取得的操作数均为补码,需要先变成原码才能进行乘法运算,乘积又要变成补码才能存储起来。这正是需要推出补码乘法的原因。

"补码乘法"是指采用操作数的补码进行乘法运算,最后乘积仍为补码,能自然得到乘积的正确符号。从乘数的最低位开始,每次取一位乘数与被乘数相乘,经过 $(n+1)$ 次"相加右移"操作完成乘法运算的过程被称为"补码一位乘法"。

1. 补码与真值的转换关系

设

$$[X]_{\text{补}} = X_0 X_1 X_2 \cdots X_n$$

当真值 $X \geqslant 0$ 时,$X_0 = 0$,即:

$$[X]_{\text{补}} = 0. X_1 X_2 \cdots X_n = \sum_{i=1}^{n} X_i \cdot 2^{-i} = X$$

当真值 $X < 0$ 时,$X_0 = 1$,即:

$$[X]_{\text{补}} = 1. X_1 X_2 \cdots X_n = 2 + X$$

则:

$$X = [X]_{\text{补}} - 2 = 1. X_1 X_2 \cdots X_n - 2 = -1 + 0. X_1 X_2 \cdots X_n = -1 + \sum_{i=1}^{n} X_i \cdot 2^{-i}$$

则可得出对正负数都合适的公式:

$$X = -X_0 + \sum_{i=1}^{n} X_i \cdot 2^i = -X_0 + 0. X_1 X_2 \cdots X_n$$

2. 补码的右移

在补码运算的机器中,不论数的正负,连同符号位将数右移一位,并保持符号位不变,相当于乘 1/2(或除 2)。

证明如下:

设 $\left[\dfrac{1}{2}X\right]_{补} = X_0 X_0 X_1 X_2 \cdots X_n$,根据上面已得出的公式:

$$X = -X_0 + \sum_{i=1}^{n} X_i \cdot 2^i = -X_0 + 0.X_1 X_2 \cdots X_n$$

得出:

$$\frac{1}{2}X = -\frac{1}{2}X_0 + \frac{1}{2}\sum_{i=1}^{n} X_i \cdot 2^{-i} = -X_0 + \frac{1}{2}X_0 + \frac{1}{2}\sum_{i=1}^{n} X_i \cdot 2^{-i}$$

$$= -X_0 + \frac{1}{2}\left(X_0 + 2\sum_{i=1}^{n} X_i \cdot 2^{-i}\right) = -X_0 + \sum_{i=1}^{n} X_i \cdot 2^{-(i+1)}$$

$$= -X_0 + 0.X_0 X_1 X_2 \cdots X_n$$

所以

$$\left[\frac{1}{2}X\right]_{补} = X_0 \cdot X_0 X_1 X_2 \cdots X_n$$

3. 补码一位乘法的计算过程

设被乘数 $[X]_{补} = X_0 X_1 X_2 \cdots X_n$,乘数 $[Y]_{补} = Y_0 Y_1 Y_2 \cdots Y_n$ 则有:

$$[X \cdot Y]_{补} = [X]_{补} \cdot \left(-Y_0 + \sum_{i=1}^{n} Y_i \cdot 2^{-i}\right)$$

考虑 Y 分别为正整数和负数且 X 为任意正负时的情况后得出统一的公式。现在分别证明如下:

(1) X 为任意正负数,Y 为正数

根据补码定义和模 2 运算性质得到如下结果:

$$[X]_{补} = 2 + X = (2^{n+1} + X) \bmod 2, \quad [Y]_{补} = Y$$

$$[X]_{补} \cdot [Y]_{补} = 2^{n+1} \cdot Y + X \cdot Y = 2 + X \cdot Y \bmod 2$$

$$[X]_{补} \cdot [Y]_{补} = [X \cdot Y]_{补}$$

即

$$[X \cdot Y]_{补} = [X]_{补} \cdot [Y]_{补} = [X]_{补} \cdot Y = [X]_{补} \cdot \left(-Y_0 + \sum_{i=1}^{n} Y_i \cdot 2^{-i}\right)$$

$$= [X]_{补} \cdot \sum_{i=1}^{n} Y_i \cdot 2^{-i} = [X]_{补} \cdot 0.Y_1 Y_2 \cdots Y_n$$

(2) X 为任意正负数,Y 为负数

根据补码定义和模 2 运算性质得到如下结果:

$$[X]_{补} = X_0.X_1 X_2 \cdots X_n, \quad [Y]_{补} = 1 \cdot Y_1 Y_2 \cdots Y_n = 2 + Y$$

$$Y = [Y]_{补} - 2 = 0.Y_1 Y_2 \cdots Y_n - 1, \quad X \cdot Y = X \cdot 0.Y_1 Y_2 \cdots Y_n - X$$

$$[X \cdot Y]_{补} = [X \cdot (0.Y_1 Y_2 \cdots Y_n)]_{补} + [-X]_{补} \cdot (0.Y_1 Y_2 \cdots Y_n)$$

因为 $0. Y_1 Y_2 \cdots Y_n > 0$，所以

$$[X \cdot (0. Y_1 Y_2 \cdots Y_n)]_{补} = [X]_{补} \cdot (0. Y_1 Y_2 \cdots Y_n)$$

$$[X \cdot Y]_{补} = [X]_{补} \cdot (0. Y_1 Y_2 \cdots Y_n) + [-X]_{补}$$

（3）X，Y 都为任意正负数

将（1）和（2）结合起来，得到补码运算的统一公式如下：

$$[X \cdot Y]_{补} = [X]_{补} \cdot (0. Y_1 Y_2 \cdots Y_n) - [X]_{补} \cdot Y_0$$

$$= [X]_{补} \cdot (-Y_0 + 0. Y_1 Y_2 \cdots Y_n)$$

$$= [X]_{补} \cdot \left(-Y_0 + \sum_{i=1}^{n} Y_i \cdot 2^{-i} \right)$$

将此公式进行变换，得到布斯（Booth）公式如下：

$$[X \cdot Y]_{补} = [X]_{补} \cdot \left(-Y_0 + \sum_{i=1}^{n} Y_i \cdot 2^{-i} \right)$$

$$= [X]_{补} \cdot [-Y_0 + Y_1 2^{-1} + Y_2 2^{-2} + \cdots + Y_n 2^{-n}]$$

$$= [X]_{补} \cdot [-Y_0 + (Y_1 - Y_1 2^{-1}) + (Y_2 2^{-1} - Y_2 2^{-2}) + \cdots + (Y_n 2^{-(n-1)} - Y_n 2^{-n})]$$

$$= [X]_{补} \cdot [(Y_1 - Y_0) + (Y_2 - Y_1) \cdot 2^{-1} + \cdots + (Y_n - Y_{n-1}) 2^{-(n-1)} + (0 - Y_n) 2^{-n}]$$

乘数的最低位为 Y_n，在其后添加一位 Y_{n+1}，其值为 0。

机器运算时，按机器执行顺序求出每一步的部分积，可将上式变换为如下形式：

$$[Z_0]_{补} = 0$$

$$[Z_1]_{补} = \{[Z_0]_{补} + (Y_{n-1} - Y_n) \cdot [X]_{补}\} \cdot 2^{-1}, \quad Y_{n+1} = 0$$

$$[Z_2]_{补} = \{[Z_1]_{补} + (Y_n - Y_{n-1}) \cdot [X]_{补}\} \cdot 2^{-1}$$

$$\vdots$$

$$[Z_i]_{补} = \{[Z_{i-1}]_{补} + (Y_{n-i+2} - Y_{n-i+1}) \cdot [X]_{补}\} \cdot 2^{-1}$$

$$\vdots$$

$$[Z_n]_{补} = \{[Z_{n-1}]_{补} + (Y_2 - Y_1) \cdot [X]_{补}\} \cdot 2^{-1}$$

$$[Z_{n+1}]_{补} = \{[Z_n]_{补} + (Y_1 - Y_0) \cdot [X]_{补}\} = [X \cdot Y]_{补}$$

开始时部分积为 0，然后在上一步的部分积上，加 $(Y_{i+1} - Y_i) \cdot [X]_{补}$（$i = n, 2, 1, 0$），再右移一位，得到新的部分积，如此重复 $n+1$ 步，最后一步不移位，得到 $[X \cdot Y]_{补}$。

Y_{i+1} 与 Y_i 为相邻的两位，$(Y_{i+1} - Y_i)$ 有 $0, 1, -1$ 三种情况。

其运算规则如下：

（1）$Y_{i+1} - Y_i = 0$（$Y_{i+1} Y_i = 00$ 或 11），部分积加 0，右移 1 位。

（2）$Y_{i+1} - Y_i = 1$（$Y_{i+1} Y_i = 10$），部分积加 $[X]_{补}$，右移 1 位。

（3）$Y_{i+1} - Y_i = -1$（$Y_{i+1} Y_i = -1$），部分积加 $[-X]_{补}$，右移 1 位。

最后一步（$i = n+1$）不移位。

上述操作过程可用流程图来描述，如图 4.8 所示。

下面举例说明补码一位乘法的计算过程。

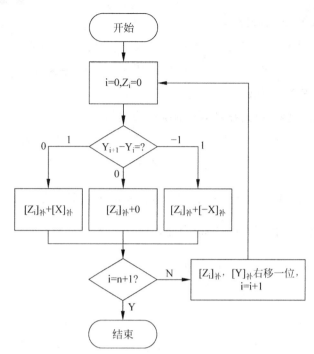

图 4.8　补码移位乘法操作流程图

【例 4-13】　若 $X=+13, Y=-11$，求 $X \cdot Y$。

解：

$$[X]_补 = 01101 = [X]_原 \qquad [Y]_原 = 1.1011$$
$$[-X]_补 = 1.0011 \qquad [Y]_补 = 1.0101$$

```
                          Y₀ Y₁ Y₂ Y₃ Y₄ Y₅
         0  0  0  0  0   0. 1  0  1  1  0
+[-X]补   1  0  0  1  1
         1  0  0  1  1   1  0  1  0  1  0  ----[Z₁]补
         1  1  0  0  1   1  1  0  1  0  1
 +[X]补   0  1  1  0  1
         0  0  1  1  0   1  1  0  1  0  1  ----[Z₂]补
         0  0  0  1  1   0  1  1  0  1  0
+[-X]补   1  0  0  1  1
         1  0  1  1  0   0  1  1  0  1  0  ----[Z₃]补
         1  1  0  1  1   0  0  1  1  0  1
 +[X]补   0  1  1  0  1
         0  1  0  0  0   0  0  1  1  0  1  ----[Z₄]补
         0  0  1  0  0   0  0  0  1  1  0
+[-X]补   1  0  0  1  1
         1  0  1  1  1   0  0  0  1  1  0  ----[Z₅]补=[X-Y]补
```

$$[X \cdot Y]_补 = 1.01110001$$
$$X \cdot Y = -10001111 = -143$$

【例 4-14】　若 $X=-0.10101, Y=+0.11010$，求 $X \cdot Y$。

解：

$$[X]_原 = 110101 \qquad\qquad [Y]_原 = 011010 = [Y]_补$$
$$[X]_补 = 101011$$

$$[-X]_补＝010101$$

							Y_0	Y_1	Y_2	Y_3	Y_4	Y_5	Y_6	
	0	0	0	0	0	0		0	1	1	0	1	0	0
	0	0	0	0	0	0								
	0	0	0	0	0	0		0	1	1	0	1	0	0	$----[Z_1]_补$
	0	0	0	0	0	0			0	0	1	1	0	1	0
$+[-X]_补$	0	1	0	1	0	1								
	0	1	0	1	0	1		0	0	1	1	0	1	0	$----[Z_2]_补$
	0	0	1	0	1	0		1	0	0	1	1	0	1
$+[X]_补$	1	0	1	0	1	1								
	1	1	0	1	0	0		1	0	0	1	1	0	1	$----[Z_3]_补$
	1	1	1	0	1	0		1	1	0	0	1	1	0
$+[-X]_补$	0	1	0	1	0	1								
	0	0	1	1	1	1		1	1	0	0	1	1	0	$----[Z_4]_补$
	0	0	0	1	1	1		1	1	1	0	0	1	1
$+0$	0	0	0	0	0	0								
	0	0	0	1	1	1		1	1	1	0	0	1	1	$----[Z_5]_补$
	0	0	0	0	1	1		1	1	1	1	0	0	1
$+[X]_补$	1	0	1	0	1	1								
	1	0	1	1	1	0		1	1	1	1	0	0	1	$----[Z_6]_补＝[X·Y]_补$

$$[X·Y]_补＝1.0111011110$$
$$X·Y＝-0.1000100010$$

采用补码进行一位乘法运算的乘法器的逻辑结构如图 4.9 所示。

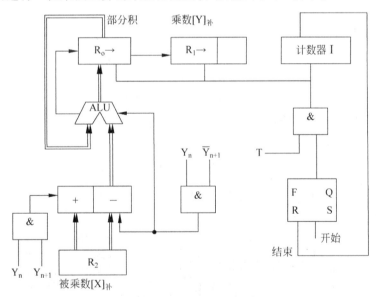

图 4.9　补码一位乘法器逻辑结构图

补码一位乘法器与前面的原码一位乘法器比较,其基本结构大体相同,主要区别如下:

(1) 各寄存器中存放的是操作数部分积与乘积的补码。

(2) 符号位和数值位一起参加乘法运算,可自然得到乘积的正确符号,因此符号位不需要单独运算。

(3) 乘数寄存器$[R]_1$应增设一位附加位(Y_{n+1}),其初始值为 0。

(4) 被乘数寄存器 R_2 存放的是$[X]_补$,应能以正、反两种方式送加法器,正送时实现$+[X]_补$，反送时实现$+[-X]_补=[\overline{X}]_补+1$。

4.3 定点除法运算

定点除法运算与定点乘法运算类似，也有原码除法和补码除法之分。本节先讨论原码除法运算。

N 位原码除法是指被除数为 2n 位，除数、商和余数均为 n 位。在实际的运算中，如果被除数也是 n 位，则需扩展为 2n 位后再进行运算。

原码除法运算有恢复余数法和不恢复余数法(加减交替法)两种。

4.3.1 恢复余数法

恢复余数法的计算与手算过程相似。两个原码数相除，商的符号为两数符号的异或值，数值则为两数绝对值相除的结果。

在计算机中，右移除数，可以通过左移被除数(余数)来替代，左移出界的被除数(余数)的最高位，对运算不会产生任何影响。另外，用做减法判断结果的符号为正还是负，决定商上是 0 还是 1。当差为负时，商为 0，同时还应该把除数再加到差上去，恢复余数为原来的正值之后再将其左移一位。若减得的差为 0 或为正值，就不用恢复余数，商为 1，余数左移一位。

计算过程举例如下。

【例 4-15】 已知 $X=+0.1001$，$Y=-0.1101$，求 X/Y。

解：符号位单独运算：

$$Q_f=X_f\oplus Y_f=0\oplus 1=1$$

$$[|X|]_原=[|X|]_补=0.1001 \quad [|Y|]_原=[|Y|]_补=0.1101$$

$$[-|Y|]_补=1.0011$$

```
              0 1 0 0 1 | 0 0 0 0 0
+[-|Y|]补     1 0 0 1 1                   --- 被除数-Y
              1 1 1 0 0 | 0 0 0 0 0       --- 结果为负，商"0"
+[|Y|]补      0 1 1 0 1                   --- 恢复余数，+Y
              0 1 0 0 1 | 0 0 0 0
              1 0 0 1 0 | 0 0 0 0         --- 余数左移1位
+[-|Y|]补     1 0 0 1 1                   --- 余数-Y
              0 0 1 0 1 | 0 0 0 0 1       --- 结果为正，商"1"
              0 1 0 1 0 | 0 0 0 1         --- 余数左移1位
              1 0 0 1 1                   --- 余数-Y
              1 1 1 0 1 | 0 0 0 0 1       --- 结果为负，商"0"
+[|Y|]补      0 1 1 0 1                   --- 恢复余数，+Y
              0 1 0 1 0 | 0 0 0 1 0
              1 0 1 0 0 | 0 0 1 0         --- 余数左移1位
+[-|Y|]补     1 0 0 1 1                   --- 余数-Y
              0 0 1 1 1 | 0 0 1 0 0       --- 结果为正，商"1"
              0 1 1 1 0 | 0 1 0 1         --- 余数左移1位
+[-|Y|]补     1 0 0 1 1                   --- 余数-Y
              0 0 0 0 1 | 0 1 0 1 1       --- 结果为正，商"1"；运算结束
```

结果得：

$$商\ Q = -0.1011$$
$$余数\ R = +0.0001 \times 2^{-4}$$

例 4-15 解法的缺点为：当某一次减 Y 的差为负值时，要多一次加 Y 恢复余数的操作，既降低了执行速度，又使控制线路变得复杂，因此，恢复余数法在计算机中很少使用。在计算机中普遍采用的是不恢复余数法，也称为加减交替法。

4.3.2 不恢复余数法

不恢复余数法是对恢复余数法的一种修正。当某一次减得的差值（余数 R_i）为负时，不是恢复它，而是继续求下一位商，但用加上除数（$+Y$）的办法来取代（$-Y$）操作，其他操作，和恢复余数法是一样的。证明如下：

设进行第 i 次操作，上第 i 位商。余数用 R_i 表示，上次余数用 R_{i-1} 表示，则有 $R_i = 2R_{i-1} - Y$，即原来余数左移一位再减 Y。

第 i 位商为：

(1) $R_i > 0$，够减，商上 1。接着做第 $i+1$ 次，$R_{i+1} = 2R_i - Y$。

(2) 若 $R_i = 0$，够减，商上 1。除法结束。

(3) 若 $R_i < 0$，不够减，商上 0。做 $i+1$ 次的方法是恢复余数（$+Y$），即 $R_i + Y$，继续左移一位后，再减 Y，即 $R_{i+1} = 2(R_i + Y) - Y = 2R_i + Y$。

由此可得不恢复余数法的计算规则：当余数为正时，商上 1，求下一位商的办法，是余数左移一位，再减去除数；当余数为负时，商上 0，求下一位商的办法是余数左移一位，再加上除数。但若最后一次上商为 0，而又得到正确余数，则在这最后一次仍需恢复余数。

不恢复余数法的操作步骤可用流程图描述，如图 4.10 所示，逻辑框图如图 4.11 所示。

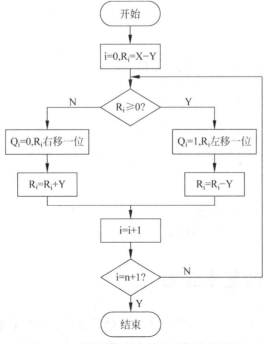

图 4.10 原码不恢复余数法的算法流程图

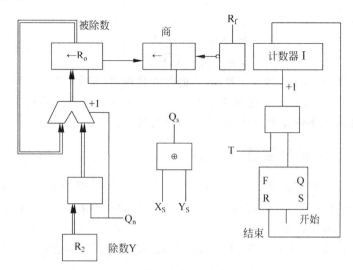

图 4.11 原码一位不恢复余数法的逻辑结构图

下面采用不恢复余数法来对例 4-15 进行计算。

【例 4-16】 已知 X＝＋0.1001，Y＝－0.1101，求 X/Y。

解：

$[|X|]_原=[|X|]_补=0.1001$ $[|Y|]_原=[|Y|]_补=0.1101$

$[-|Y|]_补=1.0011$

```
            0  1  0  0  1 │ 0  0  0  0 │ 0
+[-|Y|]补    1  0  0  1  1 │
            1  1  1  0  0 │ 0  0  0  0 │ 0    ---余数为负，商"0"
            1  1  0  0  0   0  0  0  0        ---余数左移
+[|Y|]补     0  1  1  0  1                     ---2Ri+Y
            0  0  1  0  1 │ 0  0  0  0  1     ---余数为正，商"1"
            0  1  0  1  0   0  0  0  1  1     ---余数左移
+[-|Y|]补    1  0  0  1  1                     ---2Ri-Y
            1  1  1  0  1   0  0  1  0        ---余数为负，商"0"
            1  1  0  1  0   0  0  1  0        ---余数左移
+[|Y|]补     0  1  1  0  1                     ---2Ri+Y
            0  0  1  1  1   0  0  1  0  1     ---余数为正，商"1"
            0  1  1  1  0   0  1  0  1        ---余数左移
+[-|Y|]补    1  0  0  1  1                     ---2Ri-Y
            0  0  0  0  1   0  1  0  1  1     ---余数为正，商"1"；运算结束
```

结果得：

$$商 Q=-0.1011$$

$$余数 R=+0.0001\times 2^{-4}$$

4.4 浮点运算的基本思想

除了前面所讲的定点运算外，计算机还需要进行以浮点数为对象的运算，即浮点运算。浮点数通常由阶码和尾数两部分组成，阶码为整数形式，尾数为定点小数形式，在浮点运算

过程中,这两部分执行的操作不尽相同。因此,浮点运算器是由分别处理阶码部分和处理尾数部分的两个定点运算器组成的,本节首先介绍浮点数的运算规则以及运算过程中需要注意的一些问题,有关浮点运算器的内容,将在 4.6 节中进行介绍。

4.4.1 浮点数加减法的运算规则

前面已经讲过,浮点数通常被写成 $X = M_x \cdot 2^{Ex}$ 的形式,其中 M_x 是该浮点数的尾数,一般为绝对值小于 1 的规格化二进制小数,在计算机中通常使用补码或原码的形式表示。E_x 为该浮点数的阶码,一般为二进制整数,在计算机中多用补码或移码表示。

假设有两个浮点数:

$$X = M_x \cdot 2^{Ex}, \quad Y = M_y \cdot 2^{Ey}$$

要完成 $X \pm Y$ 运算,通常需要以下几个步骤。

1) 对阶操作

两浮点数进行加减,首先要看两数的阶码是否相同,也就是看两数的小数点位置是否对齐。若两数阶码相同,则表示小数点是对齐的,就可以进行尾数的加减运算。反之,若两数阶码不同,则表示小数点位置没有对齐,此时必须使两数阶码相同,这个过程称为"对阶"。要进行对阶,应求出两数阶码 E_x 和 E_y 之差,即:

$$\Delta E = E_x - E_y$$

若 $\Delta E = 0$,表示两数阶码相等;若 $\Delta E \neq 0$,则需要通过尾数的移动来改变 E_x 或 E_y,使它们相等。由于浮点表示的数多是规格化的,尾数左移会引起最高有效位的丢失,造成很大误差。尾数右移虽引起最低有效位的丢失,但造成的误差较小。基于这种考虑,对阶操作规定使尾数右移,尾数右移后阶码作相应增加。因此,在进行对阶时,总是使小阶向大阶看齐,即小阶的尾数向右移位(相当于小数点左移)每右移一位,其阶码加 1,直到两数的阶码相等为止,右移的位数等于阶差的绝对值 $|\Delta E|$,这种方法同时也是为了保证浮点数的尾数部分为纯小数。尾数右移时,如果是原码形式的尾数,符号位不参与移位,尾数高位补 0;如果尾数采用补码形式,则符号位要参与移位并使自己保持不变。

2) 尾数加减运算

对阶完成后就可以对尾数进行加减运算。不论是加法运算还是减法运算,都按加法进行操作,其方法与定点数加减运算完全一样。

3) 规格化处理

若上一步得到的结果不满足规格化的规则,则必须将其变成规格化的形式。当尾数用二进制表示时,浮点规格化的定义是尾数 M 应满足:

$$1/2 \leqslant |M| < 1$$

对于双符号位的补码尾数,如果是正数,其形式应为 $M = 001XX \cdots X$;如果是负数,其形式应为 $M = 110XX \cdots X$。如果不满足上述形式,则应该按照以下两种情况进行规格化处理:

(1) 尾数运算的结果如得到 $01XX \cdots X$ 或 $10XX \cdots X$ 的形式,即两符号位不相等,表明尾数运算结果溢出,此时将尾数运算结果右移以实现规格化表示,称为向右规格化,简称右规,即尾数右移 1 位,阶码加 1。

(2) 尾数运算的结果并不溢出,但形式如 $000XX \cdots X$ 或 $111XX \cdots X$,即运算结果的符号位和小数点后的第一位相同,表明不满足规格化规则,此时应重复地使尾数左移、阶码减1,直到出现在最高数值位上的值与符号位的值不同为止,称为向左规格化,简称左规。

4)舍入操作

在执行对阶或右规操作时,会使尾数低位上的一位或若干位的数值被移掉,使数值的精度降低,从而造成误差,因此要进行舍入操作。舍入操作总的原则是要有舍有入,而且尽量使舍和入的机会均等,以避免误差累积。常用的方法有两种,一种是"0舍1入"法,即移掉的最高位为1时,则在尾数末位加1;移掉的最高位为0时,则舍去移掉的数值。这种方法的最大误差为$2^{-(n+1)}$。另一种方法是"恒置1"法,即在右移时只要有效数位被移掉,就在结果的最低位置1。在IEEE 754浮点数标准中,舍入处理提供了4种可选方法:

(1)就近舍入:其实质就是通常所说的"四舍五入"。例如,尾数超出规定的23位的多余位数字是10010,多余位的值超过规定的最低有效位值的一半(即0.5),故最低有效位应加1。若多余的5位是01111,则简单地截尾即可。对多余的5位是10000这种特殊情况,若最低有效位为0,则截尾;若最低有效位为1,则向上进一位使其变为0。

(2)朝0舍入:即朝数轴原点方向舍入,就是简单截尾。无论尾数是正数还是负数,截尾都使取值的绝对值比原值的绝对值小。这种方法容易导致误差积累。

(3)朝$+\infty$舍入:对正数来说,只要多余位不全为0则向最低有效位进1;对负数来说则是简单的截尾。

(4)朝$-\infty$舍入:处理方法正好与朝$+\infty$舍入情况相反。对正数来说,只要多余位不全为0则简单截尾;对负数来说,向最低有效位进1。

5)溢出检查

首先,考察一下浮点机器数在数轴上的分布情况,如图4.12所示。其中,"可表示的负浮点数"区域和"可表示的正数区域"及0是机器可表示的数据区域;上溢区(包括负上溢和正上溢)是因数据绝对值太大而机器无法表示的区域;下溢区(包括负下溢和正下溢)是因数据绝对值太小而机器无法表示的区域。

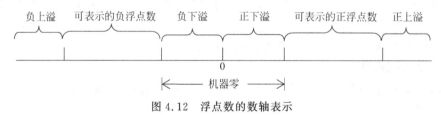

图4.12　浮点数的数轴表示

浮点数的溢出是以其阶码溢出表现出来的。在加减运算过程中要检查是否产生了溢出:若阶码正常,加减运算正常结束;若阶码溢出,则要进行相应处理;若阶码下溢,要置运算结果为浮点形式的机器0;若阶码上溢,则置溢出标志。

下面来看一个浮点数相加的例子。

【例4-17】　设$X=2^{010}\times0.11011011,Y=2^{100}\times(-0.10101100)$,求$X+Y$。

为了便于直观理解,假设两数均以补码表示,阶码和尾数均采用双符号位,则它们的浮点表示分别为:

	阶符	阶码	数符	尾数
$[X]_浮=$	00	010	00	11011011
$[Y]_浮=$	00	100	11	01010100

1）求阶差并对阶

$\Delta E = E_x - E_y = [E_x]_补 + [-E_y]_补 = 00\ 010 + 11\ 100 = 11\ 110$，即 ΔE 为 -2，X 的阶码小，应使 M_x 右移两位，阶码 E_x 加 2，得到 $[X]_浮 = 00\ 100\ 00\ 00110110(11)$。

其中括号里的最后两位 11 表示 M_x 右移 2 位后移出的最低两位数。

2）尾数进行加法运算

$$
\begin{array}{r}
00\ \ 00110110(11) \\
+\ \ 11\ \ 01010100 \\
\hline
11\ \ 10001010(11)
\end{array}
$$

3）规格化处理

尾数运算结果的符号位与最高数值位同值，应执行左规处理，左移 1 位即可，结果为 11 00010101(10)，阶码减 1 为 00 011。

4）舍入处理

采用"0 舍 1 入"法处理，则有

$$
\begin{array}{r}
11\ \ 00010101 \\
+\ \ \ \ \ \ \ \ \ \ \ \ \ \ \ 1 \\
\hline
11\ \ 00010110
\end{array}
$$

5）检查溢出

阶码符号位为 00，不溢出，补码形式的尾数 1100010110 的原码为 1111101010，故得最终结果为 $X + Y = 2^{011} \times (-0.11101010)$。

在本例中，出于容易理解的目的，用补码来表示浮点数的阶码。在实际的计算机中，阶码通常采用移码的形式表示，实际上，移码也只是在表示浮点数阶码的时候使用，通常并不用于其他场合。在用移码表示阶码的运算过程中，同样也要处理阶码的溢出问题，下面简要说明一下移码的运算规则和判断溢出的方法。

根据移码的定义，可知：

$$
\begin{aligned}
[X]_移 + [Y]_移 &= 2^n + X + 2^n + Y \\
&= 2^n + (2^n + X + Y) \\
&= 2^n + [X + Y]_移
\end{aligned}
$$

即，直接用移码实现求阶码之和时，结果中多了一个 2^n，即其最高位（符号位）多加了个 1，要得到移码形式的结果，还必须对结果的符号再执行一次求反操作。

同一个数值的移码和补码数值位完全相同，符号位相反。即 $[Y]_补$ 的定义为：

$$[Y]_补 = 2^{n+1} + Y$$

也可以用如下方式完成求阶码和的运算：

$$
\begin{aligned}
[X]_移 + [Y]_补 &= 2^n + X + 2^{n+1} + Y \\
&= 2^{n+1} + (2^n + (X + Y))\quad（按\ 2^{n+1}\ 取模）\\
&= [X + Y]_移
\end{aligned}
$$

同理有 $[X]_移 + [-Y]_补 = [X - Y]_移$。实际上这表明执行阶码加减运算时，对加数或减数送的值就是将其移码符号位取反之后的值。

如果阶码运算的结果发生溢出，则上述条件则不成立。此时，对使用双符号位的阶码加法器,规定移码的第二个符号位,即最高符号位始终用 0 参加加减运算,则溢出条件是最高符号位为 1。此时,当低位符号位为 0 时,表明结果上溢,为 1 时,表明结果下溢。当最高符号位为 0 时,表明没有溢出,低位符号位为 1,表明结果为正,为 0 时,表明结果为负。

例如,假定阶码用四位表示,则其表示范围为 -8 到 $+7$。设 $X = +011$,$Y = +110$,分别求 $[X+Y]_移$ 和 $[X-Y]_移$,并判断结果是否溢出。

$$[X]_移 = 01\ 011,\quad [Y]_补 = 00\ 110,\quad [-Y]_补 = 11\ 010$$

$$[X+Y]_移 = [X]_移 + [Y]_补 = 10\ 001,\quad 结果上溢$$

$$[X-Y]_移 = [X]_移 + [-Y]_补 = 00\ 101,\quad 结果正确,为 -3$$

在了解了移码的运算规则和溢出判断方法后,作为练习,读者可以用移码表示的方法将例 4-17 再计算一遍。

4.4.2　浮点数乘除法的运算规则

设有两个浮点数 x 和 y:

$$X = M_x \cdot 2^{E_x}$$
$$Y = M_y \cdot 2^{E_y}$$

浮点乘法运算的规则是

$$X \times Y = (M_x \times M_y) \cdot 2^{(E_x + E_y)}$$

即乘积的尾数是相乘两数的尾数之积,乘积的阶码是相乘两数的阶码之和。

浮点除法运算的规则是

$$X \div Y = (M_x \div M_y) \cdot 2^{(E_x - E_y)}$$

即商的尾数是相除两数的尾数之商,商的阶码是相除两数的阶码之差。

浮点数的乘除运算,通常需要以下几个步骤:

1) 阶码进行加减运算

根据阶码表示形式的不同(补码或移码),利用 4.4.1 节所讨论过的计算规则进行计算。

2) 尾数进行乘除运算

尾数的乘除法运算根据 4.2、4.3 节中讨论的定点乘除法的规则进行计算。

3) 结果规格化和舍入处理

浮点加减法对结果的规格化及舍入处理也适用于浮点乘除法。在计算机中,浮点数尾数的位数通常是确定的,但浮点运算结果常常会超过给定的位数,如前面讨论过的浮点数加减法计算过程中的对阶和右规处理。而浮点数的乘除运算可能会得到位数更多的结果,因此其舍入问题比加减运算更需要注意,舍入方法分两种:

第一种方法:无条件地丢掉正常尾数最低位之后的全部数值。这种办法被称为截断处理,优点是处理简单,缺点是影响结果的精度。

第二种方法:运算过程中保留右移中移出的若干高位的值,最后再按某种规则用这些位上的值修正尾数。这种处理方法被称为舍入处理。

当尾数用原码表示时,舍入规则比较简单。最简便的方法是只要尾数的最低位为 1,或移出的几位中有为 1 的数值位,最低位的值就为 1。另一种是 0 舍 1 入法,即当丢失的最高位的值为 1 时,把这个 1 加到最低数值位上进行修正,否则舍去丢失的各位的值。这样处理时,舍入效果对正数负数相同,入将使数的绝对值变大,舍则使数的绝对值变小。

当尾数是用补码表示时,所用的舍入规则,应该与用原码表示时产生相同的处理效果。具体规则是:

(1) 当丢失的各位均为 0 时,不必舍入。

(2) 当丢失的最高位为 0 时,以下各位不全为 0 时,则舍去丢失位上的值。

(3) 当丢失的最高位为 1,以下各位均为 0 时,则舍去丢失位上的值。

(4) 当丢失的最高位为 1,以下各位不全为 0 时,则执行在尾数最低位入 1 的修正操作。

通过一个简单的例子对上述规则加以说明,假设给定用补码表示的尾数,并要求执行保留小数点后 4 位有效数字的舍入操作,以下 $[X]_{补}$ 的几种取值分别对应上述的规则(1)~(4):

若 $[X]_{补}=1\ 01100000$,执行舍入操作后,$[X]_{补}=1\ 0110$,此时不舍不入;

若 $[X]_{补}=1\ 01100001$,执行舍入操作后,$[X]_{补}=1\ 0110$,此时执行舍操作;

若 $[X]_{补}=1\ 01101000$,执行舍入操作后,$[X]_{补}=1\ 0110$,此时执行舍操作;

若 $[X]_{补}=1\ 01111001$,执行舍入操作后,$[X]_{补}=1\ 1000$,此时执行入操作。

4) 判结果的正确性,即检查阶码是否溢出

根据前面分别介绍的用补码或移码表示阶码时判断溢出的方法进行判断并处理即可。

下面,再来看一个浮点数乘法的例子。

【例 4-18】 设有浮点数 $X=2^{-5}\times0.1110011$,$Y=2^3\times(-0.1110010)$,阶码用 4 位移码表示,尾数(含符号位)用 8 位补码表示。求 $[X\times Y]_{浮}$。要求用补码完成尾数乘法运算,运算结果尾数保留高 8 位(含符号位),并用尾数之后的 4 位值处理舍入操作。

移码采用双符号位,尾数补码采用单符号位,则有:

$$[M_x]_{补}=0\ 1110011,\quad [M_y]_{补}=1\ 0001110$$
$$[E_x]_{移}=00\ 011,\quad [E_y]_{移}=01\ 011,\quad [E_y]_{补}=00\ 011$$
$$[X]_{浮}=00\ 011\quad 0\ 0110011$$
$$[Y]_{浮}=01\ 011\quad 1\ 0001110$$

(1) 求阶码和。

$[E_x+E_y]_{移}=[E_x]_{移}+[E_y]_{补}=00\ 011+00\ 011=00\ 110$,值为移码形式 -2。

(2) 尾数相乘。

尾数的乘法运算可采用补码阵列乘法器实现。

$$[M_x]_{补}\times[M_y]_{补}=[0\ 1110011]_{补}\times[1\ 0001110]_{补}=[1\ 0011001,1001010]_{补}$$

(3) 规格化处理。

乘积的尾数符号位与最高数值位符号相反,已经是规格化的数,不需要进行左规。

(4) 舍入处理。

尾数为负数,且是双倍字节的乘积,尾数低位字节的前四位是 1001,应该执行"入"操作,故结果尾数为 10011010。最终相乘结果为:

$[X\times Y]_{浮}=0011010011010$,其真值为:

$$X\times Y=2^{-2}\times(-0.1100110)$$

在本例中,如果尾数用原码表示,则尾数相乘的结果为:

$$[M_x]_{原}\times[M_y]_{原}=[0\ 1110011]_{原}\times[1\ 1110010]_{原}=[1\ 1100110,0110110]_{原}$$

尾数低位字节的前 4 位是 0110,按照原码尾数的舍入规则,应该执行"舍"操作,从中可

以看出,使用原码和补码表示尾数并分别采取相应舍入规则,最终所得到的计算结果一致的。

4.5 运算器的基本结构及分类

本节从一般性的角度出发,对运算器的基本结构组成以及运算器的分类进行简要的介绍。

4.5.1 运算器的基本组成

具有普通代表性的、以加法器为核心部件的运算器的基本结构主要包括以下几个部分。

(1) 加法器。实现两个数的相加运算,及支持逻辑运算,也常作为数据通路,对数据进行加工处理。

(2) 通用寄存器组。用来暂存参加运算的数据、运算结果以及中间结果。此外还有变址寄存器、状态寄存器、堆栈指示器等。

(3) 输入数据选择电路。用来选择将哪一个或哪两个数据(数据来源于寄存器或总线等部件)送入加法器;此外,还用来控制数据以何种编码形式送入加法器。

(4) 输出数据控制电路。控制加法器的数据输出,具有移位功能,且将加法器输出的数据送到运算器、通用寄存器和送往总线控制电路。

上述运算器的基本结构如图 4.13 所示。

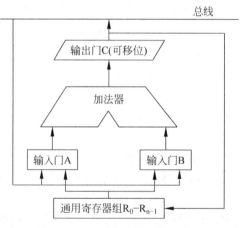

图 4.13 运算器的基本组成结构

4.5.2 运算器的分类

对运算器的分类可以从不同的角度进行。

1) 串行加法器和并行加法器

(1) 串行加法器:串行加法器可以只用一个全加单元实现,也可以由多个全加单元级联构成,高位的进位依赖于低位的进位。串行加法器的特点是:被加数和加数的各位能同时并行到达各位的输入端,而各位全加单元的进位输入则是按照由低位向高位逐级串行传递的,各进位形成一个进位链。由于每一位相加的和都与本位进位输入有关,所以,最高位必须等到各低位全部相加完成并送来进位信号之后才能产生运算结果。显然,这种加法器运算速度较慢,而且位数越多,速度就越慢。

（2）并行加法器：为了提高加法器的运算速度,必须设法减少或去除由于进位信号逐级传送所花的时间,使各位的进位直接由加数和被加数来决定,而不需依赖低位进位。根据这一思想设计的加法器称为并行加法器或超前进位并行加法器。其特点是由逻辑电路根据输入信号同时形成各位向高位的进位。

2）定点运算器和浮点运算器

在本章的前面部分已经分别讨论过计算机内定点运算和浮点运算的基本思想。定点运算器用于完成定点算术运算,其基本结构可以参阅 4.5.1 节中的介绍。除算术运算之外,定点运算器还被用于实现逻辑运算,这是通过在原有加法器上再附加部分线路实现的。这种用于完成算术运算和逻辑运算的部件被称为算术逻辑单元（ALU）。浮点运算器是专门针对计算机内的浮点数进行运算的部件,有关浮点运算器的相关内容,将在 4.6 节中介绍。

3）二进制加法器和十进制加法器

二进制加法器完成二进制数据的运算,4.1.4 节中所讨论的加法器都是基于二进制运算的。十进制加法器可由 BCD 码来设计,它可以在二进制加法器的基础上加上适当"校正"逻辑来实现。在十进制运算时,当相加二数之和大于 9 时,便产生进位,可是用 BCD 码完成十进制数运算时,当和大于 9 时,必须对和进行加 6 修正。这是因为,采用 BCD 码后,在二数相加的和小于或等于 9 时,十进制运算的结果是正确的；而当相加的和大于 9 时,结果不正确,必须加 6 修正后才能得出正确的结果。该校正逻辑可将二进制的和改变成所要求的十进制格式。

n 位 BCD 码行波式进位加法器的一般结构如图 4.14 所示,它由 n 级组成,每一级将一对 4 位的 BCD 数字相加,并通过一位进位线与其相邻级连接。

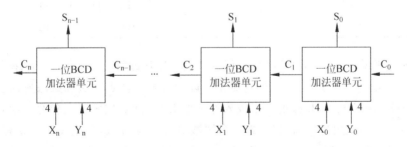

图 4.14　n 位 BCD 码进位加法器

4.6　浮点运算器基本思路

浮点数通常由阶和尾数两部分组成,阶为整数形式,尾数为定点小数形式,在浮点运算过程中,这两部分执行的操作不尽相同。浮点运算器可用两个松散连接的定点运算部件来实现,即阶码部件和尾数部件,浮点运算器的基本结构如图 4.15 所示。

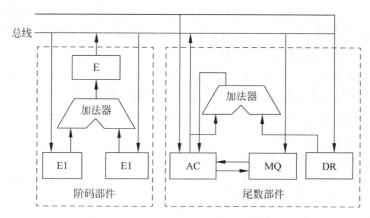

图 4.15　浮点运算器的基本结构

尾数部件实质上就是一个通用的定点运算器,要求该运算器能实现加、减、乘、除 4 种基本算术运算。其中 3 个单字长寄存器用来存放操作数:AC 为累加器,MQ 为乘商寄存器,DR 为数据寄存器。AC 和 MQ 连起来还可组成左右移位的双字长寄存器 AC-MQ。并行加法器用来完成数据的加工处理,其输入来自 AC 和 DR,而结果回送到 AC。MQ 寄存器在乘法时存放乘数,而除法时存放商数,所以称为乘商寄存器。DR 用来存放被乘数或除数,而结果(乘积或商与余数)则存放在 AC 和 MQ 中。在四则运算中,使用这些寄存器的典型方法如表 4.2 所示。

表 4.2　浮点运算器中寄存器的使用

运 算 类 别	寄存器关系
加法	$AC+DR \rightarrow AC$
减法	$AC-DR \rightarrow AC$
乘法	$DR \times MQ \rightarrow AC-MQ$
除法	$AC \div DR \rightarrow AC-MQ$

对阶部件来说,只要能进行阶相加、相减和比较操作即可。在图 4.15 中,操作数的阶部分放在寄存器 E_1 和 E_2 中,它们与加法器相连以便计算。浮点加法和减法所需的阶比较是通过 E_1-E_2 来实现的,相减的结果放入计数器 E 中,然后按照 E 的符号来决定哪一个阶较大。在尾数相加或相减之前,需要将一个尾数进行移位,这是由计数器 E 来控制的,目的是使 E 的值按顺序减到 0。E 每减一次 1,相应的尾数向右移 1 位。一旦尾数移位完毕,它们就可按通常的定点方法进行处理。运算结果的阶值仍放到计数器 E 中。

4.7　本章小结

运算器是计算机的核心部件之一,负责完成各种算术运算和逻辑运算。计算机中的数值有定点和浮点两种不同的形式,相应的运算方法和运算器的设计也有所不同。

定点数的加、减法运算通常以补码和反码的形式进行；定点数的乘法运算通常采用原码乘法和补码乘法来实现；对于定点数的除法运算则通常有恢复余数法和不恢复余数法两种计算方法。

浮点数的组成包括尾数和阶两部分,进行计算时也要分别对这两个部分进行操作。浮点数的加减法运算包括对阶、尾数加减、规格化、舍入及溢出检查等步骤；浮点数的乘除运算包括阶加减、尾数乘除、结果规格化及舍入处理等步骤。

计算机中的加、减、乘、除运算,都是在加法器基础上辅之以适当电路实现的。具有一般性的运算器组成部件通常包括加法器、通用寄存器组、输入选择电路和输出控制电路等,其中加法器是运算器的核心部分。浮点运算器的设计需要对阶和尾数分别使用一个定点运算部件实现。

4.8 习题

一、选择题

1. 组成一个运算器需要若干部件,但下面所列的( )不是组成运算器的部件。
   A. 地址寄存器　　　　　　　　　　　B. 数据总线
   C. ALU　　　　　　　　　　　　　　D. 状态寄存器
2. ALU 属于( )部件。
   A. 运算器　　　　B. 控制器　　　　C. 存储器　　　　D. 寄存器
3. 在定点运算器中,无论采用双符号位还是单符号位,必须有溢出判断电路,它一般用( )。
   A. 或非门　　　　B. 移位电路　　　　C. 译码电路　　　　D. 异或门
4. 运算器的主要功能是进行( )。
   A. 算术运算　　　　　　　　　　　　B. 逻辑运算
   C. 算术和逻辑运算　　　　　　　　　D. 加法运算

二、填空题

1. 在补码加、减法器中,_____作为操作数直接参加运算。
2. 在计算机中进行加减运算时常采用_____。
3. 补码运算的特点是符号位_____。
4. 引入先行进位概念的目的是_____。
5. 先行进位方式通过_____来提高速度。
6. 先行进位 C_{n+1} 的逻辑表达式为_____。
7. 在原码一位乘法中,符号位_____运算。
8. 在原码除法中,符号位_____运算。其商的符号位为相除两数的符号位_____。其商的数值为相除两数的_____的商。
9. 完成浮点加、减法运算一般要经过_____、_____、_____、_____四步。
10. 完成浮点乘法运算一般要经过_____、_____、_____、_____四步。

11. 在进行浮点加、减法运算时,若产生尾数溢出的情况可用_____解决。

12. 可通过_____部分是否有溢出,来判断浮点数是否有溢出。

13. 在对阶时,一般是_____。

14. 在没有浮点运算器的计算机中可以通过_____完成浮点运算。

15. 运算器的主要功能是_____。

16. ALU 的核心部件是_____。

三、计算题

1. 采用变形补码进行下列定点加减法运算,求 X＋Y。并判定是否产生了运算溢出及溢出性质。

(1) 已知 X＝＋0.11011,Y＝＋0.01011

(2) 已知 X＝－0.11001,Y＝＋0.10101

(3) 已知 X＝－0.10110,Y＝－0.00111

(4) 已知 X＝－0.11011,Y＝－0.10001

2. 采用变形补码进行下列定点减法运算,求 X－Y。并判定是否产生了运算溢出及溢出性质。

(1) 已知 X＝＋0.11001,Y＝＋0.00011

(2) 已知 X＝＋0.10001,Y＝－0.11101

(3) 已知 X＝－0.01110,Y＝－0.10111

(4) 已知 X＝－0.11001,Y＝＋0.00111

3. 分别用原码一位乘法,补码一位乘法,求 X·Y。

(1) 已知 X＝＋0.10001,Y＝＋0.11111

(2) 已知 X＝－0.10101,Y＝＋0.00101

(3) 已知 X＝－0.01101,Y＝－0.10010

4. 已知 X＝－0.1011,Y＝＋0.1101,用原码的恢复余数法和不恢复余数法,求 X/Y。

5. 假定浮点数以补码表示,阶和尾数均采用双符号位,X＝$2^{101} \times 0.10110011$,Y＝$2^{011} \times (-0.10100101)$,求 X＋Y。

4.9　参考答案

一、选择题

1. A　　2. A　　3. D　　4. C

二、填空题

1. 符号位

2. 补码

3. 与数值位一起直接参加运算

4. 提高运算速度

5. 先行产生进位(或填同时产生进位)

6. $G_{n+1} + P_{n+1} C_n$

7. 不直接参加

8. 不直接参加、之异或、绝对值

9. 对阶、尾加/减、规格化、判溢出

10. 尾数相乘、阶数相加、规格化、判溢出

11. 右规

12. 指数(阶、阶数)

13. 小阶向大阶靠,丢失的是最低位,产生的误差最小

14. 编程

15. 完成算术和逻辑运算

16. 加法器

三、计算题

1.

(1)

$$\frac{\begin{array}{r} [X]_补 = 00.11011 \\ +[Y]_补 = 00.01011 \end{array}}{[X+Y]_补 = 01.00110} \quad X+Y = 1.00110 \quad 正溢出$$

(2)

$$\frac{\begin{array}{r} [X]_补 = 11.00111 \\ +[Y]_补 = 00.10101 \end{array}}{[X+Y]_补 = 11.11100} \quad X+Y = -0.00100 \quad 不溢出$$

(3)

$$\frac{\begin{array}{r} [X]_补 = 11.01010 \\ +[Y]_补 = 11.11001 \end{array}}{[X+Y]_补 = 11.00011} \quad X+Y = -0.11101 \quad 不溢出$$

(4)

$$\frac{\begin{array}{r} [X]_补 = 11.00101 \\ +[Y]_补 = 11.01111 \end{array}}{[X+Y]_补 = 10.10100} \quad X+Y = -1.01100 \quad 负溢出$$

2.

(1)

$$\frac{\begin{array}{r} [X]_补 = 00.11001 \\ +[-Y]_补 = 11.11101 \end{array}}{[X-Y]_补 = 00.10110} \quad X-Y = 0.10110 \quad 不溢出$$

(2)

$$\frac{\begin{array}{r} [X]_补 = 00.10001 \\ +[-Y]_补 = 00.11101 \end{array}}{[X-Y]_补 = 01.01110} \quad X-Y = 1.01110 \quad 正溢出$$

(3)

$$\frac{\begin{array}{r} [X]_补 = 11.10010 \\ +[Y]_补 = 00.10111 \end{array}}{[X-Y]_补 = 00.01001} \quad X-Y = -0.01001 \quad 不溢出$$

(4)

$$\frac{\begin{array}{r} [X]_补 = 11.00111 \\ +[-Y]_补 = 11.11001 \end{array}}{[X-Y]_补 = 11.00000} \quad X-Y = -1.00000 \quad 负溢出$$

3.

(1)

0. 000000. 10001   0. 11111
0. 111110. 10001   0. 0111110. 1000   0. 00000
0. 0111110. 1000   0. 00111110. 100   0. 00000
0. 00111110. 100   0. 000111110. 10   0. 00000
0. 000111110. 10   0. 0000111110. 1   0. 11111
1. 00000111101   0. 10000011110

X×Y=0. 100000111

(2)

0. 000000. 10101   0. 00101
0. 001010. 10101   0. 0001010. 1010   0. 00000
0. 0001010. 1010   0. 00001010. 101   0. 00101
0. 00110010. 101   0. 000110010. 10   0. 00000
0. 000110010. 10   0. 0000110010. 1   0. 00101
0. 0011010010. 1   0. 00011010010

X×Y=−0. 0001101001

(3)

0. 000000. 01101   0. 10010
0. 100100. 01101   0. 0100100. 0110   0. 00000
0. 0100100. 0110   0. 00100100. 011   0. 10010
0. 10110100. 011   0. 010110100. 01   0. 10010
0. 111010100. 01   0. 0111010100. 0   0. 00000
0. 0111010100. 0   0. 00111010100

X×Y=0. 001110101

4.

$[-Y]_补 = 11.0011$

00. 1011 00000   11. 0011
11. 1110 00000   00. 1101   00. 1011   01. 0110 00000   11. 0011
00. 1001 00001   01. 0010 00010   11. 0011
00. 0101 00011   00. 1010 00110   11. 0011
11. 1101 00110
00. 1101   00. 1010   01. 0100 01100   11. 0011
00. 0111 01101

X/Y＝1.1101 余数为 0.0111×2^{-4}

5.

X＝2^{101}×0.10110011，Y＝2^{011}×(−0.10100101)，则 X 和 Y 的浮点数表示分别为：

阶符	阶码	数符	尾数
[X]$_浮$＝ 00	101	00	10110011
[Y]$_浮$＝ 00	100	11	10100101

第 1 步：对阶

$\Delta E＝E_x－E_y＝2$，Y 的阶小，使 M_y 右移两位并使 E_y 加2，得到：

[Y]$_浮$＝ 00 110 11 00101001(01)

第 2 步：尾数运算

$$
\begin{array}{r}
00\ 10110011 \\
+\ 11\ 00101001\,(01) \\
\hline
11\ 11011100\,(01)
\end{array}
$$

第 3 步：规格化处理

尾数运算结果的符号位与最高数值位同值，应执行左规处理，需要左移 2 位，结果为 11 01110001，阶减 2 为 00 011。

第 4 步：舍入处理

采用"0 舍 1 入"法处理，则有

$$
\begin{array}{r}
11\ 01110001 \\
+\ \qquad\quad 1 \\
\hline
11\ 01110010
\end{array}
$$

第 5 步：溢出检查

阶符号位为 00，不溢出，补码形式的尾数 11 01110010 的原码为 11 10001110，故得最终结果为 X＋Y＝2^{011}×(−0.10001110)。

第 5 章

存储器

本章学习目标

- 了解有关存储器的基本知识、存储器的分类以及存储器的主要技术指标
- 熟练掌握主存储器的基本结构及工作过程
- 把握存储系统存在的问题及解决方案
- 把握有关存储器的相关术语

现代计算机都是建立在冯·诺依曼提出的程序存储和程序控制理论基础上的。存储器是现代计算机组成结构中相当重要的一环,是用来存储程序和数据的部件。对于计算机来说,有了存储器,才有记忆功能,才能保证其快速、自动地工作。本章将从存储器的概念、分类、技术指标以及存储系统开始,介绍主存储器的相关知识,并对当前主存系统存在的问题及其解决办法进行详细介绍。

5.1 概述

5.1.1 有关存储器的基本知识

存储器是计算机系统的记忆装置,用来存放程序和数据。

存储器中最基本的记忆元件是一个具有两个稳定状态的双稳态半导体电路、磁性材料或光染材料的存储元,能够存储一位二进制代码,它是存储器中最小的存储单位,称为一个存储元或存储位,简称位(bit);一个存储单元由若干个记忆元件组合而成;大量存储单元又集合成存储体;存储体(介质)与其周围的控制电路共同组成了存储器。

存储器中存放的各种信息(如数字、字符、汉字、图像等)都被转换成对应的二进制代码,因此,存储器中存放的都是代码 0 或 1,需要输出时,再将二进制代码转换成对应的形式。一个典型的存储器等价于若干个可编号的寄存器,存储单元的编号被称为地址。中央处理器通过定位地址来存取该单元中存放的指令或数据。

5.1.2 存储器的分类

由于信息载体和电子器件的不断发展,存储器的功能和结构都发生了很大的变化,相继出现了多种型类的存储器,以适应计算机系统的需要。

关于存储器的分类,不同的分类标准会有不同的结果。目前,最常用的分类标准有存储体元件的特性、存储器的工作性质/存取方式和存储器的功能/容量/速度等三个标准,分类结果如图 5.1 所示。

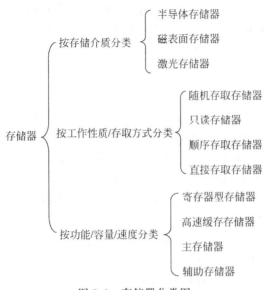

图 5.1 存储器分类图

1. 按存储介质分类

1) 半导体存储器

半导体存储器采用半导体器件组成记忆单元。高速缓冲存储器、主存、辅存中的 U 盘等都属于这类存储器。

2) 磁表面存储器

磁表面存储器以磁性材料作为记录介质。硬盘、软盘等均为此类存储器。这类存储器的特点是,存储容量大、价格低,但体积大、存取速度慢,主要用作辅存。

3) 激光存储器

激光存储器的信息以刻痕的形式保存在盘面上,用激光束照射盘面,靠盘面的不同反射率来读出信息。这类存储器常称光盘。

2. 按工作性质/存取方式分类

1) 随机存储器

随机存储器(Random Access Memory,RAM)是指任何一个存储单元内容都能够由CPU 或 I/O 设备随机进行访问(读出,写入),并且访问时的读出和写入时间与存储单元的物理位置无关。每一个单元都有唯一的、实际的和直接连线的地址定位机制。

RAM 的信息随着电源的切断而消失,常用作主存储器或高速缓冲存储器。

2) 只读存储器

只读存储器(Read Only Memory,ROM)的信息一旦写入即不可修改;断电后,其中的信息仍然存在。

ROM 常用来存放固定不变的系统程序，也可用来存放子程序，或作为函数发生器、字符发生器及微程序控制器中的控制存储器。

3）顺序存取存储器

顺序存储器（Sequential Access Memory，SAM）中对存储单元的访问完全按顺序进行，其读出和写入时间与存储单元的物理位置密切相关。无论访问哪个存储单元，只能按顺序查找。

SAM 读写时间长、速度慢，但存储容量大、价格低，一般用作辅助存储器。

磁带存储器就是典型的 SAM。

4）直接存取存储器

直接存取存储器（Direct Access Memory，DAM）是随机与顺序方式结合型的存储器。存储器在大范围上是随机定位的，而随机定位到某区域后的小范围内则是顺序的。访问存储器时，先直接指向整个存储器的一个子区域（如磁盘上的磁道或磁头），再对这一小区域进行像磁带那样的顺序检索、计数或等待，直到找到最后的目的所在（磁道上的扇区）。由于可以直接指向存储器的一个很小的局部，故称为直接存取存储器。因为后半段的操作是顺序的，故又称为半顺序存取存储器。

此类存储器的访问时间与信息所在的物理位置有关，而且同一位置的信息在不同的时刻下存取，所需的时间长短也不相同。

DAM 容量大，访问速度介于随机存储器与顺序存储器之间，多用作辅存。

磁盘存储器就是直接存取存储器。

3. 按功能/容量/速度分类

1）寄存器型存储器

寄存器型存储器是多个寄存器的组合，如当前许多 CPU 内部的寄存器组。主要用来存放地址、数据及运算的中间结果。可直接与 CPU 交换信息。

它可以由几个或几十个寄存器组成，一个寄存器能容纳的信息量与机器字长相同，容量很小。

寄存器由电子线路组成，速度与 CPU 相匹配。

2）高速缓冲存储器

高速缓冲存储器（Cache）用于存放近期即将被执行的局部程序段和要处理的数据。可直接与 CPU 交换信息。

其容量已从当初的几千字节、发展到了现在的兆字节级。缓存级数也由原来的一级增加到了三级。Cache 一般由高速双极型半导体器件组成，速度与 CPU 相当，用来提高系统的处理速度。

3）主存储器

主存储器又称内存，是计算机中的主要存储器。程序执行期间，连同数据存放于此。可直接与 CPU 交换信息。

其容量已达吉字节。目前主存一般由半导体 MOS 存储器组成，速度较 CPU 的速度要低。

4）辅助存储器

辅助存储器位于计算机主机外部，又称外存储器，简称外存或辅存。用于存放暂时不参加运行的程序和数据。辅存不可直接与 CPU 交换信息,只能与主存交换信息。

硬盘、软盘、光盘、U 盘等均属于辅存。它们的容量相对较大,又由于可配置多个而被称为海量存储器,辅存速度相对较低。

5.1.3 存储系统

存储系统是指计算机中由存放程序和数据的各种存储设备、控制部件及管理调度的设备(硬件)和算法(软件)所组成的系统。由于计算机的主存储器不能同时满足速度快、容量大和成本低的要求,所以在计算机中必须构建速度由慢到快、容量由大到小的多级存储器,以最优的控制调度算法和合理的成本,构成具有性能可接受的多层存储系统。存储系统由高速缓冲存储器、主存储器、辅助存储器三级存储器构成,它们的相对关系如图 5.2 所示。

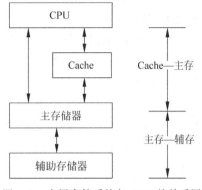

图 5.2 多层存储系统与 CPU 的关系图

通常所说的内存储器包括寄存器、高速缓冲存储器和主存储器。寄存器在 CPU 芯片的内部,高速缓冲存储器也制作在 CPU 芯片内,而主存储器由插在主板内存插槽中的若干内存条组成。主存储器的质量好坏与容量大小会影响计算机的运行速度。

存储系统中,高速缓冲存储器、主存和外存三者有机结合,在一定的辅助硬件和软件的支持下,构成一个完整的存储体系。存储系统由上至下存取速度逐渐降低、存储空间逐渐增大,高速缓冲存储器用来改善主存储器与中央处理器的速度匹配问题,由硬件解决;辅助存储器用于扩大存储空间,用虚拟存储技术(5.3 节将会介绍)思想以硬件与软件相结合的办法填补主存容量上的不足。

在概念上,高速缓存技术和虚存技术包含着类似的效果。它们的差别主要在于实现的方法不同。计算机系统中没有高速缓冲存储器时,CPU 直接访问主存(向主存存取信息),一旦有了高速缓冲存储器,CPU 当前要使用的指令和数据大部分通过高速缓冲存储器获取。另外,CPU 不能直接访问外存,当需要用到外存上的程序和数据时,要先将它们从外存调入主存,再从主存调入高速缓冲存储器后为 CPU 所利用。

通过高速缓存技术把高速缓存和主存构成为一级存储层次。通过虚拟存储技术把主存和外存构成二级存储层次。三种性能水平不同的存储器组合在一起,建立起一个统一的存储体系。理想的效果是:存储速度接近高速缓存水平,存储容量非常之大,足够满足用户对存储器速度和容量的要求。目前,高速缓存和虚拟存储技术已经被普遍采用。

5.1.4 存储器的主要技术指标

本部分介绍的技术指标以主存储器为主,其含义适用于所有类型的存储器。

1. 存储容量

详见 1.3 节。

一般情况下,存储容量越大,能存放的程序和数据越多。随着应用程序的体量的不断增大,对主存储器存储容量的要求也越来越高。

2. 存取周期

存取周期又叫读写周期或访问周期,它是衡量主存储器工作速度的重要指标。

存储器从接受读写命令信号开始,到读出或写入信息完毕,再到能接受下一条读写命令为止所需的全部时间为存取周期,即允许连续访问存储器的最短时间间隔。存储器的存取周期越短,其存取速度就越快,反之就越慢。

在同一类型的存储器中,存取周期的长短与存储容量的大小有关,容量越大,存取周期越长。同是半导体存储器,MOS 工艺的存储器存取周期已达 100ns,而双极型工艺的存储器存取周期则接近 10ns。

值得一提的是,尽管存储器的速度指标随着存储器件的发展得到了很大程度的提高,但仍跟不上 CPU 处理指令和数据的速度,从 CPU 的角度来看,主存的周期时间变成了系统的瓶颈。为了能与 CPU 在速度上相匹配,希望存取周期越短越好。

3. 可靠性

通常用平均无故障工作时间(Mean Time Between Failures,MTBF)即两次故障之间的平均时间来衡量存储器的可靠性。MTBF 越长,说明存储器的可靠性越高。通常用差错校验技术来提高平均无故障工作时间。

在衡量存储器时,除上述指标以外,性能价格比(性能与价格的比值是衡量存储器经济性能参数好坏的综合性指标,这项指标与存储体的结构和外围电路以及用途、要求、使用场所等诸多因素有关。性能只能定性概括,价格是存储器的总价格,既包含存储单元本身的价格,又包含存储系统中所用逻辑电路的价格)、功耗、集成度等也是不可忽视的指标。

5.2 主存储器的基本结构和工作过程

正如前面所述,主存储器是指主机板上用于存储程序和数据、可与 CPU 直接输入输出数据的部件。程序执行期间,必须和相关数据一同置放于主存储器中。主存储器的物理实质就是一组或多组具备数据输入输出和数据存储功能的集成电路。主存储器中的随机存取存储器只用于暂时存放程序和数据,一旦关闭电源或发生断电,其中的程序和数据就会丢失。主存储器多半是半导体存储器,采用大规模集成电路或超大规模集成电路器件,其分类如图 5.3 所示。

5.2.1 随机存取存储器

随机存取存储器(Random Access Memory,RAM)又称 R/W 存储器。随机存储器允许随机地按任意指定地址向主存单元存入或取出信息,对任意地址的存取时间是相同的。因为信息是通过电信号写入存储器的,所以断电时 RAM 中的信息就会消失。计算机工作时使用的程序和数据等都存放在 RAM 中,如果对程序或数据进行了修改,应该将修改后的文件和数据存储到外存储器中,否则关机后信息将丢失。通常所说的主存大小就是指RAM的大小,现多以GB为单位。

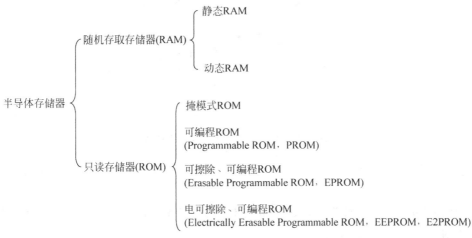

图5.3 半导体存储器分类图

1. 静态RAM与动态RAM

RAM按照结构可划分为静态RAM和动态RAM两种。

静态RAM由两个半导体反相器交叉耦合而成的双稳态触发器作为静态存储单元。因此只要不掉电,其所存信息就不会丢失。尽管该类芯片的集成度不如动态RAM高,功耗也比动态RAM大,但它的速度比动态RAM快,也不需要电路刷新,所以在构成小容量的存储系统时一般选用静态RAM,在微型计算机中普遍用静态RAM构成高速缓冲存储器。

动态RAM一般由半导体存储器件构成,最简单的存储形式以单个半导体管为基本单元,以极间的分布电容是否持有电荷作为信息的存储手段,其结构简单,集成度高。但是,动态RAM如果不及时进行电路刷新,极间电容中的电荷会在很短时间内自然泄漏,致使信息丢失。为了不使其上的信息丢失,动态RAM必须配备专门的刷新电路。动态RAM芯片的集成度高、价格低廉,所以多用在存储容量较大的系统中。目前,微型计算机中的主存几乎都使用动态RAM。

2. 随机存取存储器的工作原理

1) 随机存取存储器的组成

存储体(Memory Body,MB)与其周围的控制电路(地址译码驱动电路、读写控制电路)共同组成了随机存取存储器,如图5.4所示。

存储体:是存储单元的集合体,而存储单元又是由固定个有序排列的存储元组成。通常把各存储单元中处于相同位置的存储元称为一位,把地址码(编号)相同的存储元称为一个存储单元(一个字节或一个字长)。存储体又叫存储矩阵,它是个二维阵列结构。因为一个字由m个二进制代码组成,字方向是一维;存储体的各存储单元都有确定的地址,地址方向是另一维。存储体内的基本存储单元按排列方法又有两种结构:一种是"多字一位结构",其存储容量表示成n字×1位序,例如Intel 2118动态RAM芯片是16K×1位;另一

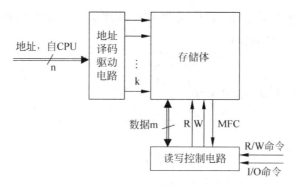

图 5.4　随机存取存储器工作原理图

种是"多字多位结构",常见的有 n 字×4 位和 n 字×8 位两种,例如,Intel 2114 静态 RAM 芯片是 1K×4 位。

地址译码驱动电路:接收来自 CPU 的 n 位地址,经译码后产生 k($k=2^n$)个地址选择信号,实现对主存储单元的选址。

译码驱动电路实际包含译码器和驱动器两部分。译码器将地址总线输入的地址码转换成与之相对应的译码输出线上的高电平,以表示选中某一单元,并由驱动器提供驱动电流去驱动相应的读写电路,完成对被选中单元的读写操作。

半导体存储器的译码驱动方式有线选法和重合法两种。

(1) 线选法

线选法又称一维地址译码或单坐标方式。图 5.5 所示是容量为 32 字×8 位的线选结构。其特点是把地址译码器集中在水平方向,n 位地址码可变成 2^n 条地址线,每根选中一个字存储单元,因此,称为字选择线,简称字线。字线选中某个字长为 m 位的存储信息,则经过 m 根位线读出或写入。字线($k=2^n$)和位线(m)组成 2^n×m 个交叉点,每个点上各有一个能存放 0 或 1 的存储元。图 5.5 所示结构图中有 2^5×8=256 个存储元,它排列 32 个字,每个字长 8 位,字向和地址方向组成一个二维结构。它先通过字线寻址,然后通过位线及读写控制电路进行读写时的数据传送。

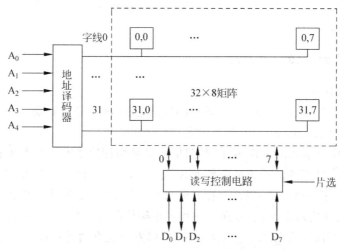

图 5.5　32×8 位线选法结构图

（2）重合法

重合法又称二维地址译码或双坐标方式。这是因为地址码位数 n 很大时，再用一维地址译码来产生 2^n 根字线很不经济，一是译码电路庞大，二是多级译码费时。通常是把 n 位地址分成接近相等的两段，一段用于水平方向作 X 地址线，供 X 地址译码器译码；另一段用于垂直方向作 Y 地址线，供 Y 地址译码器译码。存储单元的地址则由 X 和 Y 两个方向的地址来决定，故称重合法。图 5.6 所示结构是 4096 字×1 位，排列成 64×64 的矩阵。地址码共 12 位（$2^{12}=4096$），X 方向（又称行）和 Y 方向（又称列）各 6 位，$A_0 \sim A_5$ 由 X 地址译码器译码输出 64 根线 $X_0 \sim X_{63}$，$A_6 \sim A_{11}$ 由 Y 地址译码器译码输出 64 根线 $Y_0 \sim Y_{63}$。通过 I/O 控制部件，每次读出或写入 4096 个单元中的某一单元。若要构成 4096×8 位的存储器，只要在图 5.6 所示的 Z 方向重叠 8 个芯片即可，构成三维结构。

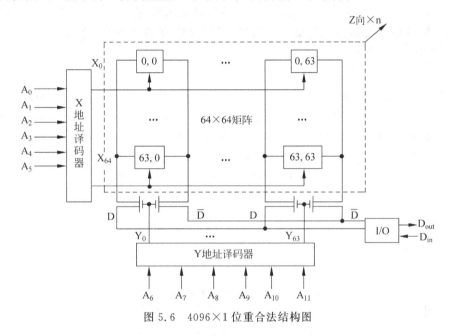

图 5.6 4096×1 位重合法结构图

将上述两种译码方式做比较不难发现：重合法可以减小选择线的数目，例如图 5.6 中只需要 128 条选择线。若存储容量不变，将其改为线选法，其译码输出选择线则需要 4096 条，会大大增加芯片内地址译码器的门电路数目。而且存储容量越大，这两种方式的差异越明显。通常把线选法用于小容量存储器中，大容量存储器普遍采用重合法。

读写控制电路：存储器的读写控制电路包括读出放大器、写入电路和读写控制电路，用来完成被选存储单元中各位的读出和写入操作。

存储器的读写操作是在控制器的控制下进行的。半导体存储器芯片中的控制电路必须收到来自控制器的读写（Read/Write，R/W）或写入允许信号后，才能进行正确的读写操作。

2）随机存储器与 CPU 之间的联系

如图 5.7 所示，随机存取存储器与 CPU 之间通过数据、地址和控制三组总线相连，三组总线分别用于传递数据信息、地址信息和控制信号与状态信号。这里的随机存储器就是计算机中的主存储器。

存储器地址寄存器（Memory Address Register，MAR）与存储器数据寄存器（Memory

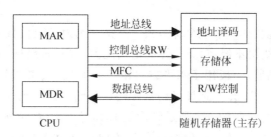

图 5.7　随机存储器与 CPU 的联系图

Data Register,MDR)是主存与 CPU 间的接口,既不属于 CPU 也不属于主存。这里为作图简洁将其画在 CPU 中。MAR 用于存放由 CPU 送出的需要访问的存储单元的地址;MDR 用于暂时存放从存储单元读出的数据或从其他部件送来要存入存储器的数据,暂存的目的是为了调整 CPU 和存储器在速度上的缓冲,所以又叫存储器缓冲寄存器(Memory Buffer Register,MBR)。

3)随机存储器的工作过程

主存储器中暂时保存着 CPU 正在使用的指令和数据,CPU 通过使用 MAR 和 MDR 与主存进行信息传送。若 MAR 字长为 n 位,则通过 n 条地址总线将 n 位地址送主存译码,主存则可寻址 k(2^n)个单位(字或字节)。若 MDR 字长为 m 位,在一个存储周期内,CPU 将通过 m 条数据线与主存进行 m 位数据的传送。控制总线则提供读(Read)、写(Write)和存储器功能完成(MFC)等控制信号及状态信号与之配合,如图 5.8 所示。

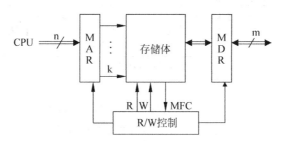

图 5.8　随机存取存储器工作示意图

(1)读出过程。CPU 把要访问的存储单元地址经地址总线送到 MAR,再经地址译码电路译码,选中要访问的存储单元。同时,CPU 由控制总线向主存发出"读"命令。当主存收到地址选中信号和"读"命令后,读出电路将被选中的单元内容读出、放大,再经数据总线送往 MDR,然后主存向 CPU 发操作完成信号 MFC,表示"读"操作已完成。

(2)写入过程。CPU 将要访问的存储单元地址经地址总线送到 MAR,再经地址译码电路译码,选中要访问的存储单元。同时,把要写入的数据送 MDR。CPU 由控制总线向主存发出"写"命令。当主存收到地址选中信号和"写"命令后,写入电路将数据总线送来的数据写入被选中的单元,然后向 CPU 发回操作完成信号。表示"写"操作已完成。

5.2.2　只读存储器

只读存储器(Read Only Memory,ROM)在一般情况下只能读出所存信息,而不能重新写入。只读存储器上信息的写入是通过工厂的制造环节或采用特殊的编程方法进行的。信息一旦写入,就能长期保存,断电也不丢失。只读存储器属于非易失性存储器件,一般用来存放固定的程序或数据。

原始意义上的 ROM 使用起来十分不便。随着 ROM 存储器的技术的发展,"只能读出不能写入"的局限也逐渐被突破。

目前,ROM 可分为以下四种类型:

(1) 掩膜式 ROM,简称 ROM(该类芯片通过工厂的掩膜工艺制作,已将信息固化在芯片当中,出厂后便不可更改)。

(2) 可编程(Programmable)ROM,简称 PROM(该类芯片允许用户进行一次性编程,一旦写入程序后便也不可更改)。

(3) 可擦除(Erasable)PROM,简称 EPROM(一般指可用紫外光擦除的 PROM。该类芯片允许用户多次编程和擦除。可以通过向芯片窗口照射紫外线光的办法来进行擦除。但每次编程必须要全部重新写入)。

(4) 电可擦除(Electrically Erasable)PROM,简称 EEPROM,也称 E^2PROM(该类芯片允许用户多次编程和擦除。可采用加电方法在线进行擦除)。

只读存储器的基本结构及操作与随机存取存储器类似,并因只读不写而得到了简化,故其工作过程在此不再赘述。

5.2.3 PLA 和 PAL 技术简介

1. PLA 技术

在使用 ROM 时,由于它的地址译码器是固定的,因此不能对函数进行化简,从而多占了 ROM 芯片的面积。为了解决这个问题,可以使用对函数进行化简的器件——PLA。

可编程逻辑阵列(Programmable Logic Array,PLA),是一种用来实现组合逻辑电路的可编程器件,其基本逻辑结构是由一个可编程的与逻辑阵列和一个可编程的或逻辑阵列组成,与阵列的输出送给或阵列。

2. PAL 技术

可编程阵列逻辑(Programmable Array Logic,PAL)是 20 世纪 70 年代末由 MMI 公司率先推出的一种可编程逻辑器件,采用双极型工艺、熔丝编程方式。PAL 是在 PROM 和 PLA 的基础上发展起来的一种可编程逻辑器件,它相对于 PROM 而言,使用更灵活,且易于完成多种逻辑功能,同时又比 PLA 工艺简单,易于实现。

PAL 器件由可编程的与逻辑阵列、固定的或逻辑阵列和输出电路 3 部分组成。通过对与逻辑阵列编程可以获得不同形式的组合逻辑函数。另外,在有些型号的 PAL 器件中,输出电路中设置有从触发器输出到与逻辑阵列的反馈线,利用这种 PAL 器件还可以很方便地构成各种时序逻辑电路。

从 PAL 问世至今,大约已生产出几十种不同的产品,按其输出和反馈结构,大致可将其分为 5 种基本类型:

(1) 专用于输出的基本门阵列结构(这种结构类型适用于实现组合逻辑函数)。

(2) 带反馈的可编程 I/O 结构(带反馈的可编程 I/O 结构通常又称为异步可编程 I/O

结构）。

（3）带反馈的寄存器输出结构（带反馈的寄存器输出结构使 PAL 构成了典型的时序网络结构）。

（4）加"异或"、带反馈的寄存器输出结构（这种结构是在带反馈的寄存器输出结构的基础上增加了一个异或门）。

（5）算术选通反馈结构（算术 PAL 是在综合前几种 PAL 结构特点的基础上，增加了反馈选通电路，使之能实现多种算术运算功能）。

5.3　主存系统存在的问题及解决方案

随机存储器与只读存储器已能够完成计算机中的读出和写入任务，但仅仅具有随机存储器与只读存储器的计算机仍存在以下两个主要问题。

1. 存储器的存取速度与 CPU 的运算速度不匹配

早期计算机的主存存取速度与 CPU 的速度相近。如 IBM704 计算机，CPU 的机器周期是 $12\mu s$，主存的存取周期也是 $12\mu s$。然而随着 CPU 内部采用纯寄存器的快速数字逻辑电路，其机器周期缩短到几十纳秒，而主存却因容量大、寻址系统和读写电路复杂等因素，存取周期仅能缩减到几百纳秒。这样，因为 CPU 与主存储器在速度上差距较大，所以导致系统工作时总是高速 CPU 等待主存，从而影响了整个系统的处理速度。

为了解决 CPU 与主存之间速度不匹配的问题，目前已经研究出多种解决方案。例如，在 CPU 和主存之间插入一个高速缓冲存储器（Cache）；采用交叉存取方式实现多模块并行访问；采用多口存储器的读写分端口方式等。本节将主要介绍高速缓冲存储器及交叉存取方式的基本工作原理。

2. 存储器的容量不足

随着软、硬件的发展，人们对计算机性能提出了更高的要求。

过去，用户程序所占用的地址空间不能大于主存地址空间，否则将因主存空间容纳不下用户程序而宣告执行失败。由于技术和价格的原因，主存空间不能无限制扩大，而用户程序却在不断增大。这就面临着以较小容量的主存储器如何运行较大用户程序的问题。

当一个用户程序独占主机时，因程序分为输入输出操作，主机平均等待时间约占 60%以上，造成浪费。所以，为了提高主机利用效率，可以安排多个用户程序在同一台主机上分时运行。当某一用户程序执行输入输出操作时，主机可运行另一道程序。在很多场合下，主机完成二、三道用户程序与完成一道程序的时间几乎相等。多道程序运行环境下，多道程序所占用地址空间可能比主存空间大得多。为了解决主存储器容量不足的问题，可考虑将系统程序或用户程序中将要执行的程序放在快速的主存中，暂不执行的放在外存里，这种在操作系统管理下，面向用户提供单一的直接可寻址的大容量主存储器的技术称为虚拟存储技术。

5.3.1　高速缓冲存储器

1. 高速缓冲存储器的原理

设置高速缓冲存储器提高 CPU 访问主存速度的思路源于程序存放的邻接性及访问程序的局域性。

主存中的程序一般是从低地址到高地址连续存放的,这叫作程序存放的邻接性。对大量典型程序运行情况的分析结果表明,在一个较短的时间间隔内,所执行程序的地址往往集中在存储器逻辑地址空间的较小范围内。指令地址的分布本来就是连续的,再加上循环程序段和子程序段要重复执行多次,因此,对指令地址的访问就具有时间上集中分布的倾向。数据分布的这种集中倾向虽不如指令明显,但对数组的存储和访问以及工作单元的选择都可以使存储器地址相对集中。这种对局部范围内存储器地址频繁访问,而对其他地址访问甚少的现象,就称为程序访问的局部性。

根据程序访问的局部性原理,可以在主存和 CPU 的通用寄存器之间设置一个高速的、容量相对较小的存储器,把正在执行的指令地址附近的一部分指令或数据从主存调入这个存储器,供 CPU 在一段时间内使用。这对提高程序的运行速度有很大的作用。这个介于主存和 CPU 之间的高速小容量存储器称作高速缓冲存储器。

高速缓冲存储器通常由双极型存储器组成,或者用先进的低功耗 CMOS VLSI 芯片组成。高速缓冲存储器位于 CPU 和主存之间,其工作速度比主存要快 5～10 倍,接近 CPU 的速度。它以字块(或页面)为单位与主存交换信息。

高速缓存的全部功能由硬件实现,不用系统辅助软件干预,对程序员透明。

2. 高速缓冲存储器的基本结构工作过程

图 5.9 描绘了高速缓冲存储器的工作原理。

假设计算机以"页"为单位对指令和数据进行存储管理。计算机主存中包含若干页;每页又包含若干个存储单元(字);存储单元的地址包含两个部分:一部分为页面地址,用于标识单元处于哪一页;另一部分是页内地址,用于标识单元所处的页内位置。这就好像每一个字都是存储器这个居住小区中的一个住户,页面地址是小区中的楼号,而页内地址是楼内门牌号,依据每个楼号和门牌号就可以找到对应住户——CPU 所要访问的存储单元。假设计算机主存的容量为 64K×32 位。把主存分为 128 页,每一页含 512 个存储单元,每个单元存放一个字(32 位)。要区分 128 个页,需要 7 位二进制数地址,故页面地址为 7 位;要区分页内 512 个存储单元,需要 9 位二进制数地址,所以页内地址需要 9 位。因此,一个完整的地址共有 16 位。相应地,主存的地址寄存器(MAR)为 16 位,数据寄存器(MDR)为 32 位。

本书针对 Cache 仅可存放一页的简单情况进行讨论。在图 5.9 所示的 Cache 中,存储单元个数为 512,对应一个存储页。每个存储单元的位数为 40,其中前 7 位用于存放当前 Cache 中的页面地址;最后一位用于存放标志位,该标志位用于标识 Cache 中存储单元的内容与主存中对应存储单元的内容是否一致,如果一致则其值为 0,否则为 1,当取值为 0 时,该页从 Cache 移出时不需要修改主存中的对应页,如果取值为 1,则在移出时需要将 Cache 中相应单元内容写回主存;其余 32 位(与主存字长一致)为数据位,用于存放程序数

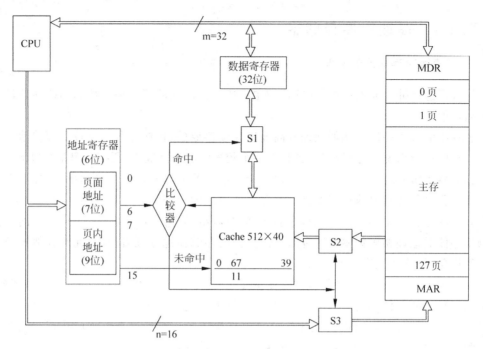

图 5.9   高速缓冲存储器原理图

据。数据寄存器与地址寄存器为 Cache 与 CPU 之间传递数据和地址的接口,位数分别为
32 位和 16 位。比较器用于比较 CPU 传来的地址中页面值与 Cache 中所存页面值是否相
等,相等表示命中 Cache,不等为未命中。S1、S2 和 S3 为数据选择开关,当 CPU 访问 Cache
成功时,S1 开关打开,被选中存储单元的 32 位数据位通过 S1 开关经数据寄存器与 CPU 交
互数据;如果 CPU 访问 Cache 失败,则需要打开 S3 开关访问主存,同时开启 S2 开关用内
存的相关页更新 Cache 页。

CPU 访问 Cache 的工作过程可描述如下:

当 CPU 发出访问主存的操作请求后,首先由高速缓冲存储器的比较器比较判断当前
请求的字是否处于高速缓冲存储器中,即 Cache 中的页面地址与 CPU 给出的地址高 7 位
(页面地址)是否相同,如果相同,则称这种情况为命中状态,否则即为未命中状态;其次,根
据命中与否来确定下一步执行的内容。

1) 命中状态

(1) 若是"读"请求,则打开图中的 S1 开关,直接对 Cache 进行读操作,把相应存储单元
的数据信息读取至数据寄存器。

(2) 若是"写"请求,则打开图中的 S1 开关,将数据寄存器内容写入高速缓冲存储器相
应单元,并将标记位设置为 1。

2) 未命中状态

(1) 打开 S3 开关,直接访问主存。

(2) 更新 Cache。先检查 Cache 所存页的各单元标志位是否有取值为 1 的。如果有,表示
相应单元被修改过,则需将 Cache 中当前页相应单元的数据信息写回主存相应页相应单元中。

然后打开 S2 开关,把被访问的主存的相应页的内容放入 Cache 页各存储单元的数据

位,把地址中的页面内容放入 Cache 存储单元的前 7 位,标记位设置为 0。

如此,将该字所在页从主存送至 Cache。

目前,许多计算机为了提高系统性能,设置了多级 Cache,一级 Cache 的容量是 4～64KB,二级 Cache 的容量则分别为 12KB、256KB、512KB、1MB、2MB、4MB、6MB 等。一级缓存容量各产品之间相差不大,而二级缓存容量则是提高 CPU 性能的关键。二级缓存容量的提升是由 CPU 制造工艺所决定的,容量增大必然导致 CPU 内部晶体管数的增加,要在有限的 CPU 面积上集成更大缓存,对制造工艺的要求也就越高。有的 CPU 产品还增设了三级乃至四级 Cache。

Intel i7 处理器设置了三级 Cache。分别为一级指令 Cache、一级数据 Cache、二级和三级指令与数据共用 Cache。一级 Cache 大小为 32KB,二级 Cache 大小为 256KB,三级 Cache 大小为 1～20MB。

5.3.2　交叉存取方式

影响存储器速度的主要因素是存储器的存取周期,即对同一存储体的连续两次操作要有一定的时间间隔。一般存储器都不止一个存储体,若把两次连续对存储器的操作安排在不同的存储体上,就可使问题得到解决。

由于存取的顺序性及邻接性,前一次对 n 单元进行操作,下一次极大可能将对 n+1 号存储单元操作。要想办法让 n 和 n+1 号存储单元落在不同的存储体上,才能使整个存储器的存取周期分担到多个存储体上。交叉存取方式就是首先将存储器中不同存储体进行综合编址,使得一个存储体上的存储地址不相邻,当对存储器进行顺序访问时,其实是对多个存储体交替进行访问,这样就提高了对整个存储器存取的速度。

例如,对于一个由 4 个存储体构成的存储器,若按图 5.10 中方式 1 所示的方式进行编址,则连续两次访问存储器的操作极有可能落在同一存储体上,也就意味着存储体的存取周期即为存储器的存取周期。假设存储体的存取周期为 2ns,则存储器的存取周期也为 2ns。

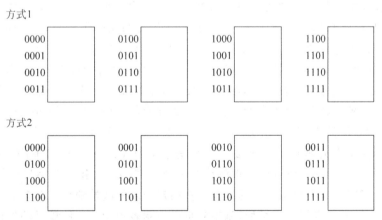

图 5.10　存储器编址方式

若按图 5.10 所示方式 2 进行编址,则连续两次访问存储器的操作就很可能落在不同的存储体上。假设存储体的存取周期为 2ns,则连续两次对同一存储体的操作时间间隔在 2ns以上即可。而在这 2ns 期间 CPU 可访问其他的存储体。由编址方式可知,2ns 期间 CPU

至多可访问 4 次存储器,则存储器的存取周期就缩短为 0.5ns。

所以,通过多个存储器对整个存储器存取周期的分担,加快了存储器的存取速度,提高了存储器的工作效率。

5.3.3　虚拟存储技术

虚拟存储技术指为了提高主存的容量,将存储系统中的一部分辅存与主存组合起来视为一个整体,把两者的地址空间进行统一编址(称为"逻辑地址"或"虚拟地址"),由用户统一支配。当用户真正需要访问主存时,在操作系统管理下,采用"软""硬"手段将逻辑地址转换成实际主存地址,调取出所需信息的技术。

从用户角度看到的虚拟存储器如图 5.11 所示。它由两级存储器组成。有 n 个用户程序预先放在外存,在操作系统的计划与调度下,按某种执行方式轮流调入主存被 CPU 执行。从 CPU 看到的是一个速度接近主存且容量极大的存储器,这个存储器就是虚拟存储器,使用虚存会使用户感觉自己独占机器。

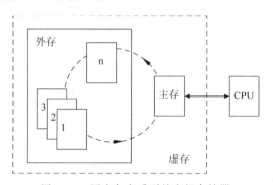

图 5.11　用户角度看到的虚拟存储器

实现虚拟存储首先要研究地址的变换。

存放要立即执行的程序和数据的存储单元的地址称为物理地址。它一般指主存储器的地址,这些地址的集合称为物理地址空间。虚拟存储器的地址称为虚拟地址或逻辑地址,逻辑地址的集合称为逻辑地址空间或虚拟地址空间。一般逻辑地址空间远远大于物理地址空间。假设虚拟地址为 20 位,虚拟空间可达 2^{20} 个存储单元,主存地址为 16 位,其物理空间只有 2^{16} 个存储单元。两者地址不能通用,必须采取某种地址变换手段将虚存地址变换成物理地址。20 位的虚拟地址经由变换机构转换成 16 位的主存物理地址的过程如图 5.12 所示。

地址字长 20 位的虚存,按每页 1024 个字(即一个存储单元)分页,虚存可以划分为 1024 个页面。主存物理地址空间为 2^{16} 个字,只能容纳 64 个页面,其余部分存放在外存。用户使用 20 位虚存地址。虚存地址被解释为一个页号(高位)和一个字号(低位)。主存中的页面控制表指定当前主存中页面的位置。页面控制表的起始地址保存在页表基地址寄存器中,这个寄存器的内容与页号相加,就得到页面控制表中相应存储单元的地址。这个存储单元保存的是指定主存的一个页号,所要求的页面就驻留在这里。而当所需要的页面不在主存时,这个存储单元指出的就是页面在外存中的位置。控制位用于标识所要求的页面是否在主存中。当必须把一个新页面从外存传送到主存时,为了实现置换算法,控制位也可以包含一些过去使用的信息等。如果把页面控制表存放在一个小的快速存储器中,这个系统

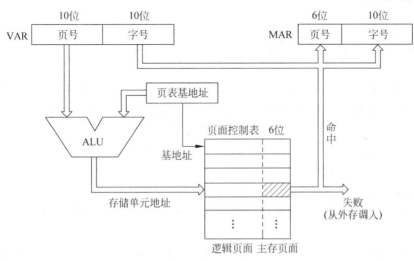

图 5.12 虚拟地址变换示意图

能操作得更快一些。

当要把一个新的页面从外存传送到主存时,页面控制表里的信息可能是这个数据在外存的索引信息。或者说,页面控制表里的信息可能是一个地址指示器,它指向主存的一个页,该页中存放着这个索引信息。对于这两种情况,当把页面传送进主存时会引起长时间的延迟,为提高速度,通常这种传送由输入输出通道或者 DMA(直接存储器存储方式)操作来完成,这时,CPU 可以用来处理其他事务。有关输入输出通道和 DMA 方式将在第 8 章详细介绍。

可以这样来描述虚拟存储器:虚拟存储器给用户极大的地址空间。并提供"大地址"访问"小空间"的能力。

虚拟存储器需要解决在多道程序运行环境下的一些特殊问题。如:

(1) 调度问题:决定哪些程序和数据调入主存。

(2) 置换问题:决定哪些程序和数据调出主存。

(3) 映象问题:对主存进行分配,程序和数据放在何处。

这些问题在专门的著作中有详细讨论,此不赘述。

虚拟存储器为用户解决如下问题:

(1) 内存自动分配问题(内存可分成若干页面。为每个用户程序都分配几个页面。虚存使用户感觉到自己的程序始终在内存中被执行着。随着程序的流动还要不断地进行页面的重新分配,进行动态调整,以达到最高的内存利用率)。

(2) 内存的保护问题(要保护各用户程序在自己的区域内活动而互不干扰,以免破坏系统程序)。

(3) 满足用户对主存扩充的愿望(虚拟存储技术提供给用户一个容量很大但又是"虚设"的主存储器)。

高速缓存,主存和外存都不是孤立的,在一定的硬件和软件的支持下,三者可以构成一个完整的存储体系。引入高速缓存和交叉存取的技术,解决了主存和 CPU 之间的速度匹配问题;虚拟存储器的思想是用硬件与软件相结合的办法填补主存容量上的不足。使得从用户的角度看到的整个存储系统速度上接近 CPU,而容量上接近外存。

目前,高速缓存、交叉存取以及虚拟存储技术已经被大、中、小型计算机普遍采用。

5.4　动态 RAM 的刷新

常说的计算机主存指的是动态主存(即动态 RAM),动态 RAM 的记忆单元是依靠电容上的电荷来表示信息的。但是半导体栅极上电容的电荷只能保持几毫秒,使动态 RAM 中的数据经过一段时间就会丢失。为了防止动态 RAM 中的信息丢失,就需要额外设置一个刷新电路,每隔两毫秒就对 RAM 中所有的记忆单元进行充电,以恢复原来的电荷,这个过程就叫动态 RAM 的刷新。

刷新类似于读操作,但刷新时不发选址信号。读写过程中也能进行刷新工作,但因读写是随机的,可能有的存储单元长期不被访问,若不及时补偿电荷,存储信息就会丢失,因此,必须定时刷新 RAM。

从上一次对整个存储器刷新结束到下一次对整个存储器全部刷新一遍所用的时间间隔称为刷新周期(或再生周期),一般为 2ms。

常用的刷新方式有集中式刷新、分散式刷新和异步式刷新。

1) 集中式刷新

在允许的最大刷新周期内,根据存储容量的大小和存取周期的长短,集中安排一段刷新时间,在刷新时间内停止读写操作。例如,Intel 1103 动态 RAM,采用 32×32 的存储矩阵,存取周期为 $0.5\mu s$,连续刷新 32 行,共需要 32 个读写周期,即一次刷新总时间为 $16\mu s$。

在一个刷新周期(2ms)内可进行 4000 次读写操作,前面 3968 个周期用于读写操作,后 32 个周期用于刷新,如图 5.13(a)所示。这种刷新方式在读写操作时不受刷新的影响,读写速度较快,但刷新时必须停止读写操作,形成一段“死区”。本例中“死区”占 4000 个周期中的 32 个周期。“死区”随存储元件的增多而加长,对于 64×64 的存储矩阵,“死区”占 64 个周期。

为了减少“死区”,对于大容量的 MOS 芯片,可以采取一个刷新周期内同时刷新多行的方式来减少刷新周期数。

2) 分散式刷新

分散式刷新是把每行存储单元的刷新分散到每个读写周期内进行的刷新方式,即把系统周期分为两段,前半段时间用来读写数据或使存储器处于保持状态,后半段时间则用来对存储矩阵中的一行进行刷新操作,如图 5.13(b)所示。

这种刷新增加了机器的存取时间,如存储芯片的存取时间为 $0.5\mu s$,则机器的存取时间为 $1\mu s$。对于 32×32 的存储芯片来说,整个存储器刷新一遍需要 $32\mu s$,也就是说以 $32\mu s$ 作为刷新间隔。这种刷新避免了“死区”,但加长了机器的存取时间,降低了整机的运算速度,而且刷新操作过于频繁,没有充分利用芯片所允许的最大刷新间隔时间。这种刷新方式适用于高速存储器。

还应指出,这种刷新的行地址和读写的地址不同,通常由存储器内部自动按 $0 \sim 31$ 字线依次进行,或由刷新地址计数器提供。

3) 异步式刷新

异步式刷新是上述两种方式的结合,它充分利用了最大刷新间隔时间并使“死区”缩短。

对于 $128 \times 128(16K \times 1$ 位)的存储矩阵,每行的刷新间隔时间是 1/64ms,即约隔 $15.6\mu s$ 刷新一行。在 2ms 内分散地对 128 行轮流刷新一遍,刷新一行时只停止一个读写操作时间,为 $0.5\mu s$,这样,对每行来说,刷新时间仍为 2ms,而"死区"长度则缩短为 $0.5\mu s$。当前这种方式被广泛使用,如图 5.13(c)所示。

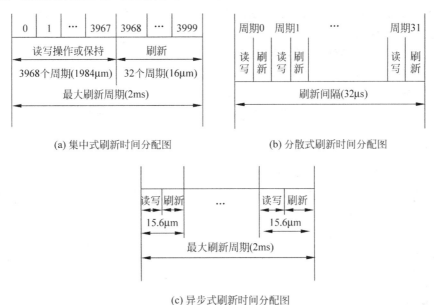

(a) 集中式刷新时间分配图   (b) 分散式刷新时间分配图

(c) 异步式刷新时间分配图

图 5.13 刷新周期分配

消除"死区"还可以采用不定期的刷新方式,即可以把刷新操作安排在 CPU 不访问主存的时候,例如,利用 CPU 取出指令后进行译码的这段时间。这时,刷新操作对 CPU 是透明的,故称透明刷新。这种刷新没有单独占用 CPU 的时间,也没有"死时间",效率最高,但是刷新的控制线路较为复杂。

5.5 本章小结

本章从认识存储器的概貌、分类、技术指标等基本知识开始,介绍了存储系统和主存储器的结构及工作过程,在分析主存系统存在的速度及容量上的问题基础上,讲述了高速缓冲存储器、交叉存取方式以及虚拟存储技术,最后介绍了有关存储器动态刷新的方式。

其中,主存储器的结构、工作过程、存在问题及解决方案是学生需要掌握的重点内容。

5.6 习题

一、选择题

1. 下面存储器中,(   )中的内容不会在断电后丢失。

    A. 主存储器   B. 辅助存储器

    C. 高速缓冲存储器   D. 寄存器型存储器

2. 下列技术中,(   )不是用于解决主存储系统问题的。

    A. 高速缓冲存储器   B. 交叉存取方式

　　C. 虚拟存储技术　　　　　　　　　　D. PLA、PAL 技术

　3. 高速缓冲存储器主要是由（　　）构成的。

　　A. PLA 技术　　　　B. 静态 RAM　　　　C. ROM　　　　　　D. 可擦除 ROM

　4. 关于虚拟存储技术，（　　）是正确的。

　　A. 虚拟技术中使用的地址是逻辑地址

　　B. 虚拟存储器是位于"主存-外存"层次之上的

　　C. 虚拟存储器每次访问主存时不需要进行虚实变换

　　D. 虚拟技术解决了主存储系统与 CPU 速度不匹配这一问题

二、填空题

　1. 评价存储器性能的指标主要有_____、_____、_____和_____。

　2. 某存储器容量为 16MB，字长为 32 位，若按字编址，需_____位地址位，若按字节编址，则需要_____位地址位。

　3. 存储器按照功能和作用划分，可分为_____、_____、_____和_____。

　4. 针对主存系统与 CPU 速度不匹配这一问题，一般有_____、_____和_____三种解决方案。

三、简答题

　1. 随机存储器的工作原理是怎样的？

　2. 交叉存取方式是如何实施的，它是为解决计算机中哪种问题而提出的？

　3. 什么是高速缓冲存储器，其工作原理是怎么样的？

四、计算题

　1. 存储器容量分别为下列各数时，若要访问其中某个存储单元，需多少位地址位？

　　　　　512 字×8 位/字　　　　　　　4096 字×4 位/字

　　　　　1024 字×8 位/字　　　　　　8192 字×16 位/字

　　　　　65536 字×16 位/字　　　　　32768 字×8 位/字

　2. 某存储器的容量为 16K×8 位，今有现成的二极半导体芯片，其规格为 1024×1 位，求实现该存储器时所需芯片的总数量；若将这些芯片分装在若干块板上，每块板容量为 8K×8 位，则该存储器所需地址码的总位数是多少？其中几位用于选板？几位用于选片？几位用于片内选址？

5.7　参考答案

一、选择题

1. B　　2. D　　3. B　　4. A

二、填空题

1. 存储容量　存储周期　可靠性　功耗

2. $\log_2^{(16\times 2^{20}\times 8)/32}=22$ 位 $\log_2^{16\times 2^{20}}=24$ 位

3. 寄存器型存储器 主存储器 辅助存储器 高速缓冲存储器

4. 读写分端口方式 读字预留方式 多体并行方式

三、简答题

1. **答**：随机存取存储器的工作内容分为读出与写入两部分。

(1) 读出操作。CPU 将要访问的存储单元地址经地址总线送到 MAR,再经地址译码电路选中要访问的存储单元。同时,CPU 经控制总线向主存发出"读"命令。当主存收到地址和"读"命令后,读出电路将被选中单元的内容读出、放大,经数据总线送往 MDR,然后主存向 CPU 反馈一个信号,表示"读"操作已完成。

(2) 写入操作。CPU 将要访问的存储单元地址经地址总线送到 MAR,再经地址译码电路选中要访问的存储单元。同时,将要写入的数据送 MDR。CPU 经控制总线向主存发出"写"命令。当主存收到地址和"写"命令后,写入电路将数据总线送来的数据写入被选中的单元,然后主存向 CPU 反馈一个信号,表示"写"操作已完成。

2. **答**：交叉存取方式是为了解决计算机中主存系统与 CPU 速度不匹配这一问题而提出的。

交叉存取方式就是将存储器中不同存储体进行综合编址,使得每个存储体上的存储地址不相邻,当对存储器进行顺序访问时,对多个存储体是交替进行访问的,最终提高了存取的速度。例如对于一个由 4 个存储体构成的存储器,若按下图方式 1 所示的方式进行编址,则连续两次访问存储器的操作大部分可能落在同一存储体上,也就意味着存储体的存取周期即为存储器的存取周期。

若按图中方式 2 所示的方式进行编址,则两次连续的访问存储器的操作大部分可能落在不同的存储体上。假设存储体的存取周期为 2ns,则连续两次对同一存储体的操作时间间隔在 2ns 以上即可。而在这 2ns 中 CPU 可访问其他的存储体。由编址方式可知,2ns 期间 CPU 至多可访问 4 次存储器,亦即存储器的存取周期为 0.5ns。如此,则提高了存储器的工作速度。

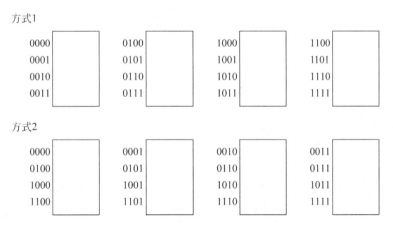

3. **答**：高速缓冲存储器(Cache)指居于主存与 CPU 之间的、速度与 CPU 相当的、用于存放即将被执行的程序段的高速存储设备。

因为数据只有被调入主存储器后才能被 CPU 使用,所以页面地址的位数是由主存储器中最多可同时存放的页面数量确定的,图中的主存储器可同时存放 128 页,故页面地址为 7 位。页内地址位数是由页的大小来确定的,图中每一页含 512 个字,所以页内地址需要

9 位。综上,图中的一个完整的地址共有 16 位。

本书只讨论在某时刻 Cache 仅可存放一页的情况。上页图所示的 Cache 为 CPU 提供 32 位数据,为达到此目的 Cache 中设置了 40 个寄存器:其中前 6 个存放当前 Cache 中存放页的页面地址;最后一个寄存器用于存放标志位,该标志位用于标识 Cache 中页的内容与主存中对应页的内容是否一致,如果一致则其值为 0,否则为 1,当取值为 0 时,该页从 Cache 移出时不需要修改主存中的对应页,如果取值为 1,则在移出时需要用 Cache 中的页覆盖掉主存中的对应页;处于中间的 32 个寄存器用于存放数据,为 CPU 提供 32 位数据。

当 CPU 发出访问主存的操作请求后,首先由高速缓冲存储器的控制器判断当前请求的页是否处于高速缓冲存储器中,即 Cache 中的页面地址与请求字所处页的页面地址是否相同,如果相同,则称这种情况为命中状态,否则即为未命中状态;然后根据命中与否来确定下一步执行的内容:

1) 命中状态

(1) 若是"读"请求,则打开图中的 S1 开关,直接对 Cache 进行读操作,与主存无关。

(2) 若是"写"请求,则打开图中的 S1 开关,更新高速缓冲存储器单元并将标记位取值置为 1,在该页移出时修改主存中的对应页。

2) 未命中状态

(1) 若是"读"请求,则打开图中的 S3 开关,从主存读出所需字送至 CPU;若装入时发现 Cache 中已存放某页,则检查原有页的标志位是否取值为 1,如果是,即原有页被修改过,则需将 Cache 中的当前页写回主存中,之后打开 S2 开关,将该字所在页从主存送至 Cache,称"装入通过"。

(2) 若是"写"请求,则打开图中的 S3 开关,将信息直接写入主存。

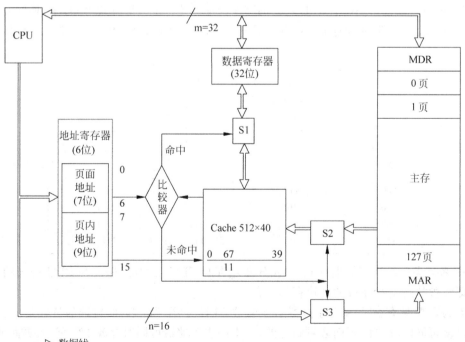

四、计算题

1. 解:

存 储 容 量	地 址 位	存 储 容 量	地 址 位
512 字×8 位/字	$\log_2^{512}=9$	4096 字×4 位/字	$\log_2^{4096}=12$
1024 字×8 位/字	$\log_2^{102}=10$	8192 字×16 位/字	$\log_2^{8192}=13$
65 536 字×16 位/字	$\log_2^{65\,536}=16$	32 768 字×8 位/字	$\log_2^{32\,768}=15$

2. 解:

$$芯片数量=(16K×8)/(1K×1)=128 块$$

$$板块数量=(16K×8)/(8K×8)=2 块$$

$$每块板芯片数量=(8K×8)/(1K×1)=64 片$$

$$所需地址码总位数=1\log_2^{16K}=\log_2^{16×2^{10}}=14 位$$

其中:

$$\log_2^2=1 \qquad 1 位用于选块$$

$$\log_2^{64/8}=3 \qquad 3 位用于选芯片$$

$$\log_2^{1024×1}=10 \qquad 10 位用于选片内选址$$

第6章

指令系统

本章学习目标
- 掌握指令的分类、格式和寻址方式
- 熟悉指令的执行过程和执行方式
- 了解各类指令的特点,根据特点判断指令类型和设计不同类型的指令

指令是使计算机完成某种操作的指示或命令,又称为机器指令。计算机完成的各种功能,就是执行各种指令的体现。所谓指令系统是指一台计算机上全部指令的集合,也称指令集(Instruction Set)或机器语言。它反映了该计算机的全部功能,机器类型不同,其指令系统也不同,因而功能也不同。从系统结构的角度看,它是系统程序员看到的计算机的主要属性。因此指令系统决定了机器所具备的能力,也决定了指令的格式和机器的结构。在计算机系统的设计过程中,指令系统的设计占有十分重要的地位,合理的指令系统能够提升计算机系统的性能。设计指令系统就是要规定计算机系统中的基本操作应该由硬件实现还是由软件实现,选择某些复杂操作是由一条专用的指令实现,还是由一串基本指令实现,然后具体确定指令系统的指令格式、类型、操作以及对操作数的访问方式。指令系统的设置和机器的硬件结构密切相关,一台机器想要有较好的性能,必须设计功能齐全、通用性强、指令丰富的指令系统,这就需要复杂的硬件结构来支持。本章介绍指令系统的发展历程、性能要求、指令格式、寻址方式、指令种类以及指令执行方式等内容。

6.1 指令系统的发展历程

指令系统描述了计算机内全部的控制信息和"逻辑判断"能力,是表征一台计算机性能的重要因素,它的格式与功能不仅直接影响到机器的硬件结构,还影响到系统软件和机器的适用范围。指令系统的发展经历了从简单到复杂的演变过程。

早在20世纪50—60年代,计算机大多由分立元件的晶体管或电子管组成,体积庞大,价格昂贵,计算机的硬件结构比较简单,所支持的指令系统也只包含定点加减、逻辑运算、数据传送和转移等十几至几十条最基本的指令,而且寻址方式也相对简单。

到20世纪60年代中期,随着集成电路的出现,计算机的功耗、体积和价格等不断下降,硬件功能不断增强,指令系统也越来越丰富,支持的指令条数不断扩展,执行的操作类型也不断增加。20世纪60年代后期,增加了乘除运算、浮点运算、十进制运算、字符串处理等指令,指令数目多达一二百条,寻址方式也日趋多样化。该时期出现了"向上兼容"的系列计算

机,新机型的指令系统完全包含旧机型的指令,这种增量式发展的指令系统解决了软件兼容的问题。

在 20 世纪 70 年代,高级语言已成为大、中、小型机的主要程序设计语言,计算机应用日益普及。由于软件的发展超过了软件设计理论的发展,复杂的软件系统设计一直没有很好的理论指导,导致软件质量无法保证,从而出现了所谓的"软件危机"。人们认为,缩小机器指令系统与高级语言语义差距,为高级语言提供更多的支持,是缓解软件危机行之有效的办法。计算机设计者们利用当时已经成熟的微程序技术和飞速发展的 VLSI 技术,增设各种各样复杂的、面向高级语言的指令,使指令系统越来越庞大。

到 20 世纪 70 年代末,大多数计算机的指令系统都变得十分庞大,包含的指令多达数百条。这样的指令系统既难以调试维护,又对硬件资源造成了极大的浪费。因此人们开始寻求新的系统结构,以期在保证系统功能的前提下,减少指令条数,从而减少不必要的系统开销和资源占用,同时获得更高的指令执行效率。时至今日,人们仍然在向着这个目标努力,不断优化指令系统的结构设计。

6.2 指令的分类

计算机的功能主要取决于指令系统的功能。作为一个完整的指令系统,应该将各种类型的基本指令尽数包括。为了满足计算机功能的需要,现代计算机一般都有上百条甚至几百条指令,按照其所完成的功能可分为数据传送指令、算术运算指令、逻辑运算指令、字符串处理指令、输入输出指令、移位指令、特权指令、陷阱指令、转移指令和子程序调用指令等。下面将逐一介绍这些指令的功能。

6.2.1 数据传送类指令

数据传送类指令主要包括数据传送、数据交换、压栈退栈三种指令。这类指令主要用来实现主存和寄存器之间,寄存器和寄存器之间的数据传送。

1. 数据传送指令

这是一种常用指令,用以实现寄存器与寄存器、寄存器与存储单元、存储单元与存储单元之间的数据传送。进行数据传送时,数据从源地址传送到目的地址,源地址中的数据保持不变,这实际上是一种数据复制。

应该注意,有些计算机的数据传送指令不能实现存储单元与存储单元之间的数据传送,如 Intel 8086/8088 的传送指令 MOV。

2. 数据交换指令

这种指令的功能是实现两个操作数之间的位置互换,包括寄存器与寄存器、寄存器与存储单元、存储单元与存储单元之间的数据互换。

注意:有些计算机的数据交换指令不能实现存储单元与存储单元之间的数据互换,如 Intel 8086/8088 的 XCHG 指令就没有这种功能。

3. 压栈退栈指令

压栈退栈指令都是针对堆栈进行操作的指令。堆栈(Stack)是主存中专门用来存放数据的一个特定的区域,是由若干连续的存储单元组成的按照先进后出(FILO)原则存取数据的存储区。压栈指令的功能是把数据存入堆栈区,而退栈指令的功能是把数据从堆栈中弹出。

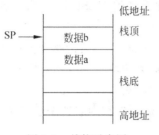

图 6.1　堆栈示意图

堆栈有两种存放数据的方向,一种是由低地址向高地址存放,另一种是由高地址向低地址存放,通常采用后者,如图 6.1 所示。

对图 6.1 说明如下:

(1) 栈底以下是非栈区,不能放入数据,栈底以上是栈区,可存放数据。

(2) 为了指示栈顶的位置,用一个寄存器或存储器单元来指出栈顶的地址,这个寄存器或存储器单元称为堆栈指针(Stack Pointer,SP)。栈顶以上的数据为无效数据。SP 的内容就是栈顶地址。

只有压栈和退栈两条指令用于访问堆栈,压栈指令(在 Intel 8086/8088 中是 PUSH)用来把指定的操作数送入堆栈的栈顶,而退栈指令(Intel 8086/8088 中是 POP)则用来把栈顶的数据取出。图 6.2 表示了压栈和退栈的过程。

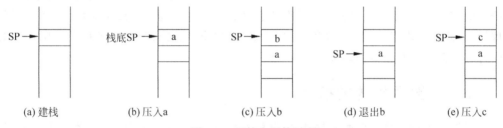

图 6.2　压栈和退栈过程

6.2.2　算术逻辑运算类指令

这类指令包括算术运算指令、逻辑运算指令和移位指令。

1. 算术运算指令

算术运算指令包括二进制定点和浮点数加、减、乘、除指令,求反、求补指令,算术比较指令,十进制加、减运算指令等。不同档次的计算机具有不同数量的算术运算指令,一般微机、小型机的硬件结构比较简单,支持的算术运算指令比较少,只有二进制数的加、减、比较、求补等最基本的指令。更高一级的计算机除了这些最基本的算术运算指令外,还具有乘、除运算指令,浮点运算指令,以及十进制运算指令等。浮点运算指令主要用在需要大量数值运算的科学计算中,而十进制运算指令主要用在需要大量输入输出的商业数据处理中。大型机和巨型机还设有向量运算指令,可以直接对整个向量或矩阵进行求和、求积等运算。

2．逻辑运算指令

一般计算机都具有与、或、非、异或和测试等逻辑运算指令。有些计算机还具有位测试、位清除、位求反等位操作指令。这些指令主要用于无符号数的位操作，代码的转换、判断及运算。

3．移位指令

移位指令的功能是对寄存器的内容实现左移、右移或循环移位，包括算术移位指令、逻辑移位指令和循环移位指令，一般计算机都具有这三种指令。图 6.3 显示了这三种移位指令的操作过程。

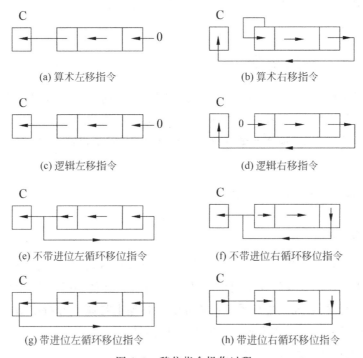

(a) 算术左移指令　　　　　　(b) 算术右移指令

(c) 逻辑左移指令　　　　　　(d) 逻辑右移指令

(e) 不带进位左循环移位指令　　(f) 不带进位右循环移位指令

(g) 带进位左循环移位指令　　(h) 带进位右循环移位指令

图 6.3　移位指令操作过程

算术左移指令把目的操作数的低位向高位移动，空出的低位补 0；算术右移指令把目的操作数的高位向低位移动，空出的高位用最高位(符号位)填补。其他左/右移位指令都只是移位方向不同，逻辑左移/逻辑右移指令移位后空出的位都补 0；不带进位循环左移/循环右移指令移出的位不但要进入 C 标志位，而且还要填补空出的位；带进位循环左移/循环右移指令用原 C 标志位的值填补空出的位，移出的位再进入 C 标志位。

算术逻辑移位指令的作用除移位外，另一个重要作用是实现简单的乘除运算，算术左移或右移 n 位，可分别实现对带符号数据的乘以 2^n 或整除 2^n 的运算；逻辑左移或右移 n 位，可分别实现对无符号数据的乘以 2^n 或整除 2^n 的运算，这是不具备乘除运算指令的计算机所能完成的乘除操作。

6.2.3　字符串处理指令

字符串处理指令用于处理非数值数据,这类指令包括字符串传送、字符串转换、字符串比较、字符串查找、字符串匹配、字符串抽取和替换等指令。这类指令可以在文字编辑中对大量字符串进行处理。例如,Intel 8086/8088 中的字符串比较指令:

REPZ CMPSB

这是一条无操作数的隐含指令,其含义是对两个字符串逐个进行比较,这两个字符串的首地址分别隐含在源变址寄存器 SI 和目的变址寄存器 DI 中,字符串的长度隐含在 CX 寄存器中。从首地址开始,一个字节一个字节地进行比较,每比较一次,SI 和 DI 的内容都自动加 1,直至发现两个字符串中有不同的字节或直到某个字符串的结尾。然后,根据最后一次比较结果设置状态位。

6.2.4　输入输出指令

在计算机系统中,输入输出是相对于主机或者 CPU 而言的。数据从输入设备传送到主机或 CPU,称为输入;而数据从主机或 CPU 传送到输出设备则称为输出。输入输出指令主要用来启动外围设备,检查测试外设的工作状态,完成主机或 CPU 与输入输出设备之间的数据传送。

6.2.5　特权指令和陷阱指令

1. 特权指令

特权指令是指具有特殊权限的指令。这类指令只用于操作系统或其他系统软件,一般不直接提供给用户使用。通常在单用户、单任务的计算机系统中是不需要特权指令的,而多用户、多任务的计算机系统在进行系统资源分配与管理上是离不开特权指令的。这类指令的功能包括:改变系统的工作方式,检测用户的访问权限,修改虚拟存储器管理的段表、页表,完成任务的创建和切换等。

2. 陷阱指令

陷阱指令并非设置陷阱的指令,而是处理陷阱的指令。陷阱是指计算机系统在运行中的一种意外事故,诸如电源电压不稳、存储器校验出错、输入输出设备出现故障、用户使用了未定义的指令或特权指令等意外情况,使得计算机系统不能正常工作。一旦出现陷阱,计算机应当能暂停当前程序的执行,及时转入故障处理程序进行相应的处理。

在一般的计算机中,陷阱指令作为隐含指令不提供给用户使用,只有在出现故障时,才由 CPU 自动产生并执行。也有一些计算机设置了可供用户使用的陷阱指令,例如 Intel 8086/8088 的软件中断指令,实际上就是一种直接提供给用户使用的陷阱指令,用它可以完成系统调用过程。

6.2.6　转移指令

转移指令是改变程序执行顺序的指令。一般情况下,CPU 是按编程顺序执行指令的,但有时要根据所处理的结果进行判断,再根据判断的结果来确定程序的执行语句,这时就会用到转移指令,以实现程序的分支转移。

转移指令分为无条件转移和条件转移两类指令。无条件转移指令不受任何条件的约束,直接控制 CPU 转移到指定的地点去执行;有条件转移指令则先测试某些条件,条件满足就转移,否则不转移。条件转移指令判断条件是利用 CPU 中的状态寄存器(又称条件码寄存器),这个状态寄存器中有某些标志位,主要有:进位标志(C)、结果为零标志(Z)、结果为负标志(N)、结果溢出标志(V)、奇偶标志(P)。

根据转移条件的不同,条件转移指令可分为若干种,如表 6.1 所示。

表 6.1　条件转移指令一览表

指　　令	条　　件	说　　明
有进位转移	C	无符号数比较时小于,C 标志位为 1 则转移
无进位转移	C	无符号数比较时大于或等于,C 标志位为 0 则转移
零转移	Z	运算结果为零,Z 标志位为 1 时转移
非零转移	Z	运算结果不为零,Z 标志位为 0 时转移
负转移	N	运算结果为负,N 标志位为 1 时转移
正转移	N	运算结果不为负,N 标志位为 0 时转移
溢出转移	V	运算结果发生溢出,V 标志位为 1 时转移
非溢出转移	V	运算结果不发生溢出,V 标志位为 0 时转移
奇转移	P	运算结果有奇数个 1,P 标志位为 1 时转移
偶转移	P	运算结果有偶数个 1,P 标志位为 0 时转移
无符号小于或等于转移	C+Z	无符号数比较时小于或等于,C 标志位或 Z 标志位为 1 则转移
无符号大于转移	C+Z	无符号数比较时大于,C 标志位和 Z 标志位为 0 则转移
有符号小于转移	NV	有符号数比较时小于,NV 标志位不为 0 则转移
有符号大于或等于转移	NV	有符号数比较时大于或等于,NV 标志位为 0 则转移
有符号小于或等于转移	(NV)+Z	有符号数比较时小于或等于,NV 标志位或 Z 标志位为 1 则转移
有符号大于转移	(NV)+Z	有符号数比较时大于,NV 标志位和 Z 标志位为 0 则转移

转移指令的转移地址一般采用相对寻址和直接寻址的方式来确定。若采用相对寻址方式,则称为相对转移,转移地址为当前指令地址和指令地址码部分给出的位移量之和;若采用直接寻址方式,则称为绝对转移,转移地址由指令地址码部分直接给出。

6.2.7　子程序调用指令

子程序调用指令包括转子指令和返主指令。

在进行程序设计时,一般都把常用的程序段编写成独立的子程序或过程,在需要时随时调用。调用子程序需要用到转子指令。子程序执行完毕,就需要使用返主指令返回到主程序。

转子指令的格式为:

操作码	目的地址

执行转子指令时,通常采用堆栈来保存返回地址,即把下条指令的地址压入堆栈中保存,然后才转入所调用的子程序中执行,子程序执行完毕,由返主指令把压入堆栈的返回地址从堆栈中弹出,返回调用程序。子程序调用和返回的过程如图 6.4 所示。

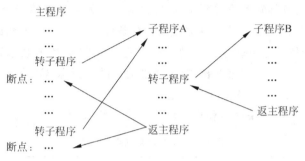

图 6.4　子程序调用和返回的过程

子程序调用指令和转移指令都是改变程序执行顺序的,但两者有本质的区别。

(1) 目的地址不同:子程序调用指令的目的地址是子程序的首地址,而转移指令的目的地址是在本程序内。

(2) 用途不同:子程序调用指令用于实现程序与程序之间的转移,而转移指令一般只用于实现同一程序内的转移。

此外,子程序调用指令还可以进行嵌套调用,既可调用别的子程序,还可以实现递归调用,即直接或间接调用自己。而转移指令做不到这些。

6.2.8　处理器控制指令

处理器控制指令是直接控制 CPU 实现某种功能的指令,包括状态标志位的操作指令、停机指令、等待指令、空操作指令、封锁总线指令等。

6.3　指令格式

指令格式是指一条指令由什么样的代码组成,应该包含哪些内容。计算机的指令格式与机器的字长、存储器的容量及指令的功能有很大关系。从便于程序设计、增加基本操作并行性、提高指令功能的角度来看,指令中应包含多种信息。但在有些指令中,由于部分信息可能无用,把所有信息项在指令中全部罗列出来将浪费指令所占的存储空间,还会增加访存次数,进而影响速度。为了指出数据的来源、操作结果的去向及所执行的操作,一条指令必须包含操作码和地址码两部分内容,其中操作码规定了操作的类型,地址码规定了要操作的数据所存放的地址,以及操作结果的存放地址,指令格式为:

操作码	地址码

6.3.1 指令信息

1. 指令字长度

指令字长度是指一条指令字中包含的二进制代码的位数,它等于操作码和地址码长度的总和。机器字长是指计算机能直接处理的二进制数据的位数,它决定了计算机的运算精度。指令字长度与机器字长没有固定的关系,二者可以相等,也可以不等。通常指令字长度等于机器字长度的指令,称为单字长指令;指令字长度等于半个机器字长度的指令,称为半字长指令;指令字长度等于两个机器字长度的指令,称为双字长指令;指令字长度大于两个机器字长度的指令,称为多字长指令。

指令字长度越大,所能表示的操作信息和地址信息也就越多,指令功能也就越丰富。因此使用多字长指令可以提供足够的地址位来解决访问内存任何单元的寻址问题,但缺点是必须两次或多次访问内存以取出整条指令,这样会降低 CPU 的运算速度,而且会占用更多的存储空间。

在一个指令系统中,如果各种指令字长度都是相等的,则称为固定字长指令字结构,这种指令字结构简单,实现方便。但是由于指令字长度是不变的,因此占用地址空间较大,不够灵活。如果各种指令字长度随指令功能而异,则称为变长指令字结构。这种指令字结构比较灵活,能充分利用指令长度,节省存储空间。但指令的控制较复杂,实现代价比固定长度指令字大。

2. 操作码

操作码具体规定了操作的性质及功能,指定了相应的硬件要完成的操作。指令不同,操作码的编码也不同。操作码要占用一定的指令字长,其位数取决于指令系统的规模。指令操作码的长度确定了指令系统中完成不同操作的指令条数,操作码位数越多,所能表示的操作种类就越多。若某机器的操作码长度为 n 位,则它最多只能编制 2^n 条不同的指令。指令操作码通常有两种编码格式:固定格式和可变格式。

1) 固定格式

操作码的长度是固定的,且集中放在指令字的某一个字段中。这种格式的优点是简化硬件设计,减少指令的译码时间;缺点是操作码的平均长度长,需要指令字长较大。一般在字长较长的大中型机以及超级小型机上使用。

2) 可变格式

操作码的长度可变,且分散地放在指令字的不同字段中。这种格式的优点是可压缩操作码的平均长度。缺点是控制器的设计相对较为复杂,指令的译码时间也较长。一般在字长较短的微小型机上广为采用。

可变格式的指令操作码编码格式,通常是在指令字中用一个固定长度的字段来表示基本操作码,而对于一部分不需要某个地址码的指令,把它们的操作码扩充到该地址字段中去,以便表示更多的指令。下面举例说明。

如某机器的指令长度为 16 位,以 4 位为 1 个字段,分成 4 个字段,一个 4 位的操作码字段,3 个 4 位的地址码字段,其指令格式为:

15	12	11	8	7	4	3	0
OP Code		A_1		A_2		A_3	

其中 4 位基本操作码可有 16 种编码,可以表示 16 条三地址指令。如果用可变格式编码,要表示 15 条三地址指令,15 条二地址指令,15 条一地址指令和 16 条零地址指令,一共 61 条指令,则可以进行如下安排:

(1) 三地址指令 15 条:其操作码由 4 位基本操作码的 0000～1110 给出,剩下的一个编码 1111 用于把操作码扩展到 A1 字段。

(2) 二地址指令 15 条:操作码扩展到 A1 字段,则操作码有 8 位,即 11110000～11111111,用 11110000～11111110 作为 15 条二地址指令的操作码,剩下的一个编码 11111111 用于把操作码扩展到 A2 字段。

(3) 一地址指令 15 条:操作码扩展到 A2 字段,则操作码有 12 位,即 111111110000～111111111111,用 111111110000～111111111110 作为 15 条一地址指令的操作码,剩下的一个编码 111111111111 用于把操作码扩展到 A3 字段。

(4) 零地址指令 16 条:操作码扩展到整个指令字,则操作码有 16 位,即 1111111111110000～1111111111111111。

这种操作码扩展方法称为 15/15/15 法,它是指在用 4 位表示的编码中,用 15 个编码来表示最常用指令的操作码,剩下一个编码用于把操作码扩展到下一个 4 位,如此下去,进行扩展。也可以使用其他的扩展方法,如可以形成 15 条三地址指令,14 条二地址指令,31 条一地址指令和 16 条零地址指令。

指令操作码扩展技术的扩展原则是,使用频度高的指令分配短的操作码,使用频度低的指令分配较长的操作码。这样不仅可以有效地缩短操作码在程序中的平均长度,节省存储器空间,而且缩短了经常使用的指令的译码时间,提高指令的执行速度,也提高了程序的运行速度。

3. 地址码

地址码用来指明指令操作的对象在什么位置,一般可以包含以下内容。

(1) 操作数地址:明确指出要操作的操作数存放在哪里,以便 CPU 可以通过这个地址取得操作数。操作数地址可以有两个,即可以有两个操作数,其地址分别用 A1 和 A2 来表示。

(2) 操作结果的存放地址:指明对操作数的处理结果的存储地址,用 A3 表示。

(3) 下一条要执行的指令的地址:用 A4 表示。在一般情况下,程序是顺序执行的,下一条要执行的指令的地址就由程序计数器给出,当遇到转移指令或转子指令时,下一条要执行的指令的地址应该由指令指明。

并不是所有指令都必须包含地址码,如果地址码信息在指令中显式地给出,则称为显地址指令,反之称为隐地址指令。

6.3.2　指令格式

指令中所包含的地址码信息并不总是相同的,根据地址码所给出的地址个数,可以把指令格式分成零地址指令、一地址指令、二地址指令、三地址指令和多地址指令。

1. 零地址指令

零地址指令只有操作码而无操作数,通常也叫无操作数指令。其格式为:

OP Code

其中,OP Code 表示操作码。

只有操作码的指令可能有两种情况:

(1) 不需要操作数的控制类指令,如空操作指令、停机指令、等待指令等。

(2) 隐含操作数的指令,如堆栈结构计算机的运算指令,其所需的操作数是隐含在堆栈中的,由堆栈指针 SP 指出,操作结果仍然放回堆栈中。又如 Intel 8086/8088 中的字符串处理指令,源操作数和目的操作数分别隐含在源变址寄存器 SI 和目的变址寄存器 DI 所指定的存储单元中。

2. 一地址指令

一地址指令只包含一个操作数的地址,通常也叫单操作数指令,其指令格式为:

OP Code	A

其中,OP Code 表示操作码;A 表示操作数的存储器地址或寄存器名。

一地址指令也有两种情况:

(1) 这个地址既是操作数的地址,又是操作结果的地址。如加 1 指令、减 1 指令、移位指令等均可采用这种格式。这类指令的操作原理是对地址码中所指定的操作数进行操作后,把操作结果又送回该地址中。

(2) 地址码所指定的操作数是源操作数,而目的操作数则隐含在累加器中,操作结果也存回累加器。如以 Z-80、Intel 8086/8088 等微处理器为核心的 8 位、16 位微型计算机的算术逻辑运算指令大都采用这种格式。

3. 二地址指令

二地址指令一般是运算类指令,又称双操作数指令。指令中显式地给出参加运算的两个操作数地址,其格式为:

OP Code	A1	A2

其中,OP Code 表示操作码;A1 表示目的操作数的存储器地址或寄存器名;A2 表示源操作数的存储器地址或寄存器名。

这是最常用的指令格式。操作后,其操作结果存放在 A1 所指定的地址中。

4. 三地址指令

三地址指令中包含 3 个操作数地址,其中前两个为源操作数地址,第三个为目的操作数

地址,其指令格式为:

OP Code	A1	A2	A3

其中,OP Code 表示操作码;A1 表示第一个操作数的存储器地址或寄存器名;A2 表示第二个操作数的存储器地址或寄存器名;A3 表示操作结果的存储地址。

操作后 A1、A2 中的操作数均保持原来的数据,操作结果存放在 A3 所指定的地址中。由于多了一个地址,造成指令码较长,既耗费存储空间,又增加取指令时间,因此这类指令一般应用于运算能力较强、内存空间较大的大、中型计算机中。

5. 多地址指令

这类指令有 3 个以上操作数地址,指令码长,在某些性能较好的大、中型机以及高档小型机中采用。如字符串处理指令、向量、矩阵运算指令等。

应该说明的是,以上所述 5 种指令格式,并非所有的计算机都具有。一般来说,零地址指令、一地址指令和二地址指令的指令码较短,具有所需存储空间少,执行速度快,硬件实现简单等优点,为结构简单的微、小型机所采用;在字长较长、功能较强的大、中型机中除采用零地址指令、一地址指令和二地址指令外,也使用三地址指令和多地址指令,如 CDCSTAR-100 计算机的矩阵运算指令就有 7 个地址字段。

6.4　寻址方式

所谓寻址就是寻找操作数或指令的地址,寻址方式就是产生访问主存实际地址的方法。寻址方式与计算机的硬件结构密切相关,从指令的执行角度,可以将寻址方式分为指令的寻址方式和操作数的寻址方式两种。

6.4.1　指令的寻址

形成指令地址的方式称为指令的寻址方式。实际上指令的寻址是在程序执行的过程中在主存中找到将要执行的指令地址的过程。指令的寻址方式包括顺序寻址和跳跃寻址两种。

1. 顺序寻址方式

程序中的指令通常是依次存放在主存中,当执行程序时,首先把程序的首地址赋予程序计数器(PC),然后根据 PC 内容从内存中取出指令,当指令稳定到达指令寄存器后,PC 内容自动加 1(对单字长指令而言),以便指向下一条指令。当第一条指令执行完后,再根据 PC 的值从内存中取出第二条指令,PC 再自动加 1,如此反复,直到程序执行完毕,这种方式称为指令的顺序寻址。顺序寻址过程如图 6.5 所示。

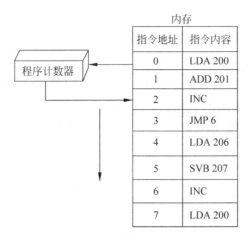

图 6.5 顺序寻址过程

2. 跳转寻址方式

若在内存中取出的指令是转移指令或转子指令,则下一条指令就不能顺序执行了,需要根据本条指令给出的下一条指令地址修改程序计数器(PC)的内容,以按照转移指令或转子指令中给出的新指令地址去执行,这种方式称为跳转寻址方式。转移指令或转子指令的执行即赋予 PC 新指令地址。

采用跳转寻址方式,可以实现程序转移或构成循环,从而能缩短程序长度,或将某些程序作为公共程序引用。指令系统中的各种有条件或无条件转移指令,就是为了实现指令的跳转寻址而设置的。跳转寻址过程如图 6.6 所示。

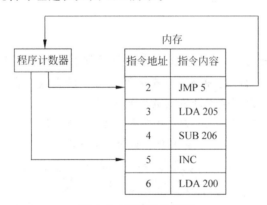

图 6.6 跳转寻址过程

6.4.2 操作数的寻址

寻找操作数有效地址的方法,称为操作数的寻址方式,通常所讲的寻址方式就是指操作数的寻址方式。

指令中操作数的地址是由形式地址和寻址方式特征位等组合而成的,因此一般来说指令中所给出的地址并非操作数的有效地址。操作数的有效地址用 EA 表示,寻址就是把操作数的形式地址转换为有效地址 EA。不同的计算机有不同的寻址方式,这里介绍大多数机器都具有的基本寻址方式。

1. 隐含寻址方式

隐含寻址方式是指操作数隐含在 CPU 的某个通用寄存器或内存的某个指定单元中，指令中不直接给出操作数或操作数地址。该方式的优点是可以缩短指令的长度，因此隐含寻址方式是在字长较短的微、小型机上普遍采用的寻址方式。如在 Intel 8086/8088 中，乘法指令为：

$$MUL \quad OPR$$

MUL 是操作码，表示乘法；OPR 是乘数，而被乘数则隐含在累加器 AX(16 位乘法)或 AL(8 位乘法)中。

2. 立即数寻址方式

操作数由指令的地址码直接给出的寻址方式称为立即数寻址方式。在这种寻址方式中，当取出指令时，操作码和操作数会同时被取出，不必再去访问存储器，因此这类寻址方式的指令执行速度较快。但是，由于操作数是指令的一部分，因此操作数不能被修改。另外在大多数指令系统中地址码的长度与字长度相比是较短的，所以操作数的大小受地址长度的限制。这种寻址方式适用于操作数固定的情况，通常用于给某一个寄存器或存储器单元赋初值或提供一个常数等。

例如，Intel 8086/8088 的传送指令：

$$MOV \quad AX,imm$$

把立即数 imm 直接传送到累加器 AX 中。

3. 直接寻址方式

指令的地址码部分给出的不是操作数，而是操作数的存储器地址，即有效地址，根据该地址就可以直接读取操作数，这种寻址方式称为直接寻址方式。直接寻址方式的寻址过程如图 6.7 所示。其中，X 为直接寻址方式的代码说明。

这种寻址方式的优点是简单、直观，便于硬件实现，指令执行只需要访问一次存储器且不需要计算地址，因此速度较快。但是由于操作数的地址是指令的一部分，不能修改，因此只能用于访问固定存储器单元的指令。

例如，Intel 8086/8088 的传送指令：

$$MOV \quad AX,[address]$$

源操作数放在直接地址 address 所指定的存储器单元中，即有效地址为：

$$EA = address$$

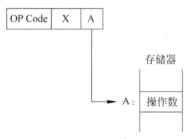

图 6.7 直接寻址过程

4. 寄存器寻址方式

当操作数不放在内存而是放在 CPU 的通用寄存器中时，可以采用寄存器寻址方式。应用该种寻址方式指令的地址码部分给出的是存放操作数的某一通用寄存器名称而不是内存的地址单元号。寄存器寻址方式的寻址过程如图 6.8 所示。

其中,X 为寄存器寻址方式的代码说明。其有效地址为:

$$EA = R$$

这种寻址方式的地址码较短,而且从寄存器中存取数据比从存储器中存取数据快得多,故这种寻址方式可以缩短指令的长度,节省存储空间,提高指令的执行速度,在现代计算机中得到广泛的应用。但应用这种寻址方式的操作数必须事先从主存取出装入寄存器。如果操作数经过一次操作后又送回主存,则由寄存器暂存这些内容实际上是一种浪费。然而如果暂存在寄存器中的操作数能被多个操作使用,则寄存器寻址方式就会提高指令执行速度。

5. 间接寻址方式

指令的地址码部分给出的不是操作数,也不是操作数的地址,而是操作数地址的地址,即指示一个存储器地址,在该地址中存放操作数的地址,这种寻址方式称为间接寻址方式,简称间址。间接寻址方式的寻址过程如图 6.9 所示。

其中,X 为间接寻址方式的代码说明。其有效地址为:

$$EA = (A_0) = A_1$$

由于直接寻址的寻址范围有限,间接寻址就成为扩展地址空间的有效方法。在多数计算机中,只允许一次间址,即最多访问存储器两次,一次读操作数的地址,另一次读操作数。有的计算机允许多次间址,如美国 DG 公司的 MV 系列计算机。多次间址需要多次访问存储器,这就降低了指令的执行速度。

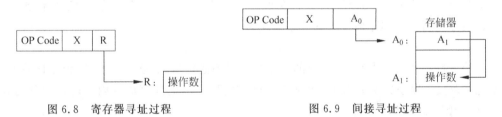

图 6.8 寄存器寻址过程   图 6.9 间接寻址过程

6. 寄存器间接寻址方式

指令的地址码部分给出的是寄存器名,寄存器中存放的是操作数的地址,这种寻址方式称为寄存器间接寻址方式。寄存器间接寻址方式的寻址过程如图 6.10 所示。

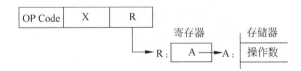

图 6.10 寄存器间接寻址过程

其中,X 为寄存器间接寻址方式的代码说明。其有效地址为:

$$EA = (R)$$

例如:Intel 8086/8088 中的指令:

$$MOV \quad AL,[BX]$$

其中的源操作数就是寄存器间接寻址方式。指令执行的结果在 AL 中存放的不是 BX 中的内容,而是将 BX 中的内容作为地址的存储单元的内容。

这种寻址方式只需访问一次存储器,提高了指令的执行速度,大多数计算机中都采用这种寻址方式。

7. 相对寻址方式

把程序计数器(PC)的当前内容与指令地址码部分给出的形式地址(经常是偏移量)之和作为操作数有效地址的寻址方式称为相对寻址。程序计数器的内容就是当前指令的地址。这种寻址方式实际上是用程序计数器作为变址寄存器使用的一种特殊的变址寻址方式,因而也称程序计数器寻址。相对寻址过程如图 6.11 所示。

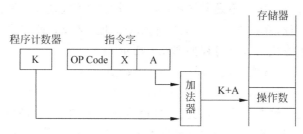

图 6.11   相对寻址过程

其中,X 为相对寻址方式的代码说明,K 为程序计数器内容,即指令地址,A 为偏移量。

这类寻址方式的寻址过程是,指令地址 K 与指令地址码部分给出的地址 A 相加,得到操作数在存储器中的实际地址。其有效地址为:

$$EA = (PC) + A = K + A$$

这种寻址方式的特点是,操作数的存储地址是不固定的,它随指令地址(程序计数器值)的变化而改变;程序员无须用指令的绝对地址编程,可以把程序放在内存的任何地方;位移量可正可负,通常用补码表示。

8. 基址寄存器寻址方式

在这种寻址方式中,把主存的整个存储空间分成若干段,段的首地址存放于基址寄存器中,段内位移量由指令直接给出。操作数在存储器的存储地址就等于基址寄存器 R_B 的内容(即段首地址)与段内位移量 A 之和。其有效地址为:

$$EA = (R_B) + A$$

基址寻址技术原先用于大、中型计算机中,现已被移植到微、小型计算机上。该种寻址方式必须在 CPU 中设置基址寄存器。

这种寻址方式的优点是可以扩大寻址能力。基址寄存器的位数可以设置得比较长,因此可以在较大的存储空间中寻址。另外,基址寄存器寻址方式比较灵活,通过修改基址寄存器的内容就可以访问存储器的任一单元。

9. 变址寻址方式

变址寻址方式与基址寻址方式计算有效地址的方法很相似,应用变址寻址方式的指令地址码中给出某个变址寄存器名称,该寄存器存储的内容为某存储器单元地址。所谓变址寄存器是通用寄存器中的某些寄存器。以变址寄存器中的内容为基址,加上指令地址码部分给出的偏移量之和作为操作数的有效地址的寻址方式称为变址寻址方式。变址寻址过程如图6.12所示。

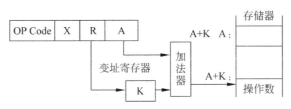

图 6.12 变址寻址过程

其中,X为变址寻址方式的代码说明,K为变址寄存器内容,A为偏移量。

这类指令的寻址过程是,指令地址码部分给出的地址A(通常是偏移量)和指定的变址寄存器R的内容K(通常是首地址)通过地址加法器相加,即得到操作数在存储器中的存储地址。其有效地址为:

$$EA = (R) + A$$

这类指令通常用于字符串处理、向量运算等成批数据处理中。例如,Intel 8086/8088中的传送指令:

$$MOV \quad AX, address[BX]$$

该条指令中的源操作数的寻址方式为变址寻址方式,源操作数的地址是BX寄存器的内容与address之和。

使用变址寻址方式的目的不在于扩大寻址空间,而在于实现程序块的规律性变化。

10. 块寻址方式

块寻址方式经常用在输入输出指令中,以实现外存储器或外围设备同内存之间的数据块传送。块寻址方式在内存中还可用于数据块搬移。

块寻址,通常在指令中指出数据块的起始地址(首地址)和数据块的长度(字数或字节数)。如果数据块是定长的,只需在指令中指出数据块的首地址;如果数据块是变长的,可用3种方法指出它的长度。

(1) 指令中开辟字段指出长度。

(2) 指令格式中指出数据块的首地址与末地址。

(3) 由块结束字符指出数据块长度。

块寻址的指令格式如下:

操作码	首地址	标志位	末地址

11. 段寻址方式

微型机中采用了段寻址方式,它是为扩大寻址范围而采用的技术。例如在 Intel 8086/8088 系统中,处理器为16位,其地址寄存器也是16位,直接寻址范围只有64KB。然而采用段寻址方式,由段寄存器提供16位段地址,与其他寄存器提供的16位偏移地址共同形成

20 位物理地址,使得处理器直接寻址可达 1MB。在形成 20 位物理地址时,段寄存器中的 16 位数会自动左移 4 位,然后与 16 位偏移量相加,即可形成所需的内存地址。这种寻址方式的实质还是基址寻址。段寻址的有效地址形成过程如图 6.13 所示。

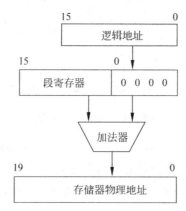

图 6.13　段寻址物理地址形成过程

6.5　指令系统的性能要求

指令系统的性能决定了计算机的基本功能,它的设计直接关系到计算机的硬件结构和用户的需求。一个完善的指令系统应满足如下 4 个方面的要求:

(1) 完备性。指用汇编语言编写各种程序时,指令系统直接提供的指令足够使用,而不必用软件来实现。完备性要求指令系统丰富、功能齐全、使用方便。

(2) 有效性。指利用该指令系统所编写的程序能够高效率地运行。高效率主要表现在程序占用存储空间小、执行速度快。

(3) 规整性。包括指令系统的对称性、匀齐性、指令格式和数据格式的一致性。

- 对称性:在指令系统中所有的寄存器和存储器单元都可同等对待,所有的指令都可使用各种寻址方式。
- 匀齐性:一种操作性质的指令可以支持各种数据类型。
- 指令格式和数据格式的一致性:指令长度和数据长度有一定的关系,以方便处理和存取。

(4) 兼容性。指同一个软件可以不加修改地在结构相同的计算机中运行,获得相同的结果,差别在于运行的时间长短不同。至少要能做到"向上兼容",即低档机上运行的软件可以在高档机上运行。

6.6　复杂指令系统与精简指令系统

6.6.1　复杂指令系统

早期的计算机,存储器是一个很稀缺的资源,因此希望指令系统能支持生成尽量短的程序。此外,还希望程序执行时所需访问的程序和数据位的总数越少越好。随着 VLSI 技术的发展,计算机硬件成本不断下降,软件成本不断提高,使人们热衷于在指令系统中增加更多的指令和更复杂的指令来提高操作系统的效率。在微程序出现后,将以前由一串指令所完成的功能移到了微代码中,从而改进了代码密度。此外,它也避免了从主存取指令的操作,提高了执行效率。在微代码中实现功能的另一论点是:这些功能能较好地支持编译程序。如果一条高级语言的语句能被转换成一条机器语言指令,编写编译软件就变得非常容易。此外,在机器语言中含有类似高级语言的语句指令,便能使机器语言与高级语言的间隙减少。为了做到程序兼容,同一系列计算机的新机型和高档机的指令系统只能扩充,不能减少任何指令,促使指令系统越来越复杂,某些计算机的指令多达几百条。这种发展趋向导致了复杂指令系统(Complex Instruction Set Computer,CISC)设计风格的形成,即认为计算机性能的提高主要依靠增加指令复杂性及其功能来获取。

CISC 指令系统的主要特点是:

(1) 指令系统复杂。具体表现在以下几个方面:

- 指令数多,一般大于 100 条。
- 寻址方式多,一般大于 4 种。
- 指令格式多,一般大于 4 种。

(2) 绝大多数指令需要多个机器时钟周期才能执行完毕。

(3) 各种指令都可以访问存储器。

CISC 指令系统主要存在如下 3 个方面的问题。

(1) CISC 中各种指令的使用频度相差很悬殊,大量的统计数字表明,大约有 20% 的指令使用频度比较高,占据了处理机 80% 的执行时间。换句话说,有 80% 的指令只在 20% 的处理机运行时间内才被用到。

(2) VLSI 的集成度迅速提高,使得生产单芯片处理机成为可能。在单芯片处理机内,希望采用规整的硬布线控制逻辑,不希望用微程序。而在 CISC 处理机中,大量使用微程序技术以实现复杂的指令系统,给 VLSI 工艺造成很大困难。

(3) 虽然复杂指令简化了目标程序,缩小了高级语言与机器指令之间的语义差距,但却增加了硬件的复杂程度,使指令的执行周期加大,反而有可能使整个程序的执行时间增加。

6.6.2 精简指令系统

人们对 CISC 的测试表明,各种指令的使用频率相差悬殊,一些最常用的简单指令仅占指令总数的 20%,但在程序中的使用频率却为 80%;而较少使用的复杂指令,其微程序代码却占代码总量的 80%。复杂的指令系统增加了硬件实现的复杂性,这不仅增加了研制时间、成本和设计失误的可能性,而且由于需要复杂操作的复杂指令与功能较简单的指令同时存在于一个计算机中,很难实现流水线操作,从而降低了计算机的速度。

由于 CISC 技术在发展中出现了问题,计算机系统结构设计的先驱者们尝试从另一条途径来支持高级语言以适应 VLSI 技术特点。1975 年 IBM 公司的 John Cocke 提出了精简指令系统的设想。到了 1979 年,美国加州大学伯克利分校由 Patter son 教授领导的研究组,首先提出了精简指令系统(Reduced Instruction Set Computer,RISC)这一术语,并先后研制了 RISC-Ⅰ 和 RISC-Ⅱ 计算机。1981 年美国的斯坦福大学在 Hennessy 教授领导下的研究小组研制了 MIPS RISC 计算机,强调高效的流水和采用编译方法进行流水调度,使得 RISC 技术设计风格得到很大补充和发展。

20 世纪 90 年代初,IEEE 的 Michael Slater 对于 RISC 的定义做了如下描述:RISC 处理器所设计的指令系统应能使流水线处理高效率执行,并使编译器生成优化代码。RISC 指令系统计算机的着眼点不是简单地放在简化指令系统上,而是通过简化指令使计算机的结构更加简单合理,从而提高运算速度。

RISC 为使流水线高效率执行,应具有下述特征:

- 简单而统一格式的指令译码。
- 大部分指令可以单周期执行完成。
- 只有 LOAD 和 STORE 指令可以访问存储器。
- 简单的寻址方式。
- 采用延迟转移技术。
- 采用 LOAD 延迟技术。

RISC 为使优化编译器便于生成优化代码,应具有下述特征:

- 三地址指令格式。
- 较多的寄存器。
- 对称的指令格式。

RISC 的主要问题是编译后生成的目标代码较长,占用了较多的存储器空间。但由于半导体集成技术的发展,使得 RAM 芯片集成度不断提高和成本不断下降,目标代码较长已不再是主要问题。RISC 技术的另一个潜在缺点是对编译器要求较高,除了常规优化方法外,还要进行指令顺序调度,甚至能替代通常流水线中所需的硬件连锁功能。

6.7　指令的执行

6.7.1　指令的执行过程

每条指令的执行过程大致可以分为三步,即:取指令、分析指令和执行指令,简称为取指、分析和执行。

1. 有关指令周期的概念

1)指令周期

指令周期是执行一条指令所需要的时间。也就是从取指令开始到执行完这条指令的全部时间。一个指令周期由若干个机器周期组成。

2)机器周期

机器周期也叫 CPU 周期,是指 CPU 访问一次主存或输入输出端口所需要的时间。一个机器周期由若干个时钟周期组成。

3)时钟周期

时钟周期是 CPU 处理操作的最小时间单位,也叫 T 周期、T 状态。

4) 取指和取指周期

从主存储器中读出指令,称为"取指",读出一条指令所需的时间称为"取指周期"。同一机器的所有指令的取指周期都相同。一般计算机的取指周期是一个机器周期的时间。

5) 执行指令和执行时间

取指操作后实现指令功能的全过程称为"执行指令",执行一条指令所需的时间称为"执行时间"。指令不同其执行时间也不同,一般一条指令的执行时间需要若干个机器周期的时间。

取指周期和执行时间之和称为指令周期,即从取指开始到指令执行结束所需的总时间。

2. 指令执行过程分析

由于计算机的各种指令存储形式有长、短格式之分,寻找方式又多种多样,指令功能千差万别,因此各种指令的执行过程和执行时间、指令周期也有很大差别。下面分析三种基本指令——数据传送、加法运算和转移指令的执行过程,来说明一般指令在指令执行过程中的共同规律。

1) 数据传送指令

指令形式:MOV R_1,R_2

解释:该指令是把源寄存器的内容传送到目的寄存器之中。

操作过程:该指令执行的三个过程——取指、分析、执行分别如下。

(1) 取指。

要执行数据传送指令 MOV R_1,R_2 时,程序计数器(PC)的内容为这条指令在主存中的地址,把该地址值装入地址寄存器 MAR,再送地址总线,然后由地址总线寻找该地址所在的主存单元,读出该指令的指令代码,经数据总线输入 CPU 中的指令寄存器 IR。

(2) 分析(指令译码)。

指令的操作码经指令译码器译码后,识别出这是一条从源寄存器到目的寄存器的数据传送指令,R_1 和 R_2 所对应的地址码经各目的地址译码器译码,分别选中源寄存器 R_1 和目的寄存器 R_2。在指令译码的同时,程序计数器(PC)的内容加 1,以指向下一条指令,保证程序的顺序执行。

(3) 执行。

根据指令译码的结果,以及所选中的源寄存器和目的寄存器,控制器发出相应的控制信号,有序地开启三态门,通过数据总线进行数据传送操作。

该指令执行完,又按新的 PC 值进入下一条指令的取指操作。

2) 加法指令

指令形式:ADD EA

解释:该指令指定一个操作数是累加器 AC 中的值,EA 为存放另一个操作数的主存单元有效地址,指令的功能是把累加器 AC 和有效地址为 EA 的主存单元的内容相加,其和送回到累加器 AC 中。即实现(AC)+(EA)→AC。

操作过程:

(1) 取指。把程序计数器(PC)的内容(指令地址)装入地址寄存器 MAR,送到地址总线,然后由地址总线选中该地址所在的主存单元,取出该指令的指令代码,经数据总线输入 CPU 中的指令寄存器 IR。

(2) 分析(指令译码)。指令的操作码经指令译码器译码后,识别出这是一条累加器 AC

与主存单元相加的加法指令,存放在指令寄存器 IR 中的数据地址 EA 输出到地址总线,地址总线根据地址 EA 在加法指令控制下从主存单元读出相应数据,送上数据总线并装入 CPU 中的暂存寄存器 TR。在指令译码的同时,程序计数器 PC 的内容加 1,产生下一条指令地址。

(3) 执行。累加器 AC 中的数据和暂存寄存器 TR 中的数据送入算术逻辑运算部件 ALU 进行加法操作,操作后的两数之和由 ALU 输出,经数据总线输入累加器 AC。该指令操作结束。

该指令执行完,又按新的 PC 值进入下一条指令的指令周期。

注意:本例中,存放操作数的存储器有效地址 EA 是以直接寻址方式给出的,所以在指令译码后,可立即根据直接地址 EA 进行读存储器操作。如果指令中存储器操作数是由其他寻址方式给出,则在进行读存储器操作前还需经过有效地址 EA 的计算步骤。

3) 转移指令

指令形式:JMP　EA

解释:该指令是无条件转移到以 EA 为转移地址的转移指令。

操作过程:该指令执行的三个过程是:

(1) 取指。把程序计数器(PC)的内容(指令地址)装入地址寄存器 MAR,送到地址总线,然后由地址总线选中该地址所在的主存单元,取出该指令的指令代码,经数据总线输入 CPU 中的指令寄存器 IR。

(2) 分析(指令译码)。指令的操作码经指令译码器译码后,识别出这是一条无条件转移指令。在指令译码的同时,程序计数器(PC)的内容加 1,产生下一条指令地址。

(3) 执行。识别出这是一条无条件转移指令后,即把指令中的地址码部分——转移地址 EA 送上数据总线,再装入程序计数器(PC),至此,无条件转移指令执行结束。

下一条要执行的指令是以 EA 为地址的主存单元中存放的那条指令。因此,对无条件转移指令来说,在第二步中自动进行的 PC+1→PC 实际上是没有意义的。但对于条件转移指令而言,这一步很重要,它要判断条件是否满足:若条件满足,操作过程与无条件转移指令类似;若条件不满足,则不实现转移,其下一条指令的执行顺序就由 PC+1→PC 来保证。

从上述三条指令的执行过程可以得出,指令操作可以分解成取指和执行两部分。取指操作对不同指令基本是相同的,但指令的执行操作,不同的指令是不同的,尽管不同,仍然可以总结出如下几个步骤:

(1) 识别指令的功能和类型。

(2) 产生操作数地址。

(3) 取操作数。

(4) 执行功能操作,获得操作结果。

(5) 存储结果。

上述几步称为"子操作",各个子操作之间必须严格遵循一定的时序关系,这个时序是由控制器控制的。

6.7.2　指令的执行方式

指令是由控制器来执行的,由指令组成的程序(机器语言程序或汇编语言程序)在执行前一般都是存放在主存中的,执行时由控制器从程序的入口地址开始,逐条取出指令,分析指令并执行这些指令,周而复始直到程序执行完毕。

指令的执行在目前的计算机中有3种方式:顺序执行方式、重叠执行方式和流水线方式。

1. 顺序执行方式

顺序执行方式是一条指令接着一条指令按顺序执行的方式,如图6.14所示。

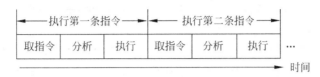

图6.14　指令的顺序执行方式

顺序执行方式的特点是:

(1) 就整个程序而言,是一条指令接着一条指令按顺序串行执行的。

(2) 就一条指令而言,其取指、分析、执行3个步骤也是顺序串行进行的。

(3) 这种执行方式控制简单,硬件容易实现,但执行速度较慢。

2. 重叠执行方式

重叠执行方式是执行多条指令时在时间段上有重叠的指令执行方式,如图6.15所示。

图6.15　指令的重叠执行方式

重叠执行方式的特点是:

(1) 就每条指令而言,其内部的取指、分析、执行操作仍为顺序串行执行。

(2) 从相邻的两条指令来看,它们的某些操作是同时进行的(所谓重叠,就是指两条指令的某些操作同时进行的意思)。

在图6-15中,i+1条指令的取指操作与i条指令的分析操作同时进行(操作重叠),i+2条指令的取指操作与i+1条指令的分析操作及i条指令的执行操作同时进行(操作重叠)。

重叠执行方式的优缺点显而易见。优点是可以提高指令的执行速度,缺点是这种执行方式技术较为复杂,需要解决3个方面的问题:

(1) 要解决好分析与取指过程中的访问主存冲突问题。取i+1条指令要访问主存,分析i条指令时需要取操作数,也要访问主存。而一般的计算机其数据和指令都是存放在主存里,同一时刻又只能访问主存的一个存储单元,这样分析i条指令的操作和取出i+1条指令的操作就不能同时进行。为了使这两个操作能重叠执行,在计算机中必须要采用一种特殊技术,目前采用的技术有:

- 设置两个存储器,独立编址,分别存放数据和指令。
- 采用多体交叉存储器作主存,只要i条指令所需要的操作数和i+1条指令不在同一个存储体中,就能实现两者的重叠执行。

- 设置指令缓冲寄存器,利用分析 i 条指令开始阶段的内存空闲时间,先把 i+1 条指令取出,并存入指令缓冲寄存器。这样,i+1 条指令的取指操作就变成了从缓冲寄存器中提取,需要的时间很短,可以合并到 i+1 条指令的分析操作中,从而变成指令的一次重叠执行方式。

（2）要解决好执行与分析重叠中的转移指令所带来的问题。假定 i 条指令为转移指令,转移到 j 条指令,这样,与 i 条指令的执行操作重叠执行的 i+1 条指令的分析操作就无效了,应撤消其操作,并代之以分析 j 条指令。

（3）要解决好操作数相关问题。如果 i+1 条指令所用到的操作数正好是 i 条指令的运算结果,那么,在采用顺序执行方式时就不会出现什么问题。而采用重叠执行方式时,若 i+1 条指令的分析操作中取操作数的时间比 i 条指令的执行操作中送结果的时间提前就会出现错误。实际上,这是数据地址产生了关联,地址关联既可能发生在主存,也可能发生在通用寄存器。

3. 流水线方式

流水线方式是把指令的执行过程分解为若干个子过程,分别由不同的硬件去执行的方式。例如,通常把指令的执行过程分为取指、译码、取操作数和执行 4 个子过程,分别由取指、译码、取操作数和执行 4 个装置来完成,这种执行方式和工厂里的生产流水线一样,把产品的生产过程分为若干个工序,分别由不同的工种来完成。把指令的执行过程分为上述 4 个子过程来执行的流水线结构如图 6.16 所示。

图 6.16　指令的流水线结构

流水线的指令执行方式有下列两个特点:

（1）就每条指令而言,其各子过程内仍为顺序串行执行,即未改变一条指令的执行时间。

（2）每个子过程执行完毕,由于该装置已空闲,即可接收下条指令的该子过程执行。

流水线执行方式的优点很明显,程序的执行速度明显加快。若把指令的执行过程分为 N 个子过程,则可使程序的执行时间缩小为顺序执行方式时间的 1/N。指令的吞吐率是指计算机每秒所能处理的指令条数,所以说,流水线方式比顺序执行方式的指令吞吐率提高了 N 倍。缺点是硬件的结构较复杂。

6.8　本章小结

本章介绍了指令的分类、指令的格式、寻址方式以及指令的执行过程和执行方式等。按照指令所完成的功能可将指令分为若干类;为了指出数据的来源、操作结果的去向以及所执行的操作,一条指令必须包含操作码和地址码两部分内容,其中操作码规定了操作的类型,地址码规定了要操作的数据所存放的地址以及操作结果的存放地址;为了清楚寻找操作数或信息的地址,本章又介绍了寻址方式,即产生访问主存的实际地址的方法,包括指令的寻址方式和操作数的寻址方式两种;在本章的最后介绍了指令的执行过程及执行方式。

本章需要学生重点掌握指令的格式以及指令的执行过程,为控制器的学习打下基础。

6.9 习题

一、选择题

1. 直接、间接、立即三种寻址方式指令的执行速度由快到慢的排序是( )。
   A. 直接、立即、间接　　　　　　　　B. 直接、间接、立即
   C. 立即、直接、间接　　　　　　　　D. 立即、间接、直接

2. 指令系统中采用不同寻址方式的目的是( )。
   A. 实现存储程序和程序控制
   B. 缩短指令长度,扩大寻址空间,提高编程灵活性
   C. 可以直接访问外存
   D. 提高扩展操作码的可能并降低指令译码难度

3. 一地址指令中为了完成两个数的算术运算,除地址码指明的一个操作数外,另一个数常采用( )。
   A. 堆栈寻址方式　　　　　　　　　　B. 立即寻址方式
   C. 隐含寻址方式　　　　　　　　　　D. 间接寻址方式

4. 寄存器间接寻址方式中,操作数在( )。
   A. 通用寄存器　　　B. 主存单元　　　C. 程序计数器　　　D. 外存

5. 扩展操作码是( )。
   A. 操作码字段中用来进行指令分类的代码
   B. 指令格式中不同字段设置的操作码
   C. 操作码字段中用来操作字段的代码
   D. 一种指令优化技术,即让操作码的长度随地址数的变化而变化

6. 能够改变程序执行顺序的是( )。
   A. 数据传送类指令　　　　　　　　　B. 移位操作类指令
   C. 输入输出类指令　　　　　　　　　D. 条件/无条件转移类指令

7. 以下的( )不能支持数值处理。
   A. 算术运算类指令　　　　　　　　　B. 移位操作类指令
   C. 字符串处理类指令　　　　　　　　D. 输入输出类指令

8. MOV AX,ES:[1000H]源操作数的寻址方式是( )。
   A. 立即寻址　　　B. 直接寻址　　　C. 变址寻址　　　D. 基址寻址

9. 一个完善的指令系统应满足完备性、有效性、规整性和( )的要求。
   A. 对称性　　　B. 匀齐性　　　C. 兼容性　　　D. 可变性

10. CISC指令系统比较复杂,具体表现在指令数一般多于( )条。
    A. 1　　　　　B. 4　　　　　C. 10　　　　　D. 100

二、填空题

1. 操作数在寄存器中,为_____寻址方式;操作数地址在寄存器中,为_____寻址

方式；操作数在指令中，为_____寻址方式；操作数地址（主存）在指令中，为_____寻址方式；操作数的地址，为某一寄存器内容与位移量之和，可以是_____，_____，_____寻址方式。

2. 一条完整的指令是由_____和_____两部分信息组成的。

3. 指令中的地址码字段包括_____和_____，前者用于指明操作数的存放处，后者用于存放运算的结果。

4. 指令格式按地址码部分的地址个数可以分为_____、_____、_____、_____和_____。

5. 指令系统的_____是指在指令系统中，所有的寄存器和存储器单元都可同等对待，所有的指令都可使用各种寻址方式。

6. CISC 指令系统的主要特点包括：指令系统复杂、绝大多数指令需要多个时钟周期方可执行完毕和_____。

三、简答题

1. 指令长度和机器字长有什么关系？什么是半字长指令、单字长指令、双字长指令？

2. 程序采用相对寻址有什么优点？

3. 三地址指令、二地址指令和一地址指令各有什么特点？

4. CISC 指令系统主要存在的问题有哪些？

5. 设某机器的指令长度为 12 位，每个地址码为 3 位，采用扩展操作码的方式，设计 4 条三地址指令，255 条一地址指令和 8 条零地址指令，应如何安排操作码？

6. 设某机器的指令长度为 16 位，采用扩展操作码的方式，操作数地址为 4 位。该指令系统已有 M 条三地址指令，N 条二地址指令，没有零地址指令，最多还有多少条一地址指令？

7. 指令格式结构如下所示，分析指令格式和寻址方式特点。

15	10		7	4	3	0
OP			源寄存器		基址寄存器	
偏移量（16 位）						

6.10 参考答案

一、选择题

1. C   2. B   3. C   4. B   5. D   6. D   7. D   8. D   9. C   10. D

二、填空题

1. 寄存器；寄存器间接；立即；直接；相对；基址；变址

2. 操作码；地址码/操作数

3. 源操作数地址；操作结果的地址/目的操作数地址

4. 零地址指令格式；一地址指令格式；二地址指令格式；三地址指令格式；多地址指

令格式

5. 对称性

6. 各种指令都可以访问存储器

三、简答题

1. 指令长度是指一条指令字中包含的二进制代码的位数,它等于操作码长度加上地址码长度。机器字长是指计算机能直接处理的二进制数据的位数,它决定了计算机的运算精度。指令长度与机器字长没有固定的关系,二者可以相等,也可以不等。通常指令长度等于机器字长的指令,称为单字长指令;指令长度等于半个机器字长的指令,称为半字长指令;指令长度等于两个机器字长的指令,称为双字长指令。

2. 这种寻址方式的优点是,操作数的存储地址是不固定的,它随指令地址(程序计数器值)的变化而改变;程序员无须用指令的绝对地址编程,可以把程序放在内存的任何地方。

3. 三地址指令是将地址码 1 和地址码 2 执行操作码操作,然后将结果存放在地址码 3 中;二地址指令是将地址码 1 和地址码 2 执行操作码操作后将结果存放在地址码 1 中;一地址指令的地址码是源操作数的地址。

4. (1) CISC 中各种指令的使用频度相差很悬殊,大量的统计数字表明,大约有 20% 的指令使用频度比较高,占据了 80% 的处理机时间。换句话说,有 80% 的指令只在 20% 的处理机运行时间内才被用到。

(2) 随着 VLSI 集成度的迅速提高,生产单芯片处理机已成为可能。在单芯片处理机内,希望采用规整的硬布线控制逻辑,不希望用微程序。而在 CISC 处理机中,大量使用微程序技术以实现复杂的指令系统,给 VLSI 工艺造成很大困难。

(3) 虽然复杂指令简化了目标程序,缩小了高级语言与机器指令之间的语义差距,但是增加了硬件的复杂程度,会使指令的执行周期增加,从而有可能使整个程序的执行时间增加。

5.

操 作 码	地址码 X	地址码 Y	地址码 Z
0 0 0			
...	X	Y	Z
0 1 1			
1 0 0	0 0 0	0 0 0	
...	...	...	Z
1 1 1	1 1 1	1 1 0	
1 1 1	1 1 1	1 1 1	0 0 0
...	...	...	...
1 1 1	1 1 1	1 1 1	1 1 1

6. 一地址指令的条数: $2^{12} - 2^8 \times M - 2^4 \times N$

7.

(1) 双字长二地址指令,用于访问存储器。

(2) 操作码字段 OP 为 6 位,可以指定 64 种操作。

(3) 一个操作数在源寄存器(共 16 个),另一个操作数在存储器中(由基址寄存器和偏移量决定),所以是 RS(寄存器-存储器)型指令。

第7章

控制器

本章学习目标

- 了解总线组织、中断系统以及控制器的常规逻辑设计法与微程序设计思想
- 掌握控制器的基本功能、控制器的组成及工作过程
- 重点掌握控制器的控制方式及取指令、分析指令、执行指令的过程

计算机是按照存储器中程序指令的要求自动进行工作的。程序及原始数据的输入、CPU 内部的信息处理、结果的输出、外设与主机的信息交换等都是在控制器的控制下实现的。控制器是计算机自动工作的关键。在了解了控制器如何工作之后,结合第 1～6 章内容将会建立起计算机的完整概念。

7.1 控制器的组成及工作过程

7.1.1 控制器的基本功能

计算机之所以能快速、自动地连续工作,是由于控制器在程序的要求下不断对机器进行控制的结果。控制器的作用是控制程序的执行,就是把指令不断从存储器中取出,分析并控制其他部件协调工作,完成指令规定动作的过程。为此,它必须具有以下基本功能。

1. 取指令

计算机在执行程序时,要依次从存储器中把指令取出才能进行分析和执行。程序员设计的程序预先存放在主存储器中。指令所在的存储器地址由程序计数器(Program Counter,PC)给出。程序的首条指令地址可由系统自动生成,也可由系统程序员人工设置,以后的各条指令地址,都将由系统根据程序自动生成。

根据 PC 中的地址信息去访问主存储器的相应单元,就可以从内存取出指令。另外,在取完一条指令后,PC 还要做相应的修改,以便形成下一条指令的地址。

2. 分析指令

分析指令又叫解释指令、指令译码等。是对当前取出的指令进行分析和解释,指出它将要进行何种操作,并产生相应的信号,如参与操作的数据在存储器中,还需要形成操作数的有效地址(Effective Address,EA)。

3. 执行指令

根据指令分析阶段形成的操作控制信号序列,分别对运算器、存储器和输入输出设备以及控制器本身进行控制,实现指令规定的功能。

4. 控制程序和数据的输入与结果输出

由于有了程序,计算机才能进行自动控制,因此控制器必须首先具有把程序员编写的程序与原始数据通过输入设备输入到计算机内部的功能。并且在运算期间及运算结束时,能发出一些相应的命令把结果通过输出设备展现给用户。

5. 随机事件和某些特殊请求的处理

计算机在运行中会随机地出现某些异常情况和一些特殊的请求,如算术运算的溢出、数据传送的奇偶校验错、电压下降以及外设的 DMA(Direct Memory Access)请求等。对于这些情况,控制器应能及时自动进行处理。

7.1.2 控制器的组成

控制器是计算机的指挥中心,影响其组成的因素很多,如微操作序列部件的组成、指令系统与指令格式、控制方式等,尽管如此,不同型号计算机的控制器在基本工作过程、基本组成方面还是基本一致的。控制器的基本组成如图 7.1 所示。

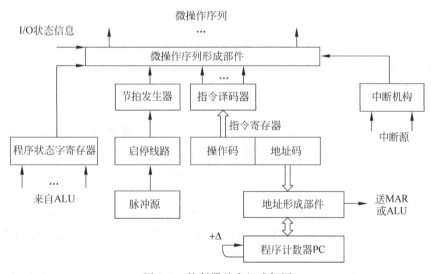

图 7.1 控制器基本组成框图

1. 指令部件

指令部件的主要任务是完成取指令并分析指令。包括以下 4 部分。

1)程序计数器

程序计数器又称指令计数器(PC),用来存放当前指令或接下来要执行的指令的地址。

指令地址的形成分两种：对于顺序执行的情况，PC 的值应不断地增量（＋Δ，增加一条指令所占用的存储单元数量），增量的功能可由程序计数器自己完成，也可由运算器完成；对于非顺序执行的程序，一般由转移类指令将指令的有效地址合成后送往程序计数器。

2）指令寄存器

指令寄存器（IR）用来存放从存储器中取出的指令。

3）指令译码器

指令译码器又称指令功能分析解释器。是指对指令寄存器中的指令操作码进行分析、解释，并产生相应的信号送给微操作序列形成部件。

4）地址形成部件

根据指令不同的寻址方式，形成操作数的有效地址。指令的寻址方式有两种，一种是顺序寻址方式，另一种是跳转寻址方式。关于操作数的寻址方式详见 6.4 节。

（1）顺序寻址方式。顺序寻址方式是指令地址在内存中按顺序安排，当执行一段程序时，通常是以一条指令接一条指令的方式执行。

与执行顺序程序一样，指令在执行过程中，根据程序计数器（PC）的值去访问存储器的存储单元，在指定的存储单元中取出指令后，PC 自动增量（＋Δ），从而指向下一条指令所在的存储单元。

（2）跳转寻址方式。当程序改变指令的执行顺序时，指令的寻址就采取跳转寻址方式。

跳转是指下一条指令的地址不是由程序计数器（PC）给出，而是由本条指令给出。程序跳转后，按新的指令地址开始顺序执行。程序计数器的内容也必须相应改变，以便及时跟踪新的指令地址。

跳转指令就是程序中的转移指令。当程序执行至转移指令时，下一条将要执行的指令可能就不是程序中的下一行了。如果转移成功，则转移到某个目标位置继续执行，这时下条指令的地址将通过相应的计算方法由本条指令给出。

2. 时序部件

时序部件能产生一定的时序信号，以保证计算机的各功能部件有节奏地运行。计算机工作的过程就是不断执行指令的过程，执行一条指令的全部时间称为指令周期。通常将指令周期划分为若干个机器周期，每个机器周期又分为若干个节拍，每个节拍中又包含一个或几个工作脉冲。

（1）脉冲源。脉冲源用来产生一定频率和宽度的时钟脉冲信号作为整个机器的基准时序脉冲（也称为机器的主脉冲）。实际上，它是具有一定频率的方波或窄脉冲信号发生器，其工作频率称为"计算机主频"。

（2）启停线路。计算机加电后，立即产生一定频率的主脉冲，但这并不意味着计算机已经开始工作，而是要根据计算机的需要，在启停线路的作用下可靠地开放或封锁脉冲，实现对计算机安全可靠的启动和停机。

（3）节拍信号发生器。又称脉冲分配器，其主要功能是按时间先后次序，周而复始地发出各个机器周期中的节拍信号，用来控制计算机完成每一步微操作。常用计数器、移位器等多种线路构成。

3. 微操作序列形成部件

微操作是一个指令周期中最基本的不可再分的操作,不同的机器指令具有不同的微操作序列。微操作信号发生器就是用来产生微操作命令序列(以下简称微操作序列),根据微操作序列的形成方式不同,控制器可分为硬布线控制器和微程序控制器,不管是哪种控制器,微操作序列的形成主要与下列信号有关。

(1) 指令寄存器中的操作码经过指令译码器后所产生的译码信号。

(2) 时序部件提供的时序信号。

(3) 程序状态字寄存器(Program Status Word Register,PSWR)中的状态字所提供的状态信号。

(4) 中断机构输出的信号。

4. 中断机构

响应和处理中断的逻辑线路称为中断机构,负责处理异常情况和特殊请求。

由于大规模集成电路的发展,目前计算机的体系结构已有了很大的发展,一些先进的技术已引入计算机系统中,如指令预取、流水线等,在7.3节中我们将在图7.1的基础上逐步介绍。

7.1.3 控制器的工作过程

一条指令的执行通常可以分为三个阶段,即取指令、分析指令和执行指令。

1. 取指令

任何一条指令的执行,都必须先取指令,这个阶段主要是将指令从主存中取出并放入CPU内部的指令寄存器中。具体的操作如下。

(1) 将程序的启动地址,即第一条指令的地址置于程序计数器(PC)中。

(2) 将 PC 中的内容送至主存的地址寄存器(MAR),并送地址总线 AB。

(3) 向存储器发读命令。读取指令时 CPU 是空闲的,利用这段时间完成 PC+Δ 的操作,为指令的连续运行做准备。

(4) 从主存中取出的指令经过主存的数据寄存器(MDR),再经过数据总线进入 CPU 中的指令寄存器中。

2. 分析指令

取出指令后指令译码器对保存在 IR 中的指令操作码进行译码,产生译码信号并送微操作序列形成部件,进而产生微操作序列送运算器、存储器、外设及控制器本身。

对于无操作数指令,只要识别出是哪一条指令,便可转入其执行指令阶段。而对于带操作数指令,则要根据具体的寻址方式去指令中、寄存器中或存储单元中寻找操作数,若操作数位于存储单元中,则首先要计算出操作数的物理地址,计算方法也要根据具体的寻址方式而定。

3. 执行指令

根据分析指令阶段产生的微操作序列,控制运算器、存储器、外设及控制器本身完成指令规定的各种操作。同时,一条指令执行完成的时候需要判断有无中断发生,若无中断发生,就继续执行下一条指令。若有中断到来,则要进行中断处理(有关中断的知识将在 7.4 节中讨论)。此时,一条指令执行完毕后下一条指令的地址已经在 PC 中,执行程序可以简单地看成不断地取指令、分析指令、执行指令,判断并处理中断的过程。

7.1.4 控制器的控制方式

计算机指令的执行过程是微操作序列完成的过程,这些微操作是有序的。在控制器的设计中,对于这些有序微操作的控制通常有同步控制方式、异步控制方式和混合(又称联合)控制方式 3 种。

1. 同步控制方式

同步控制方式如图 7.2 所示,又称为统一控制方式,集中控制方式或中央控制方式。是指机器有统一的时钟信号,所有的微操作控制信号都与时钟信号同步,且机器周期具有完全相同的执行时间。即只能按照指令系统中功能最强、执行时间最长的指令来确定指令周期的长度。

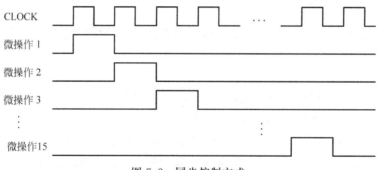

图 7.2 同步控制方式

例如,某指令系统中执行时间最长的指令需要 15 个节拍才能完成全部功能,而最简单的指令只需要 4 个节拍,那么全机统一的指令周期只能定位 15 个节拍,每节拍完成一个微操作。如图 7.2 所示,若 CLOCK 为机器的统一时钟,称为系统时钟,"微操作 1""微操作 2"……"微操作 15"为一个指令周期中各个微操作的控制信号,这些控制信号与系统信号完全同步。

这种控制方式设计简单,容易实现。但是,对于许多简单的指令来说会有较多的空闲时间,造成了较大数量的时间浪费,从而影响了指令的执行速度。

2. 异步控制方式

异步控制方式又可以称为可变时序控制方式、分散控制方式或局部控制方式。是指各项操作不采用统一的时序信号控制,而根据指令或部件的具体情况而定,需要多少时间就安排多少时间。微操作控制信号采用"起始——微操作——结束"方式进行工作,由前一项操作已经完成的"结束"信号,或由下一项操作的"准备好"信号来作为下一项操作的起始信号。在未收到"结束"或"准备好"信号之前不开始新的操作。例如:存储器读操作时,CPU向存储器发一个读命令(起始信号),启动存储器内部的时序信号,以控制存储器读操作,此时CPU处于等待状态。当存储器操作结束后,存储器向CPU发出结束信号,以此作为下一项操作的起始信号。异步控制方式的工作过程如图7.3所示。

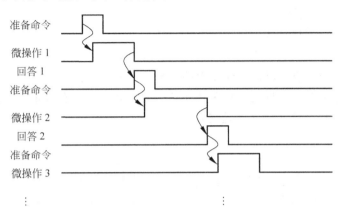

图 7.3　异步控制方式

异步控制方式采用不同的时序,每个微操作信号的宽度是根据对应微操作的需求来确定的,因而提高了机器的效率。但是,设计比较复杂,系统调度难度较大,且工作过程的可靠性不易保证。

3. 联合控制方式

集中以上两种控制方式的优点构成的联合控制方式。其基本做法是将指令周期分成多个机器周期,每个机器周期中再分成多个节拍。于是,各类机器指令可取不同的机器周期数作为各自的指令周期。总之,联合控制方式的设计思想是:在功能部件内部采用同步方式或以同步方式为主的控制方式,在功能部件之间采用异步控制方式。这种联合控制方式既不浪费很多时间,控制上又不很复杂,因此成为现代计算机中广泛采用的控制方式。

7.2　总线

总线是计算机系统中各个部件之间,主机系统与外围设备之间连接和交换信息的通路。总线在计算系统中起着十分重要的作用,各组成部件之间数据传输需要总线,控制命令的发出和状态信息的读取等都需要总线。

以一个单处理器系统为例,它所包含的总线,大致可以分为如下3类。

(1) 内部总线:CPU内部连接各寄存器及运算部件之间的总线。

(2) 系统总线:CPU同计算机系统的其他高速功能部件,如寄存器、通道等互相连接的总线。

(3) I/O总线:主机与外设之间进行数据通信,以及I/O设备之间互相连接的总线。

1. 总线的特性

总线是各部件进行信息交流的通道。因此,它应该是有标准的协议,大家都遵循统一的标准。一般来讲,总线的特性从物理、功能、电气和时序4个方面对其特性进行描述。

(1) 物理特性:规定总线的物理连接方式,包括总线的根数、总线的插头、插座的形状以及引脚线的排列方式等。

(2) 功能特性:描述总线中每一根线的功能。

(3) 电气特性:定义每一根线上的信号的传递方向及有效电平范围。以 CPU 为例,进入 CPU 的信号叫输入信号,从 CPU 发出的信号叫输出信号。

(4) 时序特性:时序特性定义每条线在什么时候有效。只有规定了总线上各种信号有效的时序关系,CPU 才能正确无误地使用。

2. 总线的标准化

相同的指令系统和功能,不同厂家生产的各功能部件在实现方法上可以有不同,但相同功能的部件却可以互换使用,其原因在于它们都遵守了共同的总线标准。这就是总线的标准化问题。

总线的标准化问题是十分重要的,各功能部件的生产厂家只有遵循相同的标准,按照同样的物理特性、功能特性、电气特性和时序特性进行功能部件的生产,才可以做到这些产品的兼容。在计算机行业,兼容性是十分重要的,总线的统一标准,是部件兼容的一个重要方面。

7.2.1　CPU 内部总线

目前所有的 CPU 都集成在单个芯片中,这使得 CPU 和计算机的其他部件接口十分清晰。每个 CPU 芯片都通过它的引脚和其外部设备进行通信,其中,有些引脚从 CPU 向外输出信号,有些引脚从外部接收信号,还有一些引脚既能输出信号也能接收外部信号。通过了解这些引脚的功能,可以知道 CPU 在数字逻辑层是如何与内存和输入输出设备打交道的。

如图 7.4 所示,CPU 芯片上的引脚可以分成 3 类:地址信号、数据信号和控制信号。这些引脚通过总线的平行导线和内存、输入输出芯片的相应引脚相连。要从内存取指令时,CPU 先将指令存放的内存地址输出到它的地址信号引脚上,然后发出一个或多个控制信号,通知内存它要读若干个字。内存回应这个请求,将 CPU 要读的字送到 CPU 的数据信号引脚上,并发出控制信号,表示它完成了这个动作。CPU 得到这个信号后,就可以从数字信号引脚接收这个字并执行指令。

决定 CPU 性能的两个关键参数是地址信号的引脚数和数据信号的引脚数。有 m 个地址信号引脚的 CPU 芯片最多可以寻址 2^m 个地址空间,m 的取值通常为 16、20、32 和 64。类似的,有 n 个数据信号引脚的 CPU 芯片可以在一次读写操作中读出或写入一个 n 位的字,n 的取值通常有 8、16、32、36 和 64 乃至更高的 2^n。只有 8 个数据信号引脚的 CPU 芯片需要 4 次读操作来读出一个 32 位的字,而有 32 个数据信号引脚的 CPU 芯片只要读一次就可以了。显然 32 个数据信号引脚的芯片要快得多,但它的价格也昂贵得多。

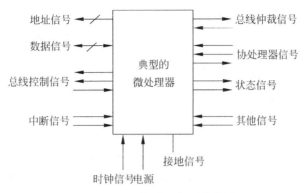

图 7.4　CPU 芯片逻辑引脚信号

除地址信号引脚和数据信号引脚之外,每个 CPU 都还会有一些控制信号引脚。这些控制信号用于调整进出 CPU 的数据流和时间,也完成一些其他用途。CPU 芯片的控制信号可以粗略地分为总线控制信号、中断信号、总线仲裁信号、协处理器信号、状态信号等。

总线控制信号几乎都是从 CPU 输出到总线的,用来表明 CPU 要读还是写内存,或做其他的事情。CPU 用这些信号来控制其他部件,告诉它们究竟要去做什么。

中断信号由输入输出设备输入到 CPU 中。在大多数计算机中,CPU 对输入输出设备发出启动命令后,在等待低速的输入输出设备完成工作的同时,CPU 都会去做一些其他的事情,以提高工作效率。这样,当输入输出设备完成任务后,输入输出设备的接口芯片将发出一个中断信号到 CPU,要求 CPU 响应输入输出设备的请求,例如,检查一下是否有输入输出错误等。有些 CPU 可能会有一个控制信号来响应中断信号。

总线仲裁信号用于控制总线上的流量,以防止两个设备在同一时刻使用总线。仲裁时,CPU 也被视为设备,和其他设备一样申请使用总线。

有些 CPU 芯片是为了和协处理器共同工作而设计的,常见的协处理器有浮点运算芯片,甚至还有图形运算芯片和其他芯片。为方便 CPU 和协处理器之间的通信,这些 CPU 设计了特殊的控制信号引脚,以满足这方面的要求。

除上述信号之外,有些 CPU 还有另外一些控制信号引脚。有些用来提供或接收状态信号,另外一些用于重新启动计算机,还有一些用来保证它和旧的输入输出芯片之间的兼容性。

CPU 的设计者可以自由地根据他们的需要使用芯片内部的总线,但为了使第三方设计的接口板能连接到系统总线上,就必须详细定义总线工作的原则,并要求所有与总线连接的设备必须遵循这些原则,就是总线协议。除此之外,还必须制定总线的机械和电子规格,使第三方的接口板能够负载适宜,接口合适,并能对其提供合适的电压和时序信号等。

7.2.2　系统总线

1. 系统总线的组成

连接计算机主要部件的总线称为系统总线。计算机系统含有多种总线,它们在计算机系统的各个层次提供部件之间的通路。

系统总线通常包含 50～100 条分立的线,由数据总线、地址总线、控制总线和电源线与地线组成。

(1) 数据总线用来传送各功能部件之间的数据信息。

(2) 地址总线主要用来指出数据总线上的数据在主存单元上或 I/O 端口的地址。

(3) 控制总线用来控制对数据总线、地址总线的访问和使用。典型的控制信号包括以下内容:

- 存储器写(Memory Write):将数据总线上的数据写入被寻址的存储单元。
- 存储器读(Memory Read):将所寻址的存储单元中的数据放到数据总线上。
- I/O 写(I/O Write),将数据总线上的数据输出到被寻址的 I/O 端口内。
- I/O 读(I/O Read):将被寻址的 I/O 端口的数据放到数据总线上。
- 总线请求(Bus Request):表示某个模块需要获得总线的控制。
- 总线允许(Bus Grant):表示发出请求的模块已经被允许控制总线。
- 数据确认(Data ACK(Acknowledge)):表示数据已经被接收,或已经放到了总线上。
- 中断请求(Interrupt Request):表示某个中断正在请求。
- 中断确认(Interrupt ACK):确认请求的中断已经被识别。
- 时钟(Clock):用于同步操作。
- 复位(Reset):初始化所有模块。

(4) 电源线与地线用来保障计算机合理、可靠的工作。电源体系的可靠与合理布局是正确工作的先决条件,一般采用双面复接技术。

2. 总线的性能指标

总线的性能指标如下:

(1) 总线宽度。它是指数据总线的根数。用位(bit)表示,如 8 位,16 位,32 位,64 位,128 位。

(2) 标准传输率。即在总线上每秒能传输的最大字节量。用 MB/s 表示。如总线工作频率位 33MHz,总线宽度为 32 位,则它的最大传输率为 132MB/s。

(3) 时钟同步/异步。总线上的数据与时钟同步工作的总线称同步总线,与时钟不同步工作的总线称异步总线。

(4) 总线复用。通常地址总线与数据总线在物理上是分开的两种总线,地址总线传递地址码,数据总线传输数据信息。为了提高总线的利用率,将地址总线和数据总线共用一组物理线路,只是某一时刻该总线传输地址信号,另一时刻传输数据信号或命令信号。

(5) 信号线数。即地址总线、数据总线和控制总线三种总线数的总和。

(6) 总线控制方式。包括并发工作、自动配置、仲裁方式、逻辑方式、计数方式等。

(7) 其他指标。如负载能力等问题。由于总线对不同的电路的负载不同,即使同一电路板在不同的工作频率下,总线的负载也不同。因此,通常用可连接扩充电路板的数量来反映总线的负载能力。

几种流行的微型计算机的总线性能如表 7.1 所示。

表 7.1　几种流行的微型计算机总线性能

名　　称	ISA(PC-AT)	EISA	STD	VESA(VL-BUS)	MCA	PCI
适用机型	80286、386、486 系列机	386、486、586、IBM 系列机	Z-80、V20、V40、IBM-PC 系列机	I486、 PC-AT 兼容机	IBM 个人机与工作站	P5 个人机、PowerPC、Alpha 工作站
最大传输率	16MB/s	33MB/s	2MB/s	266MB/s	40MB/s	133MB/s
总线宽度	16 位	32 位	8 位	32 位	32 位	32 位
总线工作频率	8MHz	8.33MHz	2MHz	66MHz	10MHz	0~33MHz
同步方式	同步			异步	同步	同步
仲裁方式	集中	集中	集中	集中		集中
地址宽度	24	32	20			32/64
负载能力	8	6	无限制	6	无限制	3
信号线数	98	143		90	109	49
64 位扩展	不可	无规定	不可	可	可	可
并发工作				可		可
引脚使用	非多路复用	非多路复用	非多路复用	非多路复用		多路复用

7.2.3　微处理器的总线结构

本节介绍微处理器的总线结构。微处理器采用单总线结构,如图 7.5 所示。所谓单总线结构,是指计算机的数据信息、地址信息和控制信息都由同一组总线传送。ALU 是运算

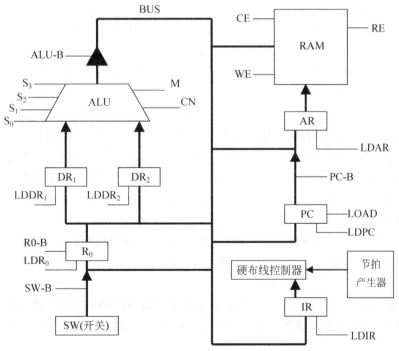

图 7.5　微处理器的数据通路

器,由正逻辑构成,能完成 16 种算术运算和 16 种逻辑运算;M 是状态控制端,当 M＝H 时执行逻辑运算,M＝L 时执行算术运算;S_0～S_3 是运算选择控制端,决定电路执行哪种算术运算或哪种逻辑运算;CN 是 ALU 的最低位进位输入,CN＝H 时无进位,CN＝L 时有进位;DR_1 和 DR_2 是 ALU 输入端的两个暂存器,均由带三态输出的寄存器构成,$LDDR_1$、$LDDR_2$ 分别为 DR_1、DR_2 的装数信号;R_0 是一个寄存器,由带三态输出的 8 位 D 寄存器构成,LDR_0 是装数信号,R_0-B 是数据输出信号,RAM 的容量为 256×8 位,CE 是片选信号,RE 是读信号,WE 是写信号,RAM 的地址由地址寄存器 AR 提供,AR 由带三态输出的寄存器构成,LDAR 是 AR 的装数信号;输入设备为开关 SW,SW-B 是控制开关状态输出的三态门的选通信号;输出设备为总线上所连的二极管指示灯;PC 是程序计数器,由带三态输出的寄存器构成,具有计数功能,LDPC＝1、LOAD＝1 时 PC 装数,LDPC＝1 时,PC＋1;IR 是指令寄存器,由带三态输出的寄存器构成,LDIR 用于存放指令信号。

7.3　中断系统

中断对于操作技术的重要性就像齿轮对于机器的重要性一样,所以,许多人把操作系统称为是由"中断驱动"的。

7.3.1　问题的提出

所谓中断是指 CPU 对系统中发生异常的响应。异常是指无一定时序关系的随机发生的事件。如外部设备完成数据传输,实时控制设备出现异常情况等。"中断"这个名称来源于:当这些异常发生后,打断了处理器对当前程序的执行,而转去异常(即执行该事件的中断处理程序)。直到处理完该异常之后,再转回原程序的中断点继续执行。这种情况很像日常生活中的一些现象。例如你正在看书,此时电话响了(异常),于是用书签记住正在看的那一页(中断点),再去接电话(响应异常并进行处理),接完电话后再从被打断的那页继续向下看(返回原程序的中断点执行)。

最初,中断技术是作为向处理器报告"本设备已完成数据传输"的一种手段,以免处理器不断地测试该设备状态来判定此设备是否已完成传输工作。目前,中断技术的应用范围已大为扩大,成为所有要打断处理器正常工作并要求其去处理某一事件的一种常用手段。引起中断的那些事件称为中断事件或中断源,处理中断事件的程序称为中断处理程序。一台计算机中有多少中断源,这要视各个计算机系统的需要而安排。就 IBM-PC 而论,它的微处理器 8088 就能处理 256 种不同的中断。

由于中断能迫使处理器执行中断处理程序,而这个中断处理程序的功能和作用可以根据系统的需要进行安排设计。所以中断系统对于操作系统完成管理计算机的任务是十分重要的,一般来说中断具有以下作用:

(1) 能提高处理器的使用效率。因为输入输出设备可以用中断的方式同 CPU 通信,报告其完成 CPU 所要求的数据传输的情况和问题,这样可以避免 CPU 不断查询和等待外设,从而大大提高处理器的效率。

(2) 提高系统的实时处理能力。因为具有较高实时处理要求的设备,可以通过中断方式请求及时处理,所以处理器能够立即运行该设备的处理程序(也是该中断的中断处理程序)。

7.3.2 中断系统的功能

如何接受和响应中断源的中断请求,图 7.6 中所示的是 IBM-PC 的中断源及中断逻辑。在 IBM-PC 中有可屏蔽的中断请求 INTR,这类中断主要是输入输出设备的 I/O 中断。这种 I/O 中断可以通过建立在程序状态字(Progrom State Word,PSW)中的中断屏蔽位加以屏蔽,此时即使有 I/O 中断,处理器也不予以响应;另一类中断是不可屏蔽的中断请求,这类中断属于机器故障中断,包括内存奇偶校验错以及掉电使机器无法继续操作下去等中断。这类中断是不能被屏蔽的,一旦发生这类中断,处理器不管程序状态字中的中断屏蔽位是否建立都要响应这类中断并进行处理。

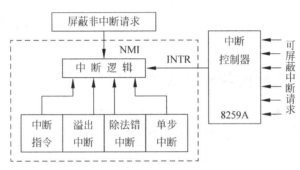

图 7.6 IBM-PC 中断逻辑和中断源

此外还有程序中的问题所引起的中断(如溢出中断、除法错中断)和软件中断等,由于 IBM-PC 中具有很多中断源请求,它们可能同时发生,因此由中断逻辑按中断优先级加以判定,究竟响应哪个中断请求。

而在大型计算机中为了区分和不丢失每个中断信号,通常对应每个中断源都分别用一个固定的触发器来寄存中断信号。通常规定其值为"1"时,表示该触发器有中断信号,为"0"时表示无中断信号。这些触发器统称为中断寄存器,每个触发器称为一个中断位。所以中断寄存器是由若干个中断位组成的。

当有中断信号时,外设将中断信号发送给中央处理器并要求它处理,但中央处理器又是如何发现中断信号的呢? 为此,在处理器的控制部件中增设了一个能检测中断的机构,称为中断扫描机构。通常在每条指令执行周期内的最后时刻扫描中断寄存器,询问是否有中断信号到来。若无中断信号,就继续执行下一条指令。若有中断到来,则中断硬件将该中断触发器内容按规定的编码送入程序状态字 PSW 的相应位(IBM-PC 中是第 16~31 位),称为中断码。

无论是微型计算机还是大型计算机,都有很多中断源,这些中断源按其处理方法以及中断请求响应方式的不同划分为若干中断类型。如 IBM-PC 的中断分为可屏蔽中断(I/O 中断)、不可屏蔽中断(机器内部故障,掉电中断)、程序错误中断(溢出、除法错等中断)、软件中断(Trap 指令或中断指令 INT_n)等。

IBM370 和 IBM43 系列等大型机中,中断被划分为 5 类(许多微型机也有类似的分类):

(1) 机器故障中断。如电源故障,机器电路检验错,内存奇偶校验错等。

(2) 输入输出中断。用以反映输入输出设备和通道的数据传输状态(完成或出错)。

（3）外部中断。包括时钟中断，操作员控制台中断，多机系统中其他机器的通信要求中断。

（4）程序中断。程序中的问题引起的中断，如错误地使用指令或数据、溢出等问题，存储保护，虚拟存储管理中的缺页，缺段等。

（5）访管中断。用户程序在运行中经常会请求操作系统为其提供某种功能的服务（如为其分配一块主存，建立进程等）。那么用户程序是如何向操作系统提出服务请求的呢？用户程序和操作系统间只有一个相通的"门户"，这就是访管指令（在大型机中该指令的记忆码是 SVC，所以常称 SVC 指令；在小型和微型计算机中的自陷指令，Trap 指令也具有类似的功能），指令中的操作数规定了要求服务的类型。当 CPU 执行访管指令时（SVC 指令、Trap 指令或 Z-8000 的 SC 指令），立即引起中断（称访管中断或自陷中断）并调用操作系统相应的功能模块为其服务。

假设一个程序在执行过程中遇到了中断，这些中断对于程序来说都属于外界（程序之外）强迫其接受的，只有访管中断是程序自愿要求中断。

7.3.3　中断系统的结构及工作过程

目前多数微型处理器有着多级中断系统（如图 7.6 中的 IBM-PC 的中断逻辑所示），即可以有多根中断请求线（级）从不同设备（每个设备只处于其中一个中断级上，只与一根中断请求线相连在该设备的接口上）连接到中断逻辑。如 M68000 有 7 级、PDP-11 有 4 级、Z-8000 有 3 级、Intel-8086 有两级（包括 IBM-PC）\MCS-48 只有一级。通常具有相同特性和优先级的设备可连到同一中断级（线）上，例如系统中所有的磁盘和磁带可以是同一级，而所有的终端设备又是另一级。

与中断级相关联的概念是中断优先级。在多级中断系统中，很可能同时有多个中断请求，这时 CPU 接受中断优先级为最高的那个中断（如果其中断优先级高于当前运行程序的中断优先级时），而忽略中断优先级较低的那些中断。

如果在同一中断级中的多个设备接口中同时都有中断请求，中断逻辑又怎么办呢？这时有两种方法可以采用：

（1）固定的优先级。每个设备接口被安排一个不同的、固定的优先级顺序。在 PDP-11 中是以该设备在总线中的位置来定，离 CPU 近的设备，其优先级高于离 CPU 远的设备。

（2）轮转法。依次轮转响应各中断。这是一个较为公平合理的方法。

CPU 如何响应中断呢？这有两个方面的问题：

（1）CPU 何时响应中断。通常在 CPU 执行了一条指令以后，更确切地说是在指令周期最后时刻扫描中断寄存器，接受中断请求。

（2）如何确定提出中断请求的设备或中断源。只有知道中断源或中断设备是谁，才好调用相应的中断处理程序到 CPU 上执行。可以有两种方法：一是用软件指令去查询各个设备接口。这种方法比较费时，所以多数微型机对此问题的解决方法是使用另一种称为"向量中断"的硬件设施方法。当 CPU 接受某优先级较高的中断请求时，该设备接口给处理器发送一个具有唯一性的"中断向量"，以标识该设备。"向量中断"在计算机上实现的方法差别比较大。以 PDP-11 为例，它将主存的最低位的 128 个字保留作为中断向量表，每个中断向量占两个字。中断请求的设备接口为了标识自己，向处理器发送一个该设备在中断向量表中表目地址的指针。

在大型机中,中断优先级按中断类型划分,以机器故障中断的优先级最高,程序中断和访问管理程序中断次之,外部中断再次之,输入输出中断的优先级最低。

有时在 CPU 上运行的程序,由于种种原因,不希望其在执行过程中被别的事件所中断,这种情况称为中断屏蔽。在大型计算机中,通常在程序状态字 PSW 中设置中断屏蔽码以屏蔽某些指定的中断类型。在微型计算机中,如果其程序状态字中的中断禁止位建立后,则屏蔽中断(不包括不可屏蔽的那些中断)。如果程序状态字中的中断禁止位未建立,则可以接受其中断优先级高于运行程序的中断优先级的那些中断,另外在各设备接口中也有中断禁止位用来禁止该设备的中断。

微型计算机和大型计算机的中断处理大致相同,都是由计算机的硬件和软件(或固件)配合起来处理的。IBM-PC 的中断处理过程大致如下:

当处理器一旦接受某中断请求时,则首先由硬件进行如下操作(在微型计算机中称之为隐操作):

(1) 将处理器的程序状态字 PSW 压入堆栈。

(2) 将指令指针(Instruction Pointer, IP)(相当于程序代码段的段内相对地址)和程序代码段基地址寄存器(Code Segment, CS)的内容压入堆栈,以保存被中断程序的返回地址。

(3) 取来被接受的中断请求的中断向量地址(其中包含有中断处理程序的 IP 和 CS 的内容),以便转入中断处理程序。

(4) 按中断向量地址把中断处理程序的程序状态字取来,放入处理器的程序状态字寄存器中。

中断处理的硬件操作如图 7.7 所示,其主要作用是保存正在执行的程序现场,包括 PSW, IP 和 CS,并转入中断处理程序进行中断处理。当中断处理完成后,恢复被中断的程序现场,以便返回被中断程序,即把原来压入堆栈的 PSW、IP 和 CS 的内容取回来。

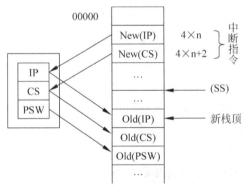

图 7.7　中断处理

7.4　控制器的常规逻辑设计法与微程序设计思想

7.4.1　控制器的常规逻辑设计法

控制器通常可以分为硬布线控制器和微程序控制器两种类别。本节介绍硬布线控制器的设计方法,7.5节再详细介绍微程序控制器的组成原理与实现方法。

硬布线控制器又称为组合逻辑控制器,是早期设计计算机的一种方法。这种控制器中的控制信号直接由各种类型的逻辑门和触发器等构成。这样,一旦控制部件构成后,除非重新设计和物理上对它重新布线,否则要想增加新的功能是不可能的。结构上的这种缺陷使得硬布线控制器的设计和调试变得非常复杂而且代价很大。所以,硬布线控制器被微程序控制器所取代。但是随着新一代机器及 VLSI 技术的发展,这种控制器又得到了重视,如RISC 机就使用这种控制器。

图 7.8 是硬布线控制器的结构图。逻辑网络(又称微操作序列形成部件)的输入信号来源有 3 个:①指令操作码译码器的输出 I_n;②来自时序发生器的节拍电位信号 T_k;③来自执行部件的反馈信号 B_j。逻辑网络的输出信号就是微操作控制信号,用来对执行部件进行控制。

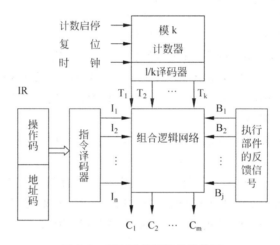

图 7.8　硬布线控制器的结构图

显然,硬布线控器的基本原理可表述为:某一微操作控制信号 C_m 是指令操作码译码器的输出 I_n、时序信号(节拍电位信号 T_k)和状态条件信号 B_j 的逻辑函数。即:

$$C_m = f(I_n, T_k, B_j)$$

用这种方法来设计控制器,需要根据每条指令的要求,让节拍电位和时序脉冲有步骤地去控制机器的各个有关部分,一步一步地依次执行指令所规定的微操作,从而在一个指令周期内完成一条指令所规定的全部操作。

一般来说,组合逻辑控制器的设计步骤如下:

1)绘制指令流程图

为了确定指令执行过程所需的基本步骤,通常是以指令为线索,按指令类型分类,将每条指令归纳成若干个微操作,然后根据操作的先后次序画出流程图。

2)安排指令操作时间表

指令流程图的进一步具体化,把每一条指令的微操作序列分配到每个机器周期的各个时序节拍信号上。要求尽量多地安排公共操作,避免出现互斥。

3)安排微命令表

以微命令为依据,表示在哪个机器周期的哪个节拍有哪些指令要求这些微命令。

4）进行微操作逻辑综合

根据微操作时间表，将执行某一微操作的所有条件（哪条指令、哪个机器周期、哪个节拍和脉冲等）都考虑在内，加以分类组合，列出各微操作产生的逻辑表达式，并加以简化。

5）实现电路

根据上面所得逻辑表达式，用逻辑门电路的组合或可编程逻辑阵列（Programmable Logic Array，PLA）电路来实现。

7.4.2 微程序设计思想

1．相关术语和概念

在具体介绍微程序设计之前，先来介绍一些相关的术语和概念。

1）微命令

微命令是构成控制信号序列的最小单位，通常是指那些直接用于某部件控制门的命令，如打开或关闭某部件通路的控制门的电位以及寄存器、触发器的输入脉冲等。微命令由控制部件通过控制总线向执行部件发出。

2）微操作

微操作是由微命令控制实现的最基本的操作。

微命令是微操作的控制信号，微操作是微命令的执行过程。在计算机内部实质上是同一个信号，对控制部件为微命令，对执行部件为微操作。很多情况下两者常常不加区分地使用。

3）微指令

微指令是一组实现一定操作功能的用二进制编码表示的微命令的组合。

4）微周期

微周期是从控制存储器读取一条微指令并执行相应的微操作所需的时间。

5）微程序

微程序是一系列微指令的有序集合。

2．微指令的格式、分类及编码方式

微指令的格式中包括微操作控制字段（也称微指令字段）和微地址控制字段（也称顺序控制字段或下址），如图7.9所示。

操作控制字段包括一条微指令中的微操作所需的全部控制信号的编码。微地址控制字段用于决定如何产生下一条微指令的地址，其中BCF为条件判别测试部分，BAF为下一条微指令地址部分。

微操作控制字段	微地址控制字段	
操作控制码	BCF	BAF

图7.9 微指令的格式

根据微指令的编码方式，可以将指令格式分为水平性微指令和垂直型微指令两大类。

1）水平型微指令

水平型微指令指一次能定义并执行多个并行操作控制信号的微指令。

水平型微指令的控制字段根据可并行操作的微命令进行编码，编码方式可采用下面的直接控制方式、直接编码方式和混合编码方式。水平型微指令中微操作的并行能力强。

（1）直接控制方式。

直接控制方式将微指令操作控制字段的每一个位定义为一个微指令，直接送往相应的控制点，控制实现一个微操作，也称为直接表示方式，如图 7.10 所示。

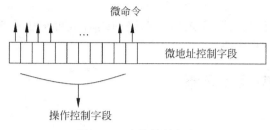

图 7.10 直接控制方式

这种方法简单直观，操作控制字段的输出可直接用于控制，但所得的微指令字长较长，所需的控制存储器的容量较大。

（2）直接编码方式。

直接编码方式就是对微命令进行编码。可分为以下 3 种方式。

① 最短编码方式。

最短编码方式将所有微命令进行统一编码，每条微指令只定义一个微命令。

最短编码方式的微指令的字长最短。设 N 为微命令的总数，则微指令控制字段的长度 L 满足 $L \geqslant \log_2 N$。但是这种方式所需的译码器复杂且不能充分利用机器硬件的并行性，所以很少独立使用。

② 字段直接编码方式。

字段直接编码方式将微指令的操作控制字段分为若干个子字段，各子字段分别进行编码。执行时，通过译码器对各子字段的编码进行译码，得到相应的微操作控制信号。

操作控制字段划分时应遵守的原则：

- 将相斥的微操作分在同一个子字段中，相容的微操作分在不同子字段中。相斥性微操作是指不能在同一时间或同一个机器周期内并行执行的微操作；相容性微操作是指可以在同一时间或同一个机器周期内并行执行的微操作。
- 每个子字段中应该留出一个状态，表示本字段不发出任何微命令。
- 每个子字段中定义的微命令不宜太多。

与直接控制方式相比，字段直接编码方式可用较少的二进制信息表示较多的微命令信号，使微指令字长大大缩短，但由于需要增加译码电路，所以使微程序的执行速度稍有减慢，如图 7.11 所示。

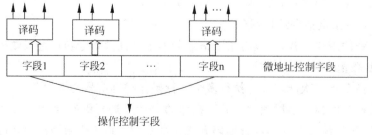

图 7.11 字段直接编码方式

③ 字段间接编码方式。

一个字段的编码必须与其他字段的编码联合,才能定义微命令。

字段间接编码方式是在字段直接编码方式的基础上再进一步压缩微指令的长度,但其译码电路也更加复杂,如图 7.12 所示。

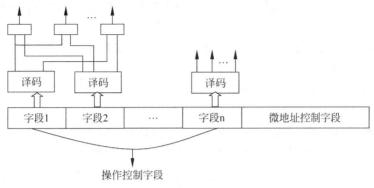

图 7.12　字段间接编码方式

（3）混合编码方式。

将直接控制方式与直接编码方式结合使用,把一些速度要求高或与其他控制信号相容的微命令用直接控制方式表示,其他信号用直接编码方式表示。

采用混合编码方式可以结合直接控制方式与直接编码方式的优点,以满足微指令字长、灵活性、执行速度等方面的要求。

2）垂直型微指令

微指令中设置微操作码字段,对各类微操作进行编码,由微操作码规定微指令的功能。通常一条微指令只能有一两种微操作命令。垂直型微指令不强调并行控制功能。

3）混合型微指令

从上面的讨论可以看出,水平型微指令和垂直型微指令各有其优缺点。在实际使用中,常常兼顾两者的优缺点,设计出一种混合型微指令,采用不太长的字长,又具有一定的并行控制能力,可高效地实现机器的指令系统。

水平型微指令与垂直型微指令的比较：

（1）水平型微指令并行操作能力强,效率高,灵活性强,垂直型微指令则较差。

（2）水平型微指令执行一条机器指令的时间短,垂直型微指令执行时间长。因为水平型微指令的并行操作能力强,因此与垂直型微指令相比,可以用较少的微指令数来实现一条指令的功能,即指令对应的微程序较短,从而缩短了指令的执行时间。而且当执行一条微指令时,水平型微指令的微命令一般可以直接控制对象,而垂直型微指令要经过译码,会影响速度。

（3）用水平微指令解释指令形成的微指令字较长,而微程序较短。垂直型微指令则相反,形成的微指令字较短而微程序长。

（4）水平型微指令与机器指令差别很大,用户很难看懂,而垂直型微指令与指令比较相似,用户比较容易掌握。

利用水平型微指令编制微程序称为水平型微程序设计；利用垂直型微指令编制微程序

称为垂直型微程序设计。

3. 微地址的形成方法

在微程序控制的计算机中,机器指令是通过一段微程序解释执行的。每一条指令都对应一段微程序,不同指令的微程序存放在控制存储器的不同存储区域内。存放微指令的控制存储器单元的地址称为微地址。有关微程序和微地址有以下概念。

(1) 微程序的初始微地址:指令所对应的第一条微指令所在控制存储器单元的编号,也称微程序的入口地址。

(2) 现行微指令:在执行微程序的过程中,当前正在执行的微指令。

(3) 现行微地址:现行微指令所在控制存储器单元的地址。

(4) 后继微指令:现行微指令执行完毕后,下一条要执行的微指令。

(5) 后继微地址:后继微指令所在的控制存储器单元的地址。

微程序的初始微地址通常是根据指令寄存器中的指令的操作码经一定的转换形成的。因此微地址的形成方法主要考虑的是如何确定下一条微指令的地址(后继微地址)。

1) 计数器方式

计数器方式(增量方式)就是用微地址计数器(μPC)来产生下一条微指令的微地址。顺序执行微指令时,后继微指令地址由现行微指令地址加上一个增量来产生;非顺序执行微指令时,用转移微指令实行转移。转移微指令的地址控制字段分成转移控制字段 BCF 与转移地址字段 BAF 两部分。当转移条件满足时,将转移地址字段作为下一个微地址;若转移条件不满足,则直接从微地址计数器中取得下一条微指令的微地址。

2) 断定方式

断定方式(下址字段法)就是根据机器状态决定下一条微指令的微地址。采用这种方式时,在微指令中设置下址字段来指明下一条要执行的微指令地址,即后继微地址包含在当前微指令的代码中。当微程序不产生分支时,后继微地址由微指令中的顺序控制字段给出。当微程序需要分支时,根据微指令中的"判别测试"和"状态条件"信息来选择若干个后继微地址中一个,因此断定方式也称为多路转移方式。由于断定方式在微指令中的下址字段指明了下一条要执行的微指令地址,所以无须设置转移微指令,但增加了微指令字的长度。

3) 计数器方式与断定方式相结合

在这种控制方式中,在微指令中设置一个转移控制字段 BCF 和转移地址字段 BAF,同时将微程序计数器的计数值作为分支时的两个下址之一。当转移条件满足时,将转移地址字段的内容作为后继微地址;若无转移要求,则直接从微地址计数器中取得后继微地址。

4. 微程序控制器的组成原理与微程序设计

微程序控制器的设计思想是由英国剑桥大学的威尔克斯教授于 1951 年提出来的,即将机器指令的操作(从取指令到执行)分解成若干个更基本的微操作序列,并将有关的控制信号(微命令)按照一定的格式编成伪指令,存放到一个只读存储器中,当机器运行时,一条一条地读出这些伪指令,从而产生全机所需要的各种操作控制信号,使相应部件执行所规定的操作。

微程序控制器同硬布线控制器相比较,具有规整、灵活和可维护一系列优点,已被广泛应用,在计算机设计中逐渐取代了早期采用的硬布线控制器。在计算机系统中,微程序设计技术是利用软件方法来设计硬件的一门技术。

1) 微程序控制器的组成原理框图

微程序控制器的组成原理框图如图 7.13 所示。它主要由控制存储器、微地址寄存器、微命令寄存器和地址转移逻辑 4 部分组成。

(1) 控制存储器。

控制存储器用来存放整个指令系统的所有微程序。一般计算机的指令系统是固定的,所以实现指令系统的微程序也是固定的,因此,控制存储器通常由高速半导体只读存储器构成,其存储容量视机器指令系统而定,即取决于微程序的数量,其字长就是微指令字的长度。

(2) 微指令寄存器。

微指令寄存器用来存放从控制存储器读出的当前微指令。微指令中包含两个字段,即微操作控制字段和微地址字段,微操作控制字段将操作控制信号送到控制信号线上,并提供判别测试字段,微地址字段用于控制下一条微指令地址的形成。

(3) 微地址寄存器。

微地址寄存器用来存放将要访问的下一条微指令的地址。

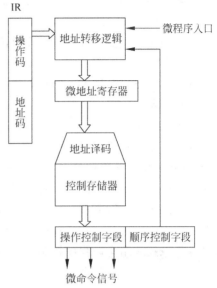

图 7.13 微程序控制器的组成原理框图

(4) 地址转移逻辑。

地址转移逻辑用来形成即将要执行的微指令的地址。其形成方式一般有以下几种:取指令公共操作所对应的微程序一般从控制存储器的 0 号单元开始存放,所以微程序的入口地址 0 是由硬件强制规定的;当微程序出现分支时,通过判别测试字段、微地址字段和执行部件的反馈信息形成后继微地址,包括根据操作码转移的情况。

2) 微程序控制器执行过程描述

在采用微程序控制的计算机中,若整个指令系统对应的微程序已放入控制存储器中,则它的执行过程可描述如下。

(1) 从控制存储器中逐条取出"取机器指令"用的微指令,执行取指令公共操作(执行完后,从主存中取出的机器指令就已存入指令寄存器中了。一般取指令微程序的入口地址为控制存储器的 0 号单元)。

(2) 根据指令寄存器中的操作码,经过微地址形成部件,得到这条指令对应的微程序入口地址,并送入微地址寄存器。

(3) 从控制存储器中逐条取出对应的微指令并执行。

(4) 执行完对应于一条机器指令的一段微程序后又回到取指微程序的入口地址,继续第(1)步,以完成取下一条机器指令的公共操作。

3) 微程序设计的实现方法

根据能否通过修改微指令和微程序来改变机器指令系统的功能,微程序设计可分为静态微程序设计和动态微程序设计。

(1) 静态微程序设计。

在指令系统固定的情况下,由计算机设计者事先编好每一条机器指令对应的微程序,微程序一般不再改动,这种微程序设计技术称为静态微程序设计。因为微程序一般不再改动,所以采用静态微程序设计的控制存储器可使用只读存储器(ROM)。

(2) 动态微程序设计。

如果通过改变微指令和微程序来改变机器的指令系统的功能,这种微程序设计技术称为动态微程序设计。因为动态微程序设计可以根据需要改变微指令和微程序,所以采用EPROM作为控制存储器。动态微程序设计可用于系统仿真,便于在一台机器上实现不同类型的指令系统。

为了用少量的控制器存储空间来达到高度并行的目的,可以进一步采用毫微程序设计。与微程序用于解释机器指令类似,毫微程序的作用是解释微程序,组成毫微程序的是毫微指令,毫微指令用于解释微指令。毫微程序设计采用两级微程序的设计方法。第一级微程序采用垂直型微指令,并行能力不强,但有严格的顺序结构,由它确定后继微指令的地址,当需要时可调用第二级微程序(即毫微程序)。第二级毫微程序用水平型微指令编制,具有很强的并行操作能力,但不包含后继微指令的地址。第二级毫微程序执行完毕后再返回到第一级微程序。在采用毫微程序控制的控制器中,第一级微程序存放在微程序控制存储器中,第二级毫微程序存放在毫微程序控制存储器中。

7.5　本章小结

控制器是CPU的重要组成部分,是计算机的指挥和控制中心。控制器把计算机的运算器、存储器、I/O设备等联系成一个有机的整体,并根据指令的具体要求,向各部件发出各种控制命令,控制计算机各部件自动、协调地进行工作。

控制器控制指令的正确执行,控制程序和数据的输入及结果的输出,控制对异常情况和特殊请求的处理。它由指令部件、时序控制部件、微操作控制信号形成部件、中断控制逻辑以及程序状态寄存器组成。控制器有同步控制、异步控制和联合控制三种控制方式。控制器可以分为硬布线控制器和微程序控制器两种。

总线(BUS)是计算机系统中各个部件之间、主机系统与外围设备之间连接的和交换信息的通路。总线在计算机系统中起着十分重要的作用,各组件之间数据传输,控制命令的发出和状态信息的读取等都需要总线。总线可以分为内部总线、系统总线和I/O总线三大类。

7.6　习题

一、选择题

1. 目前的CPU包括(　　)和Cache。
　　A. 控制器、运算器　　　　　　　　　　B. 控制器、逻辑运算器
　　C. 控制器、算术运算器　　　　　　　　D. 运算器、算术运算器

2. 若 A 机的 CPU 主频为 8MHz,则 A 机的 CPU 主振周期是(　　)。

    A. $0.25\mu s$　　　　　　B. $0.45\mu s$　　　　　　C. $0.125\mu s$　　　　　　D. $1.6\mu s$

3. 同步控制是(　　)。

    A. 只适用于 CPU 的控制的方式　　　　　B. 只适用于外部设备的控制的方式

    C. 由统一时序信号控制的方式　　　　　D. 所有指令执行的时间都相同的方式

4. 异步控制常作为(　　)的主要控制方式。

    A. 微型机的 CPU 控制中

    B. 微程序控制器

    C. 组合逻辑控制的 CPU

    D. 单总线结构计算机中访问主存与外围设备时

5. 为协调计算机系统各部分工作,需有一种器件提供统一的时钟标准,这个器件是(　　)。

    A. 总线缓冲器　　　　　　　　　　B. 时钟发生器

    C. 总线控制器　　　　　　　　　　D. 操作指令产生器

6. 在 CPU 中存放当前正在执行的指令寄存器是(　　)。

    A. 主存地址寄存器　　　　　　　　B. 程序计数器

    C. 指令寄存器　　　　　　　　　　D. 程序状态寄存器

7. 计算机主频周期是指(　　)。

    A. 指令周期　　　　B. 时钟周期　　　　C. 存取周期　　　　D. CPU 周期

8. CPU 内通用寄存器的位数取决于(　　)。

    A. 机器字长　　　　B. 存储器容量　　　　C. 指令字长　　　　D. 速度

9. 一条转移指令的操作过程包括取指令、指令译码和(　　)三部分。

    A. 地址　　　　B. 操作码　　　　C. 机器周期　　　　D. 计算地址

10. 任何指令周期的第一步必定是(　　)周期。

    A. 取数据　　　　B. 取指令　　　　C. 取状态　　　　D. 取程序

11. 微程序入口地址是(　　)根据指令的操作码产生的。

    A. 计数器　　　　　　　　　　　　B. 译码器

    C. 计时器　　　　　　　　　　　　D. 判断逻辑矩阵

12. 下列关于微处理器的描述中,正确的是(　　)。

    A. 微处理器就是主机　　　　　　　B. 微处理器可以用作微机的 CPU

    C. 微处理器就是微机系统　　　　　D. 微处理器就是一台微机

13. 微程序放在(　　)中。

    A. RAM　　　　B. 控制存储器　　　　C. 指令寄存器　　　　D. 内存储器

14. 微指令格式分为水平型和垂直型,水平型微指令的位数(　　),用它编写的微程序(　　)。

    A. 较多,较短　　　　B. 较少,较短　　　　C. 较长,较少　　　　D. 较短,较少

二、填空题

1. 中央处理器包括_____。

2. 在 CPU 中跟踪指令后继地址的寄存器是_____。

3. PC 属于_____。

4. CPU 中通用寄存器的位数取决于_____。

5. 指令周期是_____。

6. 任何一条指令的指令周期的第一步必定是_____。

7. CPU 取出一条指令并将其执行完毕所需的时间是_____。

8. 指令周期一般由_____、_____和_____三个部分组成。

9. 有些机器将机器周期定为存储周期的原因是_____。

10. 同步控制是_____。

11. 异步控制常用于_____作为其主要控制方式。

12. 指令异步控制方式的特点是_____。

13. 时序信号的定时方式,常用的有_____、_____、_____三种方式。

14. 构成控制信号序列的最小单位是_____。

15. 硬布线器的设计方法是:_____流程图,再利用_____写出综合逻辑表达式,然后用_____等器件实现。

16. 硬布线控制器的基本思想是:某一微操作控制信号是_____译码输出、_____信号和_____信号的逻辑函数。

17. 在硬布线控制器中,把控制部件看作为产生_____的逻辑电路。

18. 控制器的控制方式有_____、_____和_____三种形式。其中_____方式最节省时间,_____方式最浪费时间,而_____方式介于两者之间。

19. 在硬布线控制器中,某一微操作控制信号由_____产生。

三、简答题

1. 什么是指令周期?什么是机器周期?什么是时钟周期?三者有什么关系?

2. 微程序控制器有何特点(基本设计思想)?

3. 什么叫组合逻辑控制器?它的输入信号和输出信号有哪些?

4. 以模型机组成为背景,试分析下面指令,写出指令的操作流程。

(1).SUB R_1,X(R3)

(2).ADD X(R1),(R2)

7.7 参考答案

一、选择题

1. A   2. C   3. C   4. D   5. B   6. C   7. B   8. A   9. D   10. B
11. B   12. B   13. B   14. A

二、填空题

1. 运算器和控制器。

2. 程序计数器(或指令指针)。

3. 控制器。

4. 机器字长。

5. 指取出并执行一条指令所需的时间。

6. 取指周期。

7. 指令周期。

8. 取指、取操作数(包括取源操作数和取目的操作数)和执行。

9. 存储操作时间最长。

10. 由统一时序信号控制的方式。

11. 在单总线结构计算机中访问主存与外围设备时(两个速度差异较大的设备之间通信时采用的主要控制方式)。

12. 每条指令,每个操作控制信号需要多长时间就占用多长时间。

13. 同步控制、异步控制、联合控制。

14. 微命令。

15. 先画出指令执行的、函数关系、门电路。

16. 指令操作码、时序、状态。

17. 专门固定时序信号。

18. 同步,异步联合、异步、联合。

19. 微命令信号发生器。

三、简答题

1. **答**:指令周期是执行一条指令的时间。执行一条指令的时间又用若干个 CPU 周期(机器周期)来表示,如 FT,ST,DT,ET。一个 CPU 周期又分为若干个时钟周期(节拍脉冲)。

2. **答**:设计比较规范,容易扩充,修改方便。由于用软件的方法实现,执行速度较慢。

3. **答**:完全由硬件电路实现的(组合逻辑电路)控制器称为组合逻辑控制器。输入信号有:指令译码器的输出、时序信号、由 PSW 给出的标志。输出信号:微操作控制信号(即微命令),如 Write、Read 以及 CPU 内部各种控制信号。

4.

(1) **解**:

FT:PC→BUS→MAR

　　　|→PC+1→PC

READ M→MDR→BUS→IR

ST:R₁→BUS→SR

DT:PC→BUS→MAR

　　　|→PC+1→PC

READ M→MDR→BUS→LA(ALU 的 A 端)

　　　R3→BUS,ADD,ALU→LT→BUS→MAR

　　　READ M→MDR→BUS→DR

ET:DR→BUS→LA(ALU 的 A 端)　SR→BUS(ALU 的 B 端)

SUB ALU→LT→BUS→MDR

WRITE M

（2）解：

FT：PC→BUS→MAR

　　　|→PC+1→PC

READ M→MDR→BUS→IR

ST：PC→BUS→MAR

　　　|→PC+1→PC

READ M→MDR→BUS→LA(ALU 的 A 端)

　　　R1→BUS,ADD,ALU→LT→BUS→MAR

　　　READ M→MDR→BUS→SR

DT：R_2→BUS→MAR

READ M→MDR→BUS→MAR

READ M→MDR→BUS→DR

ET：DR→BUS→LA(ALU 的 A 端)　SR→BUS(ALU 的 B 端)

ADD　ALU→LT→BUS→MDR

WRITE M

第 8 章

外围设备

本章学习目标

- 熟练掌握常见的输入设备
- 熟练掌握常见的输出设备
- 熟练掌握常见的外部存储设备
- 了解 I/O 接口的类型和功能

本章先介绍常见的输入设备，主要包括键盘、鼠标和触摸屏；然后介绍常见的输出设备，主要包括显示输出设备和打印输出设备；接着介绍常见的外部存储设备，包括硬磁盘存储器和光盘存储器；最后介绍 I/O 接口的类型和功能。

8.1 外围设备概述

外围设备（又称为 I/O 设备或外部设备）是除主机（中央处理器和主存）之外的大部分硬件设备。随着计算机技术的飞速发展，外围设备在计算机系统中的重要性日益增强，也正向低成本、小体积、高速度、大容量和低功耗的方向发展。外围设备通过设备控制器和 I/O 接口相连接，不同的外围设备完成的控制功能均不相同。外围设备的具体结构一般与机、电、磁、光的工作原理有关。外围设备负责为计算机和其他机器、计算机和用户提供联系。没有外围设备的计算机系统既无法从外界接收信息，也不能对处理的结果做出表达和反应。

外围设备一般可以分为三类：

（1）人机交互设备。人机交互设备是指能够实现计算机使用者和计算机之间互相交流信息的设备，可以将人体五官可识别的信息转换成机器可识别的信息（即输入设备）。常见的输入设备包括键盘、鼠标、摄像头、触摸屏、扫描仪、光笔、摄录机、麦克风、手写输入板、游戏杆、语音输入装置等。反之，也可以将计算机的处理结果信息转换为人们可识别的信息（即输出设备），常见的输出设备包括显示器、打印机、音响、耳机、绘图仪、影像输出系统、语音输出系统。

（2）计算机信息存储设备。计算机信息存储设备用于保存计算机的大量的有用信息。存储设备大多数可以作为计算机系统的辅助存储器，常见的计算机信息存储设备包括磁盘、光盘、磁带、移动硬盘、大容量软驱、U 盘、固态硬盘（半导体）、闪存卡等。

（3）计算机间的通信设备。计算机间的通信设备是指一台计算机和其他计算机或者其他系统之间进行通信任务的设备。例如，两台计算机间进行通信可以通过调制解调器完成。

D/A、A/D 转换设备可以完成计算机对工业控制的实时操作。

本章将重点介绍几种常见的输入设备、输出设备和外部存储设备。此外,作为外围设备和计算机主机间的桥梁,本章还将介绍 I/O 接口的类型和功能。

8.2　输入设备

8.2.1　键盘

键盘是计算机系统中最常用和最基本的输入设备,可通过按键按照某种规范直接向计算机输入信息,如汉字、数字等。目前广泛使用的键盘是在早期打字机键盘的基础上发展而来,经历了 83 键键盘、84 键键盘、101 键键盘、104 键键盘(即目前人们普遍使用的标准键盘)。键盘上的按键可分为字符键和控制功能键两类。字母键、数字键和一些特殊符号键组成了字符键;控制功能键可以产生控制字符,例如,光标控制键可控制光标移动,编辑键可插入或删除字符。

键盘输入信息的过程分为三个步骤:按下某个键;确定按下的是哪个键;将此键翻译为 ASCII 码并由计算机接收。其中,按键由人工操作,确认按下的键的方法可分为两类,即由硬件实现的编码键盘和由软件实现的非编码键盘。

1. 编码键盘

编码键盘由硬件编码电路形成与按键对应的唯一编码信息。图 8.1 所示为带只读存储器的编码键盘原理图。

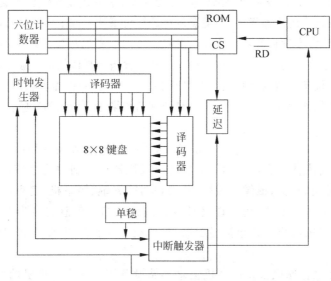

图 8.1　带 ROM 的编码键盘原理图

图 8.1 为 8×8 的键盘,其工作原理为:由一个六位计数器通过两个 3-8 的译码器扫描键盘。在没有键被按下的情况下,随着计数器循环计数,扫描将反复进行。当扫描到某键被按下时,键盘通过单稳电路产生一个脉冲信号。该脉冲信号有两个作用:

（1）送给时钟发生器,使计数器停止计数,终止扫描。此时计数器的值与所按键的位置对应,该值作为只读存储器的输入地址,该地址中的内容则为所按键的 ASCII 码。

（2）送给中断请求触发器,向 CPU 发送中断请求,CPU 在响应请求后调用中断服务程序。在中断服务程序执行过程中,CPU 执行读命令,将计数器对应的 ROM 地址中的内容,也就是所按键对应的 ASCII 码读入 CPU。CPU 的读入指令一方面可以作为读出 ROM 内容的片选信号,另一方面,经过一段延迟后,可作为清除中断请求的触发器,以重新启动计数器,开始进行新的扫描。

编码键盘响应速度快,但其硬件结构复杂,且复杂度随按键数的增加而增加。因此,编码键盘一般比较适用于小键盘。

2. 非编码键盘

非编码键盘利用简单的硬件和一套专用键盘编码程序判断和识别按键位置。然后通过查表程序,CPU 将位置码转换为对应的编码信息。如果被按键为字符键,根据该键位置码查找对应的 ASCII 码;如果该键为功能键,转入相应服务子程序,完成相应的功能操作。非编码键盘结构简单,但速度较慢。

非编码键盘一般被排列为 $m \times n$ 的矩阵形式,每个键位于矩阵行和列的交叉点。图 8.2 展示了一个 8×8 的方形矩阵。

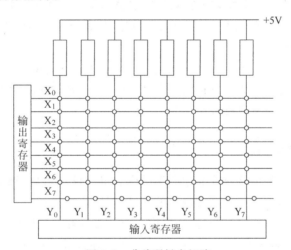

图 8.2 非编码键盘矩阵

对非编码键盘,通常采用两种方法判断键值,即逐行扫描法和行列扫描法。

1）逐行扫描法

逐行扫描法是最简单的一种键盘扫描方法。首先使各行线 $X_0, X_1, \cdots, X_{m-1}$ 依次为 0,即每次仅使一根行线为 0。当 $X_i (i=0, 1, \cdots, m-1)$ 为 0 时,读出各列线状态 $Y_0, Y_1, \cdots, Y_{n-1}$。当键盘矩阵中的某个位置 $(X_i, Y_j) = (0, 0)$ 时,则表明该位置的键被按下。逐行扫描法的扫描次数与被按键在矩阵中位置有关。如果在 X_0 行,则只需扫描一次;如果在 X_7 行,则需要扫描 8 次。

2）行列扫描法

行列扫描法也称为反转扫描法,其工作原理为:首先,从列输入寄存器输入 8 位数据,如果有键被按下,则输入的 8 位数中一定有一位为"0",且被按键在此列中。然后,将列方向的输入寄存器改成输出寄存器,将行方向的输出寄存器改成输入寄存器,从行输入寄存器输入 8 位数据,如果有键被按下,则输入的 8 位数中一定有一位为"0",其他全为"1"。因此,行方向和列方向都为"0"的交叉点对应的键值为当前被按键。行列扫描法在任何时候都只需扫描一次,但需要改变一次扫描方向。

随着大规模集成电路技术的产生和发展,出现了多种可编程键盘接口芯片,如 Intel 8279 芯片。近年来,还出现了智能键盘,例如,IBM PC 的键盘中装的 Intel 8048 单片机,可实现键盘扫描,自动重发,消除重键,与主机通信等功能。

8.2.2　鼠标

鼠标是一种重要的输入设备,是手动操作的定位部件,可控制光标的移动,实现光标定位,用于屏幕编辑、菜单选择和屏幕作图等。按照工作原理进行分类,鼠标可分为机械式鼠标、光电式鼠标和光学鼠标。

光电式鼠标利用布满交叉网格线的光栅板作为位移检测元件。鼠标内部包含一个发光元件和两个聚焦透镜,发射光通过透镜聚焦之后从底部的小孔向下射出,然后照在光栅板上,再反射回鼠标内。当鼠标移动时,光线被反光板的线条吸收,鼠标内部的感光器将强弱变化的反射光变为电脉冲,对电脉冲进行计数,以测出鼠标移动的距离。光电式鼠标的优点是定位精准度高、防尘性好,有利于工程绘图;缺点是必须在专门的光栅板上使用,移动范围受到限制,且价格较高。

光学鼠标底部有一个小的扫描器对摆放鼠标的桌面进行高速扫描,然后对比扫描结果,从而确定鼠标移动的位置。光学鼠标的优点是分辨率高、灵敏度强,不需要配置专门的光栅板,因此使用范围广泛,但其价格较高。

8.2.3　触摸屏

触摸屏是一种能对物体接触或靠近产生反应的定位设备,包括触摸检测部件和触摸屏控制器。用户可用手指或其他物体接触触摸屏,触摸检测部件可以检测出用户触摸屏幕的位置,然后将信息传送给触摸屏控制器。触摸屏控制器将触摸信息转化为触电坐标,传送给 CPU,从而确定用户的输入信息。根据工作原理的不同,触摸屏可主要分为电阻式、电容式、红外线式、表面声波式。

电阻式触摸屏包含一块与显示器表面匹配的多层复合薄膜。该复合薄膜将一层玻璃或有机玻璃作为基层,在其表面涂上一层透明的导电层,再覆盖一层外表面硬化处理、内表面涂有透明导电层的塑料层,并利用许多细小(小于千分之一英寸)的透明隔离点将两层导电层绝缘隔开。当用户触摸屏幕时,两层导电层会出现一个接触点,同时检测电压和电流,可计算出触摸点所在的坐标位置。

电容式触摸屏利用人体的电流感应进行工作,其主要构造为一块四层复合玻璃,由内到外依次为 ITO 涂层、玻璃层、ITO 涂层和矽土玻璃层。夹层中的 ITO 涂层为工作面,四个角上均有一个电极。内层 ITO 为屏蔽层,用来保证良好的工作环境。当手指触摸屏幕时,由于人体电场,手指与触摸屏表面会建立电容耦合,四个电极发出的电流流向触点,根据电流强弱可计算手指到电极的距离。触摸屏后的控制器可根据电流强弱和比例,准确识别触摸点的位置。

红外线式触摸屏利用密布在触摸屏外框上的红外线发射和接收感测元件构成的红外线网来定位触摸点。当手指触摸屏幕时,会挡住该位置处的横竖红外线,便可识别出触摸点的位置。

表面声波式触摸屏采用全玻璃材料制成,没有贴膜或覆盖层。触摸屏的左上角和右下角都固定有声波发射换能器,在右上角有两个声波接收换能器。玻璃屏的周边都刻有 45° 角的精密反射条纹。触摸屏的控制器可以发送 5MHz 的触发信号给发射和接收转换器,将其转换为表面高频声波,在屏幕表面传播。当手指触摸屏幕时,在确定位置上的超声波被吸收,使接收信号发生变化。触摸屏的智能控制系统以此判断识别出触摸点的位置坐标。

不同类型的触摸屏具有各自的优缺点。

(1) 电阻式触摸屏定位准确、分辨率较高,不受灰尘、水汽和油污的影响,并可以用任何物体触摸,不局限于手指。但电阻式触摸屏价格较贵,且容易划伤。

(2) 电容式触摸屏采用双层玻璃,不易受环境污染的影响。但电容式触摸屏稳定性较差,容易产生漂移现象;电容式触摸屏依靠人体电场,因此戴手套将无法使用;当外界有电感或磁感的时候,触摸屏会失灵。

(3) 红外线式触摸屏不受电流、电压和静电的干扰,因此适宜恶劣的环境;价格低廉、安装方便;响应速度比电容式快。但红外线式触摸屏分辨率较低,在使用过程中红外线发射管和接收管很容易被损坏。

(4) 表面声波式触摸屏在上述四种触摸屏中具有较高的性能;不受环境因素的影响,如温度、湿度;分辨率高、反应灵敏、寿命长;有很高的透光性,从而获得清晰图像;没有漂移,只需安装时进行校正;可以感知触摸压力。但表面声波式触摸屏需要保持屏面的光洁,因为表面声波式触摸屏容易受到灰尘、油污等的影响,可能会阻塞触摸屏表面的导波槽,使表面声波不能正常发射,也可能造成波形改变,从而影响触摸屏的正常使用。

8.2.4 其他输入设备

1. 光笔

光笔(Light Pen)是一种与显示器配合使用的输入设备。它的外形与钢笔类似,笔尖为一个透镜系统,在透镜聚焦处为光导纤维,接光电二极管,光笔头部设有开关,后端用导线连接到计算机输入电路上。当按下开关时,可以进行光监测,从而识别显示器上的绝对坐标。显示屏上的光标可以跟踪光笔,则可以在屏幕上进行绘制图形、修改图形或放大图形等操作。

2. 画笔和图形板

画笔(Stylus)虽为笔状,但与光笔不同。画笔不作用于阴极射线管显示器(Cathode Ray Tube,CRT),而是与图形板(一种二维 A/D 变换器)配合使用构成二维坐标的输入设备,主要用于输入工程图等。当画笔和图形板上的某一位置接触时,该位置坐标会自动传送给计算机,随着画笔在图形板上的移动就可以画出图形。

3. 扫描仪

扫描仪具有独特的数字化"图像"采集功能,自 20 世纪 80 年代问世以来,得到了迅速发展和广泛应用。扫描仪是一种光电、机械一体化的输入设备,主要包括上盖、原稿台、光学成像部分、机械传动部分和光电转换部分。上盖可以将原稿压紧,防止扫描灯光线泄露。原稿台用来放置原稿,中间为透明玻璃,被称为稿台玻璃。光电成像部分俗称扫描头,可以读取图像信息,主要部件包括灯管、反光镜、镜头和电荷耦合器件(Charge-Coupled Device, CCD)。机械传动部分主要由步进电机、驱动皮带、互动导轨和齿轮组构成。步进电机用来拖动扫描头,目前主要采用微步进电机技术,可以精准地控制扫描头的平稳运动,有效避免齿轮间空隙可能带来的缺陷,减少锯齿波纹和色彩失真,从而加快扫描速度,提高图像质量。光电转换部分是一块印刷电路板,上面布有各种电子元件,主要负责 CCD 信号的输入处理及控制步进电机,以控制读取图像的解析度。光电转换部分是扫描仪的核心部分。

扫描仪的主要工作原理为利用光电元件将光信号转换为电信号,再利用模拟/数字转换器将电信号转换为数字信号。扫描仪的工作过程主要包括:

(1) 开始扫描时,机内光源发出均匀光线照亮原稿台上的原稿,产生的反射光或透射光可以表示图像特征。反射光经过玻璃板和镜头,分为红、绿、蓝三种颜色,并汇聚在 CCD 感光元件上,被 CCD 接收。

(2) 步进电机驱动扫描头移动,从而读取原稿信息。照射到原稿的光线经过反射后穿过一个很窄的缝隙,形成沿 x 方向的光带,经过反光镜,由光学透镜聚焦并进入分光镜。经过棱镜和红绿蓝三色滤色镜后得到的 RGB 三条彩色光带分别照到各自的 CCD 上。CCD 将 RGB 光带转换为模拟电子信号,再由 A/D 转换器将此模拟电子信号转换为数字电子信号。

(3) 反映原稿信息的光信号转换为二进制数字电子信号,经 USB 等接口传送给计算机。扫描仪每扫描一行,就可以得到原稿 x 方向该行的图像信息。随着扫描头沿 y 方向的移动,原稿可以全部被扫描。原稿图像数据被暂时存储在缓冲器,并按照先后顺序传送给计算机。

(4) 数字信息被送入计算机的相关处理程序,并通过软件处理,再现到计算机屏幕上。

8.3 输出设备

8.3.1 显示输出设备

显示设备是以可见光的形式传递和处理信息的设备,是最重要的人机交互工具,可以将计算机中反馈给用户的电信号转换为人眼可以观察到的视觉信号。根据显示内容划分,显示器可以分为字符显示器、图形/图像显示器。按显示器件来分,显示器可以分为阴极射线管(CRT)、等离子显示器(PD)、液晶显示器(LCD)、发光二极管(LED)等。

1. 液晶显示器

LCD(Liquid Crystal Display)是一种低电压、低功耗器件,可直接由 MOS-IC 驱动,因

此器件和驱动系统之间的配合较好。其优点是平面型,结构简单,显示面也可任意加工制作,使用寿命比较长,目前普遍具有 60 000 小时以上的寿命。此外,LCD 是反射型的,在室内条件下也容易观看,因此从台式计算机、钟表、玩具等民用品到测量仪器等工业用品都广泛使用,并且已应用于个人计算机、字处理器、电子打字机、收款机等字符显示器。

液晶显示器的优点相当多,如轻薄短小,大幅节省摆放空间。具体来说,液晶显示器体积为一般 CRT 显示器的 20%,重量则只有 CRT 显示器的 10%;相当省电,耗电量仅为一般 CRT 显示器的 10%;同时,液晶显示器没有辐射,不伤人体,画面也不会闪烁,可以保护眼睛。此外,液晶显示器除了可放置于桌上之外,也可以悬挂于墙上。

作为液晶显示器主要构成部分的液晶是什么呢? 液体分子的排列虽然不具有任何规律性,但是如果这些分子是长形的(或扁形的),它们的分子指向就可能有规律性。那些分子具有方向性的液体则称为液态晶体,简称为液晶。液晶不但具有一般晶体的方向性,同时具有液体的可流动性。液晶的方向可由电场或磁场来控制,这是一般晶体无法达到的。所以,用液晶制作的组件通常都将液晶包在两片玻璃中。而玻璃的表面镀有一层导电材料作为电极,还有一层材料是配向剂,根据它的种类和处理方法来控制在没有电场或磁场时液态晶体的排列情形。

液晶显示器在一定电压下(仅为数伏)使液晶的分子改变排列方式,由于分子的再排列,使液晶及其由玻璃构成的显示屏的光学性质发生变化,显示出不同颜色。也就是说,液晶显示器是一种液晶利用光调制的受光型显示器件。

液晶本身是不发光的,只能产生颜色的变化,需要有光源才能看到显示的内容。传统的液晶显示器(即 LCD 显示器)采用的是冷阴极荧光灯(Cold Cathode Fluorescent Tube,CCFT)作为背光源。它的工作原理是,当高压施加于灯管的两电极后,灯管内少数电子高速撞击电子后产生二次电子发射,开始放电,管内的水银或惰性气体在被撞击后由不稳定状态急速返回稳定状态时,会将过剩能量以紫外线(253.7nm)形式释放出来,释放出来的紫外线再由荧光粉吸收转换成可见光。

虽然从技术上来说,CCFT 已经相当成熟,但是 CCFT 背光使 LCD 显示器最大只能再现不到 80% 的 NTSC 信号所能传输的色彩。同时,CCFT 背光源的能量利用效率低下。在光能从背光到屏幕的传输过程中,光能量损耗情况非常严重,最终大约有 6% 的光能可被真正利用。为了实现更高的亮度和对比度,厂商必须提高光源的输出功率或增加灯管数目,而这样带来的后果就是整机功耗增加。这对于桌面型 LCD 显示器或液晶电视不会有多大的影响,但对笔记本 LCD 屏幕影响很大。特别是这些 CCFT 需要高压交流电驱动,对电源变压整流组的要求相对复杂。另外,冷阴极荧光灯的使用寿命并不算长,许多 LCD 产品在使用几年后屏幕就会发黄,亮度明显变暗。

LCD 是笔记本电脑中功耗最高的部件,为了尽可能提高电池续航能力,希望能开发低功耗的 LCD 屏,而 CCFT 背光源显然与之背道而驰,发光二极管(Light Emitting Diode,LED)屏幕显示技术就应运而生。

LED 由数层很薄的掺杂半导体材料制成,一层带有过量的电子,另一层则缺乏电子而形成带正电的空穴,工作时电流通过,电子和空穴相互结合,多余的能量则以光辐射的形式释放出来。通过使用不同的半导体材料可以获得不同发光特性的发光二极管。目前,已经投入商业使用的发放二极管可以提供红、绿、蓝、青、橙、琥珀、白等颜色。手机上使用的主要是白色 LED 背光,而在液晶电视上使用的 LED 背光光源可以是白色,也可以是红、绿、蓝三基色,在高端产品中可以用多色 LED 背光进一步提高色彩表现力。

采用 LED 背光的优势在于厚度更薄,约 5cm,色域也非常宽广,能够达到 NTSC 色域的105%,黑色的光通量更是可以降低到 0.05 流明,进而使液晶显示器对比度高达 10 000:1。

2. 字符显示器

字符显示器是计算机系统中最基本的输出设备,它的工作原理如图 8.3 所示,字符显示器主要包括显示存储器、字符发生器和 CRT 控制器。

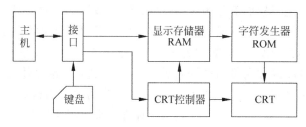

图 8.3　字符显示器工作原理图

1) 显示存储器(刷新存储器)RAM

显示存储器用来存放想要显示字符的 ASCII 码,其容量与显示屏能显示的字符个数有关。如果显示屏上能显示 2000 个字符(80 列×25 行),则显示存储器 RAM 的容量为 2000×8(字符编码 7 位,闪烁 1 位)。显示存储器单元按照显示屏上从左到右,从上到下的显示位置进行顺序存储。

2) 字符发生器

字符发生器(实质上是一个 ROM)负责将显示存储器 RAM 中存放的 ASCII 码转换为 m×n 的光点矩阵信息。利用点阵中某些点的亮和不亮来实现字符的显示,例如点阵中的 1 对应亮点,0 对应暗点。当 CRT 进行光栅扫描时,从字符发生器依次读出每个字符的点阵信息,依据点阵中的 0 和 1 控制扫描电子束的开或关,从而在屏幕上显示字符。例如字符 C 所存储的光点代码分别为 0111110、1000001、1000000、1000000、1000000、1000000、1000000、1000001 和 0111110。

在 ROM 中,字符点阵的信息通常按行存储,即一个地址存储的是字符点阵中的一行信息。显示存储器 RAM 输出的 ASCII 码作为 ROM 的高位地址(列地址),由它确定读取哪个字符的光电信号;CRT 控制器的光栅地址计数器作为 ROM 的低位地址(行地址),由它确定读取字符点阵的哪一行光电信号。ROM 的输出以并行方式加载到移位寄存器中,然后在点阵时钟控制下,移位输出形成视频信号,作为 CRT 的亮度控制信号。显示器在水平同步、垂直同步(来自 CRT 控制器)和视频信号(来自字符发生器)的共同作用下,将连续不断地刷新屏幕,从而显示稳定的字符图像。

3) CRT 控制器

CRT 控制器一般做成专用芯片,可以接收来自 CPU 的数据和控制信号,并给出访问显示 RAM 的地址和访问字符发生器的光栅地址,还可以给出 CRT 所需的水平同步和垂直同步信号等。该芯片配置了点计数器、字计数器(水平地址计数器)、行计数器(光栅地址计数器)和排计数器(垂直地址计数器),以控制显示器的逐点、逐行、逐排、逐幕的刷新显示,还可以控制对显示 RAM 的访问和屏幕间扫描的同步。字计数器和排计数器分别反映了光栅扫描的水平方向和垂直方向,将这两个方向的同步信号传输至 CRT 的 X 和 Y 偏转圈,便能够按指定位置进行显示。

点计数器记录每个字的横向光点,其为模 8 计数器(每个字符(7×9 点阵)占 7 个光点,字符间留一个光点作间隙,共占 8 个光点),即计满 8 个点就要向字计数器进位。字计数器记录屏幕上每排的字数,一般取决于每排能显示的字数。考虑到屏幕两边失真较大而空出的字符个数及考虑光栅回扫消隐时间(此段时间屏幕不显示)的预估显示字符个数,字计数器计满后就归零,并向行计数器进位。行计数器用来记录每个字(7×9 点阵)的 9 行光栅地址,外加每排字的 3 行间隔,共为 12 行计数值,即行计数器计满 12 归零,并向排计数器进位。排计数器记录每屏字符的排数,若能显示 25 排,再考虑到屏幕上下失真空一排,则共26 排,即排计数器计满 26 归零,表示一场扫描结束。

值得注意的是,CRT 扫描时并不是在扫描完一个字符的所有点阵信息后,再开始扫描另一个字符的点阵信息,而是每次对一排字符中所有字符的同一行进行扫描,并显示亮点,即扫描完同排所有字符的第一行后,然后扫描同排各字符的第二行。例如某排字符为COMPUTER,先从显示存储器 RAM 中读取 C 字符,将其送至字符发生器,并从字符发生器中扫描选出 C 字符的第一行光点代码,于是屏幕显示出 C 字符第一行的 7 个光点代码;再从显示存储器 RAM 中读出 O 字符,将其送至字符发生器,随后选出 O 字符的第一行 7个光点代码;直到字符 R 的第一行 7 个光点代码显示完毕。接着,再分别扫描字符 C、O,直至 R 的字符点阵的第二行 7 个光点代码。直到该排每个字符的第九行光点代码扫描完毕,屏幕上将会完整地显示出 COMPUTER 字符。

3. 图形显示器

图形显示器是指用计算机手段表示用点、线、面组合而成的平面或立体图形,并可以作平移、比例变化、旋转、坐标变换、投影变换、透视变换、透视投影、轴侧投影、单点透视、两点或三点透视以及隐线处理等操作。图形显示器通常会配有键盘、光笔、鼠标器、CRT 显示器和绘图仪等。

根据产生图形的方法不同,图像显示器主要有两种扫描方式,即随机扫描法和光栅扫描法。在随机扫描方式下,电子束产生图形的过程和人用笔在纸上画图的过程相似。任何图形的线条都可以看作是由许多微小的首尾相接的线段(也称为矢量)来逼近的。与随机扫描法相对应的显示器叫随机扫描图形显示器,其工作原理是将显示文件(包括一组坐标点和绘图命令)存放在缓冲存储器,缓存中的显示文件送到矢量产生器,产生相应的模拟电压,以控制电子束在屏幕上的移动。为保证图形的持久性和稳定性,需要按一定频率对屏幕进行反复刷新。随机扫描图形显示器分辨率高(可高达 4096×4096 像素),显示的曲线平滑。然而当显示复杂图形时,会出现闪烁现象。

与光栅扫描法对应的显示器叫作光栅扫描图形显示器,其以相邻像素串接法(画点法)产生图形,即曲线是由相邻像素串接得到的,因此需要将对应于屏幕上每个像素的信息都存储在刷新存储器中。光栅扫描时,读出这些像素来调整 CRT 的灰度,以便控制屏幕上像素的亮度。为使图形稳定地显示,同样也需不断地对屏幕进行刷新。图 8.4 描述了光栅扫描图形显示器的组成结构图。

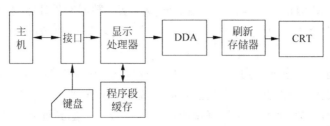

图 8.4　光栅扫描图形显示器的组成结构图

程序段缓存存储由计算机送来的显示文件和图形操作命令,如图形的局部放大、平移、旋转、比例变换和图形的检索等。这些操作直接由显示处理器完成。刷新存储器存放一帧图形的形状信息,它与屏幕上的像素意义对应,如屏幕的分辨率为 1024×1024 像素,则刷新存储器就有 1024×1024 单元;像素的灰度为 256 级,刷新存储器每个单元的字长就为 8 位。因此刷新存储器的容量与分辨率和灰度级有关。

程序段缓存和刷新存储器之间有一个 DDA(Digital Differential Analyzer,数字微分分析器)部件。它是一种用于数据插补的部件,可以根据显示文件包含的曲线类型和坐标值,生成直线圆、抛物线或更复杂的曲线。插补后的数据(像素信息)存入刷新存储器用于刷新显示。

光栅扫描图形显示器的通用性强,灰度层次多,色调丰富,显示复杂图形时无闪烁现象,所形成的图形有阴影效应、隐藏面消除和涂色等功能,是目前应用最多的显示器。

4. 图像显示器

图像的概念和图形的概念是不同的。图形是由计算机表示或生成的点、线、面和阴影等,称作主观图像。在计算机中表示图形,只需要存储绘图命令和坐标点,没有必要存储每个像素点。而图像显示器显示的图像一般来自客观世界,被称为客观图像。图像显示器将计算机处理后的图像(称为数字图像),以点阵的形式显示,需要占用非常庞大的主存空间。图像显示器采用光栅扫描方式,其分辨率在 256×256 或 512×512 像素,也可以与图形显示器兼容,分辨率可达 1024×1024,灰度级为 64～256 级。

图像显示器除了可以存储从计算机输入的图像,并在屏幕上显示外,还具有灰度变换、窗口技术、真彩色和伪彩色等图像增强技术功能。灰度变换指的是改变原始图像的对比度;在图像存储器中,每个像素有 2048 级灰度值,然而人的肉眼只能分辨到 40 级。如果从这 2048 级中开一个小窗口,并将该窗口范围内的灰度级取出,使之变换为 64 级显示灰度,则可以使原来被掩盖的灰度细节显示出来;真彩色指的是真实图像色彩显示,属于色彩还原技术,如彩色电视。伪彩色处理是一种图像增强技术。通常肉眼只可以分辨几十级灰度的黑白色,但却能分辨出上千种色彩。利用伪彩色技术可以对黑白图像进行人为地染色,例如把植物的灰度染成绿色。此外,图像显示器还具有几何处理功能(如图像放大、图像分割或重叠、图像滚动)。

图像显示器主要有两种类型:简单图像显示器和图形处理子系统。

简单图像显示器仅仅显示由计算机送来的数字图像。图像处理操作都在计算机完成,显示器不做任何处理。简单图像显示器的原理图如图 8.5 所示。

如图 8.5 所示,接口、图像存储器(刷新存储器)、A/D 和 D/A 变换等组成了单独的一个部分,称为视频数字化仪或图像输入控制板。视频数字化仪可以实现连续的视频信号和离散的数字量之间的转换,它可以接收摄像机的视频输入信号,经 A/D 变换成数字量后存入刷新存储器,并可以传送给主机进行图像处理操作。处理后的结果送回刷新存储器,经 D/A 变换成视频信号输出,由监视器进行显示。监视器只包括扫描、视频放大等与显示有关的电路和显像管,还可以接入电视机的视频输入端,用电视机代替监视器。通用计算机配置一个视频数字化仪和监视器就可以组成一个图像处理系统。

图形处理子系统的硬件结构比简单图像显示器复杂,它本身是一个具有并行处理功能的专用计算机,内部有容量很大的存储器和高速处理器。因此,图形处理子系统不仅能完成显示操作,也可以快速处理图像,减轻主计算机系统的运算量,它可以单独使用,也可以连接到通用计算机系统。目前流行的图形工作站就属于图形处理子系统。

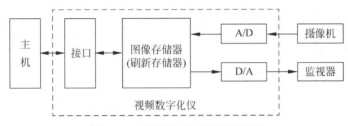

图 8.5 简单图像显示器的原理图

5. IBM PC 系列微型机的显示系统

与 IBM PC 系列微型机配套的显示系统包含两大类,即用于显示字符/图形的基本显示系统和用于高分辨率图形或者图像显示的专用显示系统。这里仅介绍几种基本的显示标准。

1) MDA 标准

MDA(Monochrome Display Adapter)是单色字符显示标准,采用 9×14 点阵的字符窗口,满屏显示 80 列 $\times$ 25 行字符,对应分辨率为 720×350 像素。MDA 不能兼容图形和彩色显示。

2) CGA 标准

CGA(Color Graphics Adapter)是彩色图形/字符显示标准,其特点是可以兼容字符和图形两种显示方式。作为字符显示器时,字符窗口为 8×8 点阵,字符质量不如 MDA,但是字符的背景可以选择颜色。作为图形显示器时,可以显示 640×200 两种颜色或 320×200 四种颜色的图形。

3) EGA 标准

EGA(Enhanced Graphics Adapter)标准是增强型图形显示器,它集中了 MDA 和 CGA 两个显示标准的优点,并进一步加强。它的字符显示窗口为 8×14 点阵,字符显示质量优于 CGA,接近于 MDA。在图形方式下,分辨率为 640×350,一共有 16 种颜色,彩色图形的质量比 CGA 好,而且兼容 CGA 和 MDA 的各种显示方式。

4) VGA 标准

VGA(Video Graphics Array)标准在字符方式下,字符窗口为 9×16 点阵。图形方式下,分辨率为 640×480,一共有 16 种颜色,或 320×200,一共有 256 种颜色。改进型的 VGA 显示控制板的图形分辨率可达到 1024×768 像素,256 种颜色。

习惯上,将 MDA、CGA 称作 IBM PC 的第一代显示标准,EGA 是第二代标准,VGA 是第三代标准。

8.3.2 打印输出设备

打印输出设备可以将计算机的处理结果输出到以纸为代表的介质上,便于长期保存。目前使用的打印机种类繁多,按照打印机印字原理,主要分为击打式和非击打式。击打式打印机利用机械动作使印字机构与色带和打印机相撞击,从而打印出字符。非击打式打印机则利用电、磁、光、喷墨等物理或化学方法实现打印字符的功能。一般来说,击打式打印机设备成本较低,印字质量较好,不需要特殊纸张,但打印速度较慢,且通常会产生较大的噪声。非击打式打印机打印速度快,噪声较低,印字质量较好,但价格较贵,大多需要专用纸张,成本较高。本节将介绍一种常见的击打式打印机(即点阵式打印机)和两种常见的非击打式打印机,即激光打印机和喷墨打印机。此外,本节还将介绍 3D 打印机。

1. 点阵针式打印机

点阵针式打印机将准备打印的字符分解为 m×n 的点阵,点的密度会影响打印的质量。西文字符点阵一般采用 5×7、7×7、7×9、9×9 等规格,而汉字的字符点阵一般采用 16×16、24×24、32×32、48×48 等规格。在点阵针式打印机中,每个字符的点阵结构固定不变,每个字符的列点阵字节被存储在字符发生器 ROM 中,也被称为字符库(字符发生器可将字符 ASCII 码转换成打印字符的列点阵字节)。当需要打印某个字符时,只需要从字符发生器中取出对应的列点阵字节即可。

点阵针式打印机主要由打印头、横移机构、输纸机构、色带机构和控制电路组成。打印头由一排对应电磁铁的钢针构成,通过列点阵字节控制电磁铁的吸合状态。电磁铁被吸合时,会在打印纸上打印出一个黑点。当全部的列点阵字节打印完毕后,整个字符打印完成。横移机构负责在每打印完一列字符后,将固定钢针的托架横移一列距离,直到打印完这一行的最后一列。输纸机构受步进电机驱动,实现打印纸的纵向移动,每打印一行字符时,依据给定要求走纸。色带负责供给色源,钢针通过击打色带在打印纸上留下色点。色带机构可以使色带不断移动,从而改变色带受击打的位置,避免色带被重复击打一个位置而被损坏。控制电路的组成结构如图 8.6 所示。

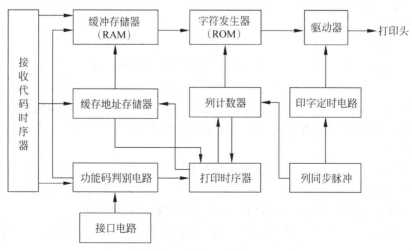

图 8.6　点阵针式打印机控制电路组成结构

当打印机被 CPU 启动后,在接收代码时序器的控制下,功能码判别电路接收从主机发送的将要打印字符的 ASCII 码,判断该字符是打印字符码还是控制功能码(如回车、换行和换页等),如果该字符是打印字符码,则将该字符代码送至缓冲存储器,直到将缓存 RAM 装满为止;如果该字符是控制功能码,则打印控制器停止接收字符代码并转入打印状态。打印时,首先启动打印时序器,并在打印时序器的控制下,从缓冲存储器中逐个读出打印字符码,以该字符码作为字符发生器的地址码,从而在字符发生器中找到对应的字符点阵信息。然后在列同步脉冲计数器的控制下,将字符点阵信息传送给打印驱动电路,带动相应钢针进行打印。每打印一列,横移机构发挥作用,直至打完最后一列,该字符打印完成,然后打印机开始打印下一个字符,直到一行字符全部完成打印。当一行字符打印结束或缓存内容全部打印完毕时,固定钢针的托架返回起始位置,并向主机请求打印新的数据。

点阵针式打印机结构简单、成本低、体积小、重量轻,可以连续打印且打印字符种类不受限制,但其打印噪声大、速度慢、分辨率较低。针式打印机在银行、电信、财务等票据打印方面有不可替代的作用。

2. 激光打印机

激光打印机综合应用了激光、微电子和机械技术,是一种结合了激光扫描和电子照相技术的非击打式打印输出设备,其被广泛应用于各种计算机系统中。

激光打印机主要包括接口控制器、字形发生器、激光扫描系统和电子照相系统。其组成结构和工作原理如图 8.7 所示。

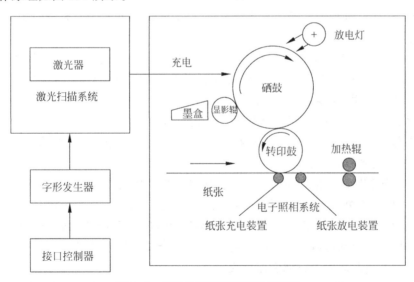

图 8.7 激光打印机结构和工作原理

接口控制器可以接收由计算机输出的二进制字符码和其他的控制信号,字形发生器可以将该二进制字符码转换为字符点阵脉冲信号。激光扫描系统由激光器、光调制器、光扫描与偏转器、高频驱动器和同步器等部分组成。激光器为激光打印机的光源,是某些特定物质在受激时发出的一种具有很好的单色性和方向性的强辐射光。该辐射光经过聚焦镜后可以形成非常细的激光束。目前采用的光调制器多为声光调制器,除此之外,还有机械和电光等多种方式。声光调制器利用声光效应,不同频率的超声波可以使激光束产生 0 级和 1 级衍射光。光扫描与偏转器负责控制光路系统,能在感光体的指定位置上形成扫描光点。同步器利用 0 级衍射光控制高频驱动器的启动、停止或控制字符或图像间的距离等。激光扫描系统发出的激光束对做圆周运动的感光鼓进行轴向扫描。感光鼓是电子照相系统的核心部件,鼓面上涂了一层具有光敏特性的感光材料硒,因此通常被称为硒鼓。

激光打印机完成打印操作一般要经过充电、曝光、显影、转印、分离、定影和放电清洁的过程,具体如下。

(1) 充电:硒鼓在没有被激光扫描前,先在黑暗中进行充电,使硒鼓表面均匀地带上一层正电荷。

(2) 曝光:激光器发射的激光束照在一个转动的反射棱镜上,依次从硒鼓的一端向另一端扫描(硒鼓也以 1/300in/s 和 1/600in/s 的步幅进行转动)。受激光束照射的硒鼓表面的电荷会消失,产生放电现象,而没有被光线照射到的地方仍保留着电荷。因此,硒鼓表面会形成由电荷组成的并和打印内容保持一致的"静电潜像"。

(3) 显影:墨粉是带电荷的细微塑料颗粒,它的电荷和硒鼓表面的电荷极性相反。随着硒鼓做圆周运动,当带电荷的硒鼓表面经过涂墨辊时,仍保留电荷的部位会吸附墨粉颗粒,从而将静电潜像部分(具有字符信息的部分)变成真正的墨粉图像,达到"显影"的目的。

(4) 转印:硒鼓做圆周运动时,另一组传送系统会将打印纸送过来,打印纸上会带上与硒鼓表面电荷极性相同但强度更强的电荷。随着纸张通过带有墨粉的硒鼓,硒鼓表面的墨粉会被吸附到打印纸上,从而在纸张表面形成图像。

(5) 分离:转印完成后对打印纸进行放电,以消除打印纸和转印鼓间的相互引力,从而使由于静电引力而紧贴转印鼓鼓面的打印纸离开鼓面。

(6) 定影:转印在打印纸上的墨粉和打印纸目前仅是靠电荷的相互引力而结合在一起,当打印纸被送出打印机之前,经过高温加热,将塑料的墨粉熔化,然后在冷却过程中永久地黏附在打印纸表面,以得到最终的打印结果。

(7) 放电、清洁:转印完成后,硒鼓表面会留有残余的电荷和墨粉,为了更好地进行后面的打印工作,必须先通过放电将硒鼓表面的电荷中和,然后经清扫系统将残余的碳粉进行清除,使硒鼓恢复到原来的状态。

目前的激光打印机一般包括黑白激光打印机和彩色激光打印机。两者的工作原理大致相同,不同之处在于黑白激光打印机只用到了一种黑色墨粉,而彩色激光打印机则使用了青色(Cyan)、品红(Magenta)、黄色(Yellow)和黑色(Black)四种颜色的碳粉。上述四种基本颜色之外的所有颜色都可以在定影阶段使用调和油(也被称为定影油,通常采用的是硅油)将这四种基本颜色的碳粉进行调和而生成。

激光打印机是逐页打印的,又被称为"页式输出设备",而点阵式打印机等普通击打式打印机是逐字或逐行打印的。页式输出设备速度以每分钟输出的页数 PPM(Pages Per Minute)描述。高速激光打印机的打印速度可以达到 100PPM 以上,中速激光打印机为 30～60PPM,低速激光打印机的速度为 10～20PPM。

激光打印机可以使用普通纸张,输出速度快,打印质量好,打印噪声低,可以打印图形、图像、表格、字母、数字和汉字等。但其价格一般比较高,尤其是彩色激光打印机。然而激光打印机一般比较节省耗材,因此更加适合应用于打印要求高、打印量大的场合。

3．喷墨打印机

喷墨打印机是一种非击打式打印机，其通过控制喷墨打印头上的喷嘴孔，使墨水在一定压力作用下喷出，形成高速飞行墨滴，从而在打印纸上形成点阵字符或图形。其输出效果接近激光打印机，而价格与点阵针式打印机相近，因此得到了广泛的应用。

按照喷墨方式，喷墨打印机分为连续式和随机式两类。连续式喷墨方式通过给墨水加压，以使墨水通过喷嘴连续喷射而粒子化。随机式喷墨方式指墨水只在打印需要时才喷射。

1）连续式喷墨打印机

电荷控制型喷墨打印机是典型的连续式喷墨打印机。主要包括喷头、充电电极、墨水供应、过滤回收系统及相应的控制电路。喷墨头后边的压电陶瓷受振荡脉冲刺激，使喷墨头喷出具有一定速度的墨水滴。墨水滴经过充电电极时会被充上大小不一的电荷。电荷量的大小是由字符发生器输出的字符点阵信息（必须是一个个点的信息，而非点阵针式打印机中输出的字符点阵的一列的所有点的信息）控制。充电电荷越多，墨水滴经过偏转电极后偏移的距离越大，然后落在打印纸上。若对应字符下某处无点阵信息，则相应墨滴不充电，因此在偏转电场中也不会发生偏移，从而射入回收器中，经过滤后继续补充到墨水槽。

2）随机式喷墨打印机

随机式喷墨打印机采用的喷墨技术主要可分为压电式和气泡式两种。压电式喷墨技术利用压电陶瓷在电压作用下会产生形变的原理，将很多压电陶瓷放置在打印头喷嘴附近，适时地将电压加到压电陶瓷上，使压电陶瓷产生伸缩，从而将喷嘴中的墨汁喷出，在打印纸表面形成图案或字符。气泡式喷墨技术利用热能的方法，将喷头管道中的部分墨汁气化成气泡，并利用气泡的压力，将喷嘴处的墨汁顶出到打印纸表面，形成图案或字符。

利用压电喷墨技术的喷墨打印机成本比较高，为了降低用户使用成本，一般将打印机喷头和墨盒进行分离，这样更换墨水时无须更换打印头。利用气泡喷墨技术的喷墨打印机一方面在使用过程中需要加热墨水，而墨水在高温下很容易发生化学变化，一定程度上影响打出的色彩真实性；另一方面，墨水是通过气泡喷出的，墨水微粒的方向和大小都不好掌握，导致打印线条边缘容易参差不齐，从而在一定程度上会影响打印质量。

4．3D打印机

3D打印机是由恩里科·迪尼（Enrico Dini）发明设计的，可用于航空航天、珠宝、工业设计、土木工程、工程和施工（AEC）、教育、建筑、汽车、牙科和医疗产业等众多领域。3D打印机基于数字模型文件，运用特殊蜡材、塑料或粉末状金属等粘合材料，采用逐层打印方式，最终达到构造物体的目的。与传统打印机相比，3D打印机用真正的原材料充当了其使用的"墨水"。3D打印机由控制组件、机械组件、耗材、打印头和介质等组成，其打印原理与传统打印机基本一致。在进行3D打印之前，首先需要在计算机上完成设计三维立体模型，并通过CAD（计算机辅助设计）技术完成系列数字切片。在进行3D打印时，将这些数字切片信息传输到3D打印机上，3D打印机将连续对薄型层面进行堆叠，直到形成一个固态物体。这些堆叠薄层有多种形式，常见的3D打印机采用熔融沉积快速成型（Fused Deposition Modeling，FDM）技术，主要原因在于FDM机械结构简单、易设计、低成本（包括制造成本、维护成本和材料成本)。熔融沉积(或称熔丝沉积)可以将丝状的热熔性的材料加热融化,融化后的材料通过喷头喷挤出来,然后会沉积在制作面板上或者沉积在前一层的已固化的材料上,当温度低于其固化温度时,这些融化的材料开始固化,通过层层堆叠形成最终物体。

8.4 外部存储设备

8.4.1 概述

计算机的外部存储器又称为辅助存储器,是主存储器的后援设备。相对于主存储器速度快、成本高、容量小及信息易丢失的特点,外部存储器速度慢、成本低、容量大,且可以脱机保存信息。目前广泛使用的外部存储器主要包括硬磁盘、软磁盘、磁带和光盘。其中,前三种属于磁表面存储器。所谓磁表面存储器是在载体上涂有一层磁性材料,通过载磁体的高速运动,由磁头在磁表面进行读写操作,从而将信息记录在磁层上,这些信息的轨迹称为磁道。磁道的形状可以是同心圆(如磁盘的磁道),也可以是直线(如磁带的磁道)。

1. 磁表面存储器的主要技术指标

衡量磁表面存储器的技术指标主要包括记录密度、存储容量、平均寻址时间、数据传输率和误码率。

1) 记录密度

记录密度是指单位长度或单位面积内所存储的二进制信息量,通常以道密度和位密度来表示。道密度(又称横向密度)是指沿半径方向单位长度的磁道数,单位是 tpi(track per inch,道/英寸)或 tpm(道/毫米)。道密度等于道距的倒数,道距是指相邻两条磁道中心线之间的距离。位密度(又称纵向密度)是单位长度的磁道所能记录的二进制信息的位数,单位是 bpi(bits per inch,位/英寸)或 bpm(位/毫米)。在磁盘各磁道上所记录的信息量是相同的,而位密度不同,半径最小的磁道上具有最高的位密度。一般泛指磁盘位密度时,是指半径最小的磁道上的位密度。

2) 存储容量

存储容量是指外部存储器能存储的二进制信息的总量,一般以位或字节为单位。磁盘存储器的存储容量一般为存放信息的盘面数、每个盘面的磁道数和每条磁道上记录的二进制代码数的乘积。

磁盘存储容量有格式化容量和非格式化容量两个指标。非格式化容量是磁表面可以利用的磁化单元的总数。而格式化容量是用户可以使用的容量,是指按照某种特定的记录格式能存储的信息总量,一般为非格式化容量的 $60\% \sim 70\%$。

3) 平均寻址时间

平均寻址时间与磁盘存储器的速度有关,例如,硬盘的平均寻址时间比软盘的平均寻址时间短,因此硬磁盘存储器的速度比较快。

对于采取直接存取方式的磁盘存储器,寻址时间主要包括两个部分:寻道时间(磁头寻找目标磁道的时间)和磁头等待目标磁道区段旋转到磁头下方需要的等待时间。对于采取顺序存取方式的磁带存储器,寻址时间为磁带空转至磁头应访问的记录区段的时间。由于在不同磁道间找道时间是不等的,且磁头等待不同区段需要等待的时间也是不同的,因此需要取其平均值,称为平均寻址时间。

4)数据传输率

数据传输率是指在单位时间内磁表面存储器向主机传送数据的位数或字节数,它与记录密度和存储介质的运动速度成正比。

5)误码率

误码率可以衡量从外部存储器读数据时,磁表面存储器的出错概率,它等于出错信息位数和读出信息总位数之比。为了减少出错率,磁表面存储器通常采用循环冗余码发现并纠正错误。

2.磁表面存储器的记录原理

在磁表面存储器中,信息被记录在磁层上,磁层与其依托的载体称为记录介质。磁头是磁记录设备的关键部件之一,是一种电磁转换的元件。磁头一般用铁磁性材料作为磁心,在上面绕有读写线圈。在读写操作时,按照磁头与记录介质是否接触,磁头可分为接触式磁头和浮动式磁头两种。软盘和磁带只能采用接触式磁头(因其载体为软性材质)。接触式磁头的结构简单,但是会因磨损而降低磁头和记录介质的使用寿命。硬盘采用浮动式磁头,这是因为硬盘的载体为硬性材质,必须尽量减少磨损。硬盘在读写过程中,磁头和盘面不直接接触,在读写过程中,其盘片高速旋转,会带动盘面表层的气流形成气垫,可以使质量很轻的磁头浮起,并与盘面之间保持极小的间隙。

磁表面存储器的读写过程是一个电磁转换的过程,是通过磁头和记录介质的相对运动实现的。在写信息时,将电信号转化为磁信号;在读信息时,将磁信号转化为电信号。

写信息时,记录介质在磁头下方匀速通过,写入信息形成一定大小和方向的电流流经写入线圈。记录介质经过磁头时,磁头线圈中流过的磁化电流产生的磁通将从磁头顶端进入记录介质,再流回磁头,形成一条回路,将磁头下方的一个微小区域磁化(称为磁化单元)。可以根据写入驱动电流的不同方向,使磁层表面被磁化的极性方向不同,以对应二进制信息的"0"或"1"。

读信息时,已存入信息的记录介质在磁头下方匀速通过,磁头相对于被读出的磁化单元作切割磁力线的运动,从而在磁头读线圈中产生感应电势,根据感应电势的不同方向,便可以读出"1"或"0"两种信息。

3.磁表面存储器的记录方式

磁记录方式也称为编码方式,是按某种规律将二进制数字信息转换为磁表面相应的磁化状态。高性能的磁记录方式对提高记录密度和可靠性有很大作用,常见的记录方式有归零制、不归零制、"见1就翻"的不归零制、调相制、调频制和改进型调频制,如图8.8所示。其中,归零制、不归零制和"见1就翻"的不归零制记录方式直接根据信息是"1"还是"0"进行记录,主要适用于记录密度较低的场合,目前已很少应用。

1)归零制

在归零制(Return to Zero,RZ)编码方式下,当记录"1"时,通以正向脉冲电流;当记录"0"时,通以负向脉冲电流。因为是脉冲电流,两位信息之间驱动电流归零,所以称为归零制。这种记录方式简单易行、具备自同步能力,但在写入信息时,很难覆盖原来的磁化区域,所以必须先抹去原来保存信息。归零制方式下,磁表面存储器记录密度不高,目前已很少使用。

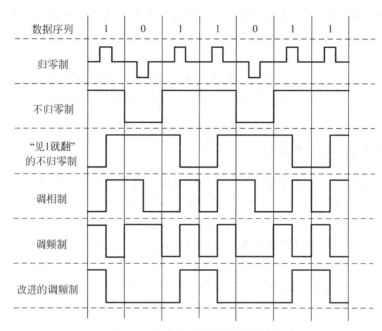

图 8.8　磁表面存储器的记录方式

2）不归零制

在不归零制(Non Return to Zero,NRZ)编码方式下,磁头线圈始终有驱动电流,不是正向(记录"1"时),就是负向(记录"0"时),不存在无电流状态。因此,磁表面层不是正向被磁化,就是反向被磁化。当记录的相邻两位信息相同时,其写电流方向不变,只有当相邻两信息代码不同时,写电流才会改变方向,故又称为"见变就翻"的不归零制。不归零制编码方式较归零制编码方式具有较强的抗干扰性。

3）"见 1 就翻"的不归零制

在"见 1 就翻"的不归零制(Non Return to Zero Change On One,NRZ$_1$)方式下,记录信息时,磁头线圈始终有电流通过。但只有在记录"1"时,电流才会改变方向,使磁层磁化方向发生翻转;在记录"0"时,电流方向保持不变,保持原来的磁化状态。这种记录方式不具备自同步能力,需引入外同步信号。

4）调相制

调相制(Phase Modulation,PM)也称为相位编码(PE),其编码规则是:记录"1"时,写电流在位周期中间由负变正;记录"0"时,写电流在位周期中间由正变负,它以相位差为180°的磁化翻转方向来表示"1"和"0"。当连续记录相同信息时,在位周期的边界上,电流方向也要变化一次;当相邻信息不同时,两个位周期交界处的电流方向维持不变。调相制抗干扰能力较强,具有自同步能力,在磁带存储器中用得较多。

5）调频制

调频制(Frequency Modulation,FM)根据驱动电流变化的频率的不同来区分记录"1"

或"0"。当记录"0"时,在位周期内电流保持不变;当记录"1"时,在位周期的中间时刻,使电流改变一次方向。而且无论记录"0"还是"1",在位周期的交界处,线圈电流均变化一次。因此,写"1"时,在位单元的起始位置和中间位置都有磁通翻转,而写"0"时,仅在位单元起始位置有磁通翻转。因此,记录"1"的磁翻转频率为记录"0"的两倍,故调频制又称为倍频制。调频制记录方式记录密度较高,并且具有自同步能力,被广泛应用于硬磁盘和软磁盘中。

6)改进型调频制

改进型调频制(Modified Frequency Modulation,MFM)的记录方法基本上同调频制,即记录"0"时,在位周期内电流方向保持不变;记录"1"时,在位周期的中间时刻电流方向发生一次变化。两种记录方式的区别在于,改进型调频制只有当连续记录两个或两个以上的"0"时,才在位周期的起始位置改变一次电流,而不必在每个位周期起始位置都改变电流方向。由于这一特点,在写同样的数据序列时,MFM 比 FM 磁翻转次数少,因此记录密度较高,且 MFM 具备自同步能力,被广泛应用于硬磁盘机和双密度软磁盘机上。

此外还有一种二次改进的调频制(M²FM),它在 MFM 的基础上进一步改进,其记录规则是:当连续记录"0"时,仅在第 1 个位起始处改变电流方向,以后的位交界处电流方向不变。M²FM 具有自同步能力,被广泛应用于高密度磁盘中。

8.4.2 硬磁盘存储器

硬磁盘存储器是计算机系统中最主要的外部存储器设备。世界上第一个商品化的硬磁盘是由 IBM 公司于 1956 年推出的。1973 年,IBM 公司推出了第一台"温彻斯特"技术硬盘,简称温盘,是现代大多数硬磁盘存储器的原型。

1. 硬磁盘存储器类型

按照磁头的工作方式来分,硬磁盘存储器可以分为固定磁头存储器和移动磁头存储器。固定磁头存储器的磁头位置固定不动,磁盘上每个磁道都有一个磁头,盘片也不能更换。它的特点是磁头不需要沿盘片做径向运动去寻找磁道,因此存取速度快,只要磁头进入工作状态,就可以进行读写操作。移动磁头的磁盘存储器可以由一个盘片组成,也可以由多个盘片装在一个同心主轴上,每个记录面都有一个磁头。在存取数据时,磁头需要在盘面上做径向运动。

按照磁盘是否具有可换性,硬磁盘存储器可以分为可换盘磁盘存储器和固定盘磁盘存储器。可换盘磁盘存储器是指盘片能够脱机保存。这种磁盘可以在兼容的磁盘存储器间进行数据交换,以便扩大存储容量。盘片能够只更换单片,例如在 4 片盒式磁盘存储器中,只有 1 片可换(3 片固定),也可以将整个磁盘组换下。固定盘磁盘存储器是指磁盘不能从驱动器中取下,更换时要把整个磁头和磁盘组合体一起更换。

温彻斯特磁盘是一种可移动磁头,固定盘片的磁盘存储器,它采用密封组合方式,将磁头、盘片、驱动部件和读写电路等制成一个不能随意拆卸的整体。因此,它的防尘性能好,可靠性高,对环境要求不高。

2. 硬磁盘存储器的结构

硬磁盘存储器由磁盘驱动器、磁盘控制器和盘片三部分组成。

1) 磁盘驱动器

磁盘驱动器是主机外的一个独立的装置，也被称为磁盘机。磁盘驱动器主要包括主轴、驱动定位系统及数据控制三部分。

主轴包括主轴电机和有关控制电路，主要作用是安装盘片，受传动机构控制使磁盘组以额定转速作高速旋转运动。

驱动定位系统主要包括驱动部件、传动部件和运载部件（磁头小车），它控制驱动磁头沿盘面径向位置运动，从而寻找目标磁道。具体来说，由位置检测电路测得磁头的即时位置，并与磁盘控制器送来的目标磁道位置进行比较，找出位差。然后根据磁头即时平移的速度求出磁头正确运动的方向和速度，经放大送回给线性音圈电机或步进电机，以改变小车的移动方向和速度，直到找到目标磁道为止。

数据控制的作用是完成数据转换及读写控制操作。在写信息时，首先接收选址信号，用来确定道地址和扇段地址。再将其转化为按一定规律变化的驱动电流并将驱动电流注入磁头的写线圈中，从而将信息写入到指定磁道上。在读信息时，也要先接收选址信号，然后通过读放大器以及译码电路，将数据脉冲分离出来。

2) 磁盘控制器

磁盘控制器是主机和磁盘驱动器的接口，通常做成适配卡，插在主机的总线插槽中。负责实现主机和磁盘驱动器之间的命令传送、数据格式转换和数据传送，并控制磁盘驱动器的读写。磁盘控制器内部还包括两个接口：对主机的接口（系统级接口）和对硬盘的接口（设备级接口）。对主机的接口通过系统总线和主机进行信息的交换，对硬盘的接口负责接收主机的命令以控制设备的操作。

磁盘控制器和主机之间的界面较为清晰，只通过系统总线完成数据的发送或接收。磁盘控制器和主机的信息交换一般采用的是直接存储访问（DMA）的方式，通过 SCSI 标准接口就可以与系统总线直接相连。

磁盘控制器与驱动器的界面不是非常清晰：如果控制器和驱动器的界面设置在图 8.9(a)处，则驱动器只负责完成读写和放大功能；如果界面设置在图 8.9(b)处，除读写和放大功能以外，磁盘驱动器还需负责数据分类和数据的编码解码，而磁盘控制器只完成串/并（或并/串）转换、格式控制和 DMA 控制等功能；如果界面设置在图 8.9(c)处，那么硬盘控制器的功能全部划归到驱动器中。主机和驱动器间可以通过标准通用接口来连接。现在硬盘的发展趋势是后两种类型，使硬盘的功能得以增强，设备相对独立。

3) 盘片

硬磁盘存储器的盘片由硬质铝合金材料制成，它的表面涂有一层可磁化的硬磁特性材料。盘片是存储信息的载体，它的存储密度会决定硬盘的存储容量和体积。随着计算机系统的不断小型化，硬盘的发展方向也是体积小和容量大。

3. 硬磁盘的磁道记录格式

在盘面上，信息以字节为最小单位串行排列在磁道上，若干个相关的字节组成一个记录

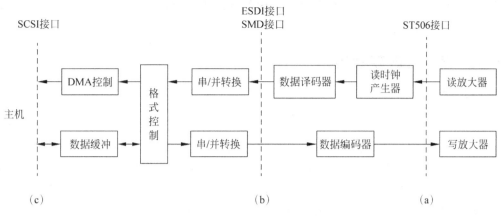

图 8.9　硬盘控制器接口

块,一系列的记录块构成一个"记录",一批相关的"记录"组成了文件。为便于寻址,数据块在盘面上的存储方式遵循一定规律,称为磁道记录格式。常见的记录格式有定长记录格式和不定长记录格式两种。

1) 定长记录格式

一个具有 n 个盘片的磁盘组,将 n 个盘片上同一半径的磁道看成一个圆柱面,这些磁道所存储的信息被称为柱面信息。磁头定位机构一次定位的磁道集合正好是一个柱面。信息的交换一般在圆柱面上进行,柱面个数正好等于磁道数。因此柱面号就是磁道号,而磁头号则是盘面号。

盘面上的每条磁道被分割成若干个扇区(扇段),扇区是磁盘寻址的最小单位。在定长记录格式中,当驱动器号确定后,磁盘寻址定位首先确定柱面,再选定磁头,最后找到扇区。因此寻址用的磁盘地址应依次包括驱动器号、磁道号、盘面号、扇区号等字段。

2) 不定长记录格式

不定长记录格式是指可根据需要来决定记录块长度的记录格式。在实际应用中,如果文件长度不是定长记录块的整数倍时,容易造成记录块的浪费。图 8.10 所示为 IBM 2311 盘不定长度磁道的记录格式。

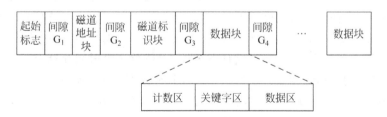

图 8.10　IBM 2311 盘不定长度磁道记录格式示意图

图中起始标志(又称索引标志)表示磁道的起点。间隙 G_1、G_2 和 G_3 的长度分别为 $36 \sim 72$ 字节、$18 \sim 38$ 字节和 1 字节。G_1 可以使连续的磁道分成不同的区,以利于磁盘控制器与磁盘机之间的同步和定位;G_3 用一个专用字符表示地址标志,表明后面都是数据记录块。磁道地址块(标识地址或专用地址)占 7 个字节,用来显示磁道状态、柱面逻辑地址号、磁头逻辑地址号和校验码。磁道标识块用来标识本磁道的状况,不作为用户数据区。数据块主要包括计数区、关键字区和数据区,这3段内都有循环校验码。数据区长度是不固定的,实际长度由计数区决定,通常为1~64KB。

8.4.3 光盘存储器

1. 概述

光盘存储器是利用光学原理进行读写信息,采用聚焦激光束在盘式介质上记录高密度信息。由于光学读写头和介质有较大的距离,因此,光盘存储器是非接触性存储器。应用激光在某种介质上写入信息,再利用激光读出信息的技术叫作光存储技术,主要可分为第一代光存储技术和第二代光存储技术。二者的区别为介质的材料不同,前者采用非磁性介质,而后者采用磁性介质;前者不能把内容抹掉重新写入新内容,后者可以擦洗重写。根据光存储性能和用途的不同,光盘存储器可分为只读型光盘、只写一次型光盘和可擦写型光盘,如表8.1所示。

表 8.1 光盘存储器分类

光盘存储器类别	描 述
只读型光盘(Compact Disk-ROM, CD-ROM)	数据和程序由厂家事先写入,用户只能读数据,不能修改或写入新的内容。主要用于检索文献数据库或其他数据库,也可以用于计算机辅助教学
只写一次型光盘(Write Once Read Many,WORM)	允许用户写入信息,但只能写入一次,写入后可多次读出,但不能修改。主要用于计算机系统中的文件存档,或写入的信息不再需要修改的场合
可擦写型光盘(CD-RW)	可重复读写,包括光磁记录(热磁反转)和相变记录(晶态-非晶态转变)两种

2. 光盘的存取原理

光盘存储器利用激光束在记录表面上存储信息,根据激光束和反射光的强弱不同,可以实现信息的读写。

对于 CD-ROM 和 WORM,在写入信息时,将光束聚焦为直径小于 $1\mu m$ 的微小光点,使其能量高度集中,从而在记录的介质上发生物理或者化学变化,以存储信息。例如,激光束的热作用使盘表面的光存储介质薄膜熔化,会在薄膜上形成小凹坑,有坑的位置表示记录"1",没坑的位置表示记录"0"。除了这种方式外,利用激光照射光存储介质,会使被照射点温度升高,冷却后的晶体结构或晶粒的大小会导致介质膜的光学性质(如折射率和反射率)发生变化。利用这一原理便可以记录信息。读信息时,在读出光束的照射下,利用在有凹处和无凹处反射光的强度差别,可以读出二进制信息。并且因为读出光束的功率只有写入光束的十分之一,所以不会在盘面产生新的凹坑。

可擦写光盘利用激光在磁性薄膜上产生热磁效应,从而记录信息(称为磁光存储)。存储介质矫顽力的大小随温度的变化而变化。如果通过控制温度降低介质的矫顽力,在介质表面施加一个强度高于该介质矫顽力的磁场,就会发生磁通翻转效应,便可用于记录信息。磁光存储利用激光照射磁性薄膜,其被照处温度升高,矫顽力下降,在外磁场 HR 作用下,被照射处发生磁通翻转,并使其磁化方向与外磁场 HR 一致,就可视为记录"1"。不被照射处或 HR 小于矫顽力处可视为记录"0"。擦除信息和记录信息原理一样,擦除时施加一个和记录方向相反的磁场 HR,对已写入的信息用激光束照射,并使磁场 HR 大于矫顽力。因此,被照射处会发生反向磁化,从而使之恢复为记录前的状态。

这种利用激光的热作用改变磁化方向来记录信息的光盘称为磁光盘。

8.5　接口

接口是两个系统或两个部件之间的交接部分,它既可以是两种硬设备之间的连接电路,也可以是两个软件之间的共同编辑边界。I/O 接口是连接计算机主机(CPU)和外围设备,并使两者进行信息交换的部件。

8.5.1　I/O 接口的类型

I/O 接口的分类方式主要包括以下几种。

(1) 按外围设备和接口间的数据传送方式分类:并行接口和串行接口。

并行接口以一个字节(或一个字)为单位,同时传送其所有位;串行接口是在外围设备与接口间一位一位串行传送。由于接口与主机之间是按字节或字并行传送,因此对串行接口而言,还要完成数据格式的串并转换。

(2) 按功能选择的灵活性分类:可编程接口和不可编程接口。

可编程接口是指功能和操作方式可用程序来改变或选择的接口,不可编程接口不能由程序来改变其功能,但也可通过硬连线逻辑实现不同的功能。

(3) 按通用性分类:通用接口和专用接口。

通用接口可供多种外围设备使用,是一种标准接口,通用性较强;专用接口是为某类外围设备或专门用途设计的,其通用性较差,但功能较强。

(4) 按数据传送的控制方式分类:程序型接口和 DMA 接口。

程序型接口用于连接速度较慢的外围设备,如显示终端、键盘和打印机。现代计算机一般都配有这类接口。DMA 型接口用于连接高速 I/O 设备。

8.5.2　I/O 接口的功能

归纳起来,接口通常应具有以下功能。

(1) 寻址功能。由于 I/O 总线与所有外围设备的接口电路相连,CPU 选择哪台外围设备,必须通过设备选择线上的设备码来确定。在计算机系统中,I/O 接口为每个外围设备都分配一个设备码。因此,要求每个接口都要有寻址功能,即当设备选择线上的设备码与本设备码相一致时,应发出设备选中信号 SEL。

(2) 传送数据和数据缓冲的功能。接口处于主机与外围设备之间,因此数据必须通过接口才能实现主机与外围设备之间的传送。因此接口中必须具有数据通路,以完成数据传送。并且,CPU 和外围设备之间的速度差异很大,因此,数据通路还应具有缓冲能力,以解决 CPU 和外围设备之间数据传送速度的匹配问题。接口中通常设有数据缓冲寄存器(Data Buffer Register,DBR),与 I/O 总线中的数据线相连,用来暂存外围设备和主机准备交换的信息。

（3）控制功能。I/O 接口的主要控制功能包括传送控制命令和外围设备工作状态的状态信息。

为使 CPU 向外围设备发出命令时，外围设备能够及时地做出响应，通常在 I/O 接口中设有存放命令的命令寄存器和命令译码器。命令寄存器用来存放 I/O 指令中的命令码，它受设备选中信号控制，即只有被选中设备的 SEL 信号有效，命令寄存器才能接受命令线上的命令码。

接口中还必须设置能反映设备工作状态的触发器，以使 CPU 可以及时了解各外围设备的工作状态。例如，用完成触发器 D 和工作触发器 B 来标志设备所处的状态，如暂停状态、已经准备就绪和正处于准备状态。

现代计算机系统大多采用中断技术，因此接口电路中一般还设有中断请求触发器，当其为"1"时，表示该外围设备向 CPU 发出中断请求。接口内还有屏蔽触发器，它与中断请求触发器一起完成设备的屏蔽功能。

8.6　本章小结

本章对计算机外围设备和其相关设备做了系统的介绍，主要包括输入设备、输出设备、外部存储设备和接口。分析了常见的输入设备，包括键盘、鼠标、触摸屏和其他输入设备（光笔、画笔和图形板、扫描仪）；介绍了常见的输出设备，包括显示输出设备和打印输出设备；系统介绍了外部存储设备；分析了磁表面存储器的主要技术指标、记录原理和记录方式。介绍了常见的外部存储设备，包括硬磁盘存储器、软磁盘存储器、磁带存储器和光盘存储器；分析了 I/O 接口的类型和功能。

8.7　习题

1. 简述键盘的工作原理。
2. 简述字符显示器的工作原理。
3. 试说明点阵针式打印机、激光打印机和喷墨打印机的特点。
4. I/O 接口如何分类？简述 I/O 接口的功能。

8.8　参考答案

1. 键盘输入信息的过程分为三个步骤：按下某个键；确定按下的是哪个键；将此键翻译为 ASCII 码，由计算机接收。其中，按键由人工操作，按照确认按下的键的方法不同，键盘可分为两类，即由硬件实现的编码键盘和由软件实现的非编码键盘。

1）编码键盘

由一个六位计数器通过两个八选一的译码器扫描键盘。在没有键被按下的情况下，随着计数器循环计数，扫描将反复进行。当扫描到某键被按下时，键盘通过单稳电路产生一个脉冲信号。该脉冲信号有两个作用：一是送给时钟发生器，使计数器停止计数，终止扫描。此时计数器的值与所按键的位置对应，该值作为只读存储器的输入地址，该地址中的内容则为所按键的 ASCII 码。二是送给中断请求触发器，向 CPU 发送中断请求，CPU 在响应请求后调用中断服务程序。在中断服务程序执行过程中，CPU 执行读命令，将计数器对应的 ROM 地址中的内容，也就是所按键对应的 ASCII 码读入 CPU。CPU 的读入指令一方面可以作为读出 ROM 内容的片选信号，另一方面，经过一段延迟后，可作为清除中断请求的触发器，以重新启动计数器，开始进行新的扫描。

2) 非编码键盘

非编码键盘利用简单的硬件和专用键盘编码程序来判断和识别按键位置。然后通过查表程序，将位置码转换为对应的编码信息。如果被按键为字符键，根据该键位置码查找对应的 ASCII 码；如果该键为功能键，转入相应服务子程序，完成相应的功能操作。

2. 字符显示器主要包括显示存储器、字符发生器和 CRT 控制器。

1) 显示存储器（刷新存储器）

显示存储器用来存放想要显示字符的 ASCII 码，其容量与显示屏能显示的字符个数有关。如果显示屏上能显示 2000 个字符（80 列×25 行），则显示存储器 RAM 的容量为 2000×8（字符编码 7 位，闪烁 1 位）。显示存储器单元按照显示屏上每行从左到右，按行从上到下的显示位置进行顺序存储。

2) 字符发生器

字符发生器（实质上是一个 ROM）负责将显示存储器中存放的 ASCII 码转换为 m×n 的光点矩阵信息。利用点阵中某些点的亮和不亮来实现字符的显示，例如点阵中的"1"对应亮点，"0"对应暗点。当 CRT 进行光栅扫描时，从字符发生器依次读出每个字符的点阵信息，依据点阵中的 0 和 1 控制扫描电子束的开或关，从而在屏幕上显示字符。例如字符"C"所存储的光点代码分别为 0111110、1000001、1000000、1000000、1000000、1000000、1000000、1000001 和 0111110。

在字符发生器中，字符点阵的信息通常按行存储，即一个地址存储的是字符点阵中的一行信息。显示存储器输出的 ASCII 码作为字符发生器的高位地址（列地址），由它确定读取哪个字符的光点信号；CRT 控制器的光栅地址计数器作为字符发生器的低位地址（行地址），由它确定读取字符点阵的哪一行光电信号。字符发生器的输出以并行方式加载到移位寄存器中，然后在点阵时钟控制下，移位输出形成视频信号，作为 CRT 的亮度控制信号。显示器在水平同步、垂直同步（来自 CRT 控制器）和视频信号（来自字符发生器）的共同作用下，连续不断地刷新屏幕，从而显示稳定的字符图像。

3) CRT 控制器

CRT 控制器一般做成专用芯片，可以接收来自 CPU 的数据和控制信号，并给出访问显示存储器的地址和访问字符发生器的光栅地址，还可以给出 CRT 所需的水平同步和垂直同步信号等。该芯片配置了点计数器、字计数器（水平地址计数器）、行计数器（光栅地址计数器）和列计数器（垂直地址计数器），以控制显示器的逐点、逐行、逐排、逐幕的刷新显示，还可以控制对显示 RAM 的访问和屏幕间扫描的同步。字计数器和排计数器分别反映了光栅扫描的水平方向和垂直方向，将这两个方向的同步信号输至 CRT 的 x 和 y 偏转圈，便能够按指定位置进行显示。

3. 点阵针式打印机结构简单、成本低、体积小、重量轻,可以连续打印且打印字符种类不受限制,但其打印噪声大、速度慢、分辨率较低。针式打印机在银行、电信、财务等票据打印方面有不可替代的作用。

激光打印机是逐页打印的,又被称为"页式输出设备",而点阵针式打印机等普通击打式打印机是逐字或逐行打印的。页式输出设备速度以每分钟输出的页数(Pages per Minute,PPM)描述。高速激光打印机的打印速度可以达到100PPM以上,中速激光打印机为30~60PPM,低速激光打印机的速度为10~20PPM。激光打印机可以使用普通纸张,输出速度快,打印质量好,打印噪声低,可以打印图形、图像、表格、字母、数字和汉字等。但其价格一般比较高,尤其是彩色激光打印机。激光打印机一般比较节省耗材,因此更加适用于打印要求高、打印量大的场合。

喷墨打印机是一种非击打式打印机,通过控制喷墨打印头上的喷嘴孔,使墨水在一定压力作用下喷出,形成高速飞射墨滴,从而在打印纸上形成点阵字符或图形。其输出效果接近激光打印机,而价格与点阵针式打印机相近,因此得到了广泛的应用。

4. I/O 接口的分类方式主要包括以下几种。

(1) 按外围设备和接口间的数据传送方式分类:并行接口和串行接口。

并行接口以一个字节(或一个字)为单位,同时传送其所有位;串行接口是在外围设备与接口间一位一位串行传送。由于接口与主机之间是按字节或字并行传送,因此对串行接口而言,还要完成数据格式的串-并转换。

(2) 按功能选择的灵活性分类:可编程接口和不可编程接口。

可编程接口是指功能和操作方式可用程序来改变或选择的接口,不可编程接口不能由程序来改变其功能,但也可通过硬连线逻辑实现不同的功能。

(3) 按通用性分类:通用接口和专用接口。

通用接口可供多种外围设备使用,是一种标准接口,通用性较强;专用接口是为某类外围设备或专门用途设计的,其通用性较差,但功能较强。

(4) 按数据传送的控制方式分类:程序型接口和 DMA 接口。

程序型接口用于连接速度较慢的外围设备,如显示终端、键盘和打印机。现代计算机一般都配有这类接口。DMA 型接口用于连接高速 I/O 设备。

归纳起来,接口通常应具有的功能为:

(1) 寻址功能。由于 I/O 总线与所有外围设备的接口电路相连,CPU 选择哪台外围设备,必须通过设备选择线上的设备码来确定。在计算机系统中,I/O 接口为每个外围设备都分配一个设备码。因此,要求每个接口都要具有寻址功能,即当设备选择线上的设备码与本设备码相一致时,应发出设备选中信号 SEL。

(2) 传送数据和数据缓冲的功能。接口处于主机与外围设备之间,因此数据必须通过接口才能实现主机与外围设备之间的传送。因此接口中必须具有数据通路,以完成数据传送。并且,CPU 和外围设备之间的速度差异很大,因此,数据通路还应具有缓冲能力,以实现 CPU 和外围设备之间数据传送速度的匹配。接口中通常设有数据缓冲寄存器(Data Buffer Register,DBR),与 I/O 总线中的数据线相连,用来暂存外围设备和主机准备交换的信息。

(3) 控制功能。I/O 接口的主要控制功能包括传送控制命令和反映外围设备工作状态的状态信息。

　　通常在 I/O 接口中设有存放命令的命令寄存器和命令译码器,以实现当 CPU 向外围设备发出命令时,外围设备能够及时地做出响应。命令寄存器用来存放 I/O 指令中的命令码,它受设备选中信号控制,即只有被选中设备的 SEL 信号有效,命令寄存器才能接受命令线上的命令码。

　　接口中还必须设置能反映设备工作状态的触发器,以使 CPU 可以及时了解各外围设备的工作状态。例如,用完成触发器 D 和工作触发器 B 来标志设备所处的状态,如暂停状态、已经准备就绪和正处于准备状态。

第9章

输入输出设备数据传送控制方式

本章学习目标

- 了解输入输出系统(I/O 系统)的作用
- 了解主机与输入输出设备的数据传送方式
- 掌握五种 I/O 数据传送控制方式及适用范围

输入输出系统(I/O 系统)是计算机系统中用来控制输入输出设备与主机(内存或 CPU)之间进行数据交换的软硬件机构,它对计算机系统的运行性能有很大影响。其中,输入输出设备用于在计算机之间、计算机与其他设备之间、计算机与用户之间建立一种可靠的联系,不但种类繁多,而且信息传输速率存在很大差异。因此,若要把高速工作的主机与种类繁多、传输速率各异的输入输出设备相连接,需要有不同的数据传送方式。

主机与输入输出设备的数据传送方式围绕着两个问题,一是主机速度与输入输出设备速度的匹配问题,二是如何提高整机系统的性能问题。随着计算机技术的发展,I/O 数据传送的控制方式经历了从简单到复杂的演变过程,不同的数据传送控制方式有不同的系统结构,适合于不同的输入输出设备。在计算机主机和输入输出设备之间,通常采用直接程序控制方式、程序中断控制方式、直接存储器存储方式、通道控制方式和外围处理机方式这五种 I/O 数据传送控制方式。本章将对以上五种方式进行介绍。

9.1 直接程序控制方式

1. 基本概念

直接程序控制方式是指通过计算机程序来控制主机和外围设备之间的数据交换,它是由 CPU 通过查询设备的运行状态来控制数据传送过程。在开始一次数据传送之前,CPU 首先检测相关设备是否准备好接受这次传送(通过读入接口中的状态寄存器的内容来判断),若已经准备好,则启动这次传送;若发现尚未准备好,则重复进行这一检测,直到相关设备已准备好。

直接程序控制方式的特点是 I/O 操作完全处于 CPU 指令的控制之下,所有 I/O 操作都是在 CPU 寄存器与外围设备接口中的寄存器之间进行,I/O 设备不能直接访问内存。

2. 接口

接口是计算机系统总线与外围设备之间的一个逻辑部件,它的基本功能有两点:一是为信息传输操作选择外围设备；二是在选定的外围设备和主机之间交换信息，保证外围设备用计算机系统特性所要求的形式发送或接收信息。

相对另外几种数据传输方式的接口而言，直接程序控制方式的接口较为简单。它的接口主要包括设备选择电路、数据缓冲寄存器和设备状态标志三部分，如图9.1所示。

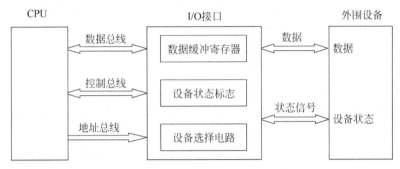

图 9.1　直接程序控制方式接口示意图

（1）设备选择电路。它实际上是设备地址的译码器。CPU 执行输入输出指令时需要把指令中的设备地址送到地址总线上，用来指示 CPU 要选择的设备。每个接口的设备选择电路对地址信号进行译码，用以判断地址总线上呼叫的设备是不是本设备。如果是，本设备就进入工作状态，否则不予理睬。

（2）数据缓冲寄存器。接口中数据缓冲寄存器的作用是作为 CPU 与外围设备之间的数据传输的缓冲区，用来暂存外围设备与主机之间传送的数据，使慢速的外围设备与快速的CPU 之间的数据传输实现同步。无论是数据输入还是数据输出，传送的数据必须由接口的数据缓冲寄存器作为传送中介。

（3）设备状态标志。它实际上是接口电路中专门用来标志外围设备当前状态的触发器，以便 CPU 通过接口直接对外围设备的工作状态进行监视。接口中一般包括"忙""错误""就绪""完成"等设备状态标志。当 CPU 用程序询问外围设备状态时，它将状态信息送至 CPU 分析。

3．接口的工作过程

直接程序控制方式是利用程序的直接控制实现 CPU 和外围设备之间的数据交换，在CPU 选中接口和设备后，以输入数据为例说明其工作过程。

（1）CPU 向地址总线上送出地址，选中设备控制器。

（2）CPU 看"忙"触发器是否为"0"，若为"0"，则发出命令字，请求启动外设输入数据，置"忙"触发器为"1"，置"就绪"触发器为"0"，然后不断检测"就绪"触发器何时变为"1"。

（3）接口接到 CPU 发来的命令字之后，立即启动外设工作，开始输入数据。

（4）外设启动后将需要输入的数据送入接口中的数据缓冲寄存器中。

（5）外设完成数据输入后，置接口中"就绪"触发器为"1"，通知接口数据输入完毕。

（6）CPU 从 I/O 接口的数据缓冲寄存器中读入该输入数据，同时将接口中的设备状态标志"忙"复位为"0"。

图 9.2 所示为与直接程序控制方式相应的主程序流程图。主程序启动外围设备之后便

循环检测接口中"就绪"触发器的状态,直至"1"为止,执行数据输入后继续执行主程序。

4. 优缺点及应用

直接程序控制方式这种I/O数据传送控制方式简单、易控制,且外围接口控制逻辑少。一般计算机都具有这种功能。但由于CPU与外围设备完全串行工作,而外围设备的工作速度往往比CPU慢得多,CPU要花很多时间等待外围设备准备数据,而不能执行其他的操作,浪费宝贵的CPU资源,大大降低了系统的效率。如果外围设备出现故障,CPU总是不能进入准备好状态,计算机将会进入"死机"的局面。因此,直接程序控制数据传输方式多用于CPU速度不高,外设种类不多的情况。

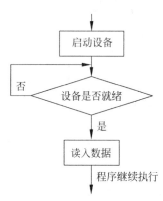

图9.2 直接程序控制方式
下的主程序流程图

在实际的计算机系统中,往往有多台外围设备。在这种情况下CPU在执行主程序的过程中可周期性地调用各外围设备的"询问"子程序,依次"询问"各个外围设备的"状态"。如果某个外围设备准备就绪,则转去执行这个外围设备的服务子程序;如果某个外围设备未准备就绪,则依次测试下一个外围设备。

9.2 程序中断控制方式

1. 中断的基本概念

所谓中断,就是指CPU暂时中止现行程序,转去执行更紧急的程序,并在执行结束后自动恢复执行原先被中止的程序的过程。这种对紧急事件的处理方式,称为程序中断控制方式。

在直接程序控制方式下,CPU根据事先编制好的程序的先后次序,定时查询外围设备的状态,外围设备处于"被动"的地位。在这种方式下,无论外围设备是否需要CPU服务,CPU都要通过执行询问程序才知晓。因此,程序查询方式效率较低。

在程序中断控制方式下,"中断"是由外围设备或其他非预期的急需处理的事件引起的,外围设备处于"主动"的地位。CPU只有在外设准备就绪并提出中断申请的前提下,才能转向处理与外设交换数据的工作。在外设准备数据时,CPU照常执行原有程序。

例如,现有A、B、C三个外设处于中断工作方式,它们分别在时刻 t_1、t_2 和 t_3 向CPU请求服务,如图9.3所示。

原有主程序按预先编制的程序顺序执行。在 t_1 时刻,外围设备A准备就绪,需要CPU为其服务,向CPU请求中断。这时,CPU要暂停原主程序的执行,转去为外设A服务。因此,在 t_1 时刻,原主程序产生一个"断点"(断点1)。CPU为外设A服务的方式是执行预先编制的外设A中断服务程序。待A中断服务结束,即外设A中断服务程序执行完毕后,CPU返回"断点"处继续原主程序的执行。在 t_2 时刻,外设B请求中断,产生断点2,CPU转去为外设B服务,执行外设B中断服务程序。外设B中断服务程序执行完毕后,返回断点 2 继续执行原主程序。t_3 时刻同理。

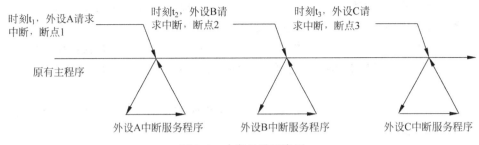

图 9.3　中断处理示意图

2．中断的作用

中断的主要作用如下：

（1）实现 CPU 和外围设备并行工作。

（2）实现多道程序和分时操作。

（3）监督现行程序，提高系统处理故障的能力，增强系统的可靠性。

（4）实现实时控制，受控对象靠中断把有关参数（湿度、速度等）和反馈信号送到主机。

（5）实现人机交互。

总之，中断在计算机中具有很重要的作用。在很多方面，操作系统是借助中断系统来控制和管理计算机系统的。

3．中断的分类

中断源是指能够引起中断的事件或能够发生中断请求的来源。

（1）根据中断源的位置可将中断分为内部中断和外部中断。

内部中断是指来自主机内部，由程序运行异常或故障引起的中断。它包括硬件故障中断（如电源掉电、各种校验错误等）和程序性中断（程序本身运行的原因引起的中断，如非法操作码、栈溢出、缺页、地址越界等）。

外部中断是指来自主机外部的中断。例如，外部信号中断和输入输出设备中断。

（2）根据中断是否在程序中预先安排可将中断分为自愿中断和强迫中断。

自愿中断是指在程序中预先安排的由广义指令（由特殊的转移指令和若干参数组成，如：使用外设指令）引起的中断。这种中断是预知的，是可重现的中断。

强迫中断是指没有在程序中预先安排，随机产生的中断。这种中断是不可预知的。

（3）根据执行中断服务程序时系统能否响应其他中断，可将中断系统分为单重中断系统和多重中断系统。

单重中断系统是指执行中断服务程序时，不能再响应其他的中断系统。

多重中断系统是指执行中断服务程序时，还可响应更高优先级的中断系统。

（4）根据中断处理方式，中断可分为简单中断和程序中断。

简单中断是指，在中断处理过程中，CPU 响应中断请求之后暂停原有程序的运行，但不需要保存断点状态，由计算机中的其他部件执行中断处理，处理结束后 CPU 继续执行原有主程序。

程序中断是指,CPU在响应中断请求之后,通过完成一系列的服务程序来处理有关工作。这种中断方式需要CPU在暂停原有程序运行后,保存原有程序的断点状态,转入中断服务程序。程序中断一般用在中、低速外设数据传送以及要求进行复杂处理的场合。

(5) 中断还可以分为可屏蔽中断和不可屏蔽中断。屏蔽中断是指在产生中断请求后,为保证中断服务程序的顺利执行,一般利用程序有选择地封闭部分中断源,只允许其余部分的中断源产生中断请求。

可屏蔽中断是指可不响应或暂不响应,或有条件时响应的中断。在计算机系统中,大部分中断是可以屏蔽的。

不可屏蔽中断是指必须处理的、不能屏蔽的中断。这些中断源无论何时提出中断请求,CPU必须立即响应,这类中断具有最高中断优先权。例如,电源掉电等。

4. 中断源的设置

在计算机系统中,为区分不同的中断源,通常利用一个中断触发器记录一个中断源的状态,一般设置为"0"。当能够引起中断的事件发生时,由中断源将中断触发器的状态设置为"1",表明该中断源发出中断请求。

通常将多个中断触发器组合成为中断寄存器,其中每个触发器对应一个中断源,称作中断位。整个中断寄存器的内容称为中断码或中断字。CPU在响应中断时首先查询中断寄存器中的内容,确定中断源,以便调用相应的中断服务程序。

考虑到中断处理的先后顺序,设计中断系统时将全部中断源按中断的性质和处理的轻重缓急进行排队,给予相应的优先权,用来确定在多个中断同时发生时中断服务程序执行的先后顺序。中断优先权在中断系统设计时就已经考虑好,一般在程序运行过程中不变。但系统程序员可通过设置屏蔽码,确定或变更个别中断的优先权。

对外设分配优先权时,必须考虑到设备的传输速度和服务程序的时效。例如有些设备的数据传输只在很短的时间内有效,需要给这类设备分配较高的中断优先权。

在许多情况下,为保证正在执行程序指令序列的完整性,必须采用禁止中断或屏蔽中断的方式。禁止中断就是在CPU内部设置一个可以由程序设置的"中断允许"触发器,只有该触发器为"1"时,才允许CPU响应产生的中断,否则CPU将不被任何中断影响。屏蔽中断的实现方法是为每个中断源设置一个触发器,当触发器为"1"时封闭该中断源的中断请求,反之允许中断请求通过,向CPU提出中断请求。

5. 中断过程

中断过程包括两个阶段:中断响应阶段和中断处理阶段。一般来说,中断响应阶段由硬件实现。而中断处理阶段则由CPU执行中断服务程序来完成,可以说是由软件实现的。

中断响应是指主机发现中断请求,中止现行程序的执行,并调出中断服务程序这一过程。在计算机系统中CPU响应中断必须同时满足以下三个条件。

(1) 中断源有中断请求。

(2) CPU允许接受中断请求。

(3) 一条指令已经执行完毕,没有开始执行下一条指令(个别情况下允许打断正在执行的长指令)。

一旦以上三条得到满足,CPU 开始响应中断,进入响应中断阶段。保留原有程序的断点状态,进而转向中断服务程序。

在中断响应阶段中,有以下三点值得注意。

(1) 保存好程序的关键性信息。程序使用的资源有两类:一类是工作寄存器,存放着程序执行的现行值,把这类信息称为现场信息;另一类是表示程序进程状态的程序状态字PSW 和标志进程运行过程的程序计数器(PC),通常把这类信息称作断点信息。在程序被中止时,必须正确地保存这些关键性信息,以便在返回程序后,处理器能正确地沿着断点继续执行。对于现场信息,可以在中断服务程序中把它保存到一个特定的存储区(如堆栈)中。对于断点信息,应在中断响应时自动保存起来。

(2) 正确识别中断源。在中断响应过程中必须能够识别哪些中断有请求,并且在有多个中断请求出现的情况下,选择响应优先级最高的中断,执行相应的中断服务程序。

(3) 提高中断响应的速度。中断响应时间是设计中断系统时考虑的一个重要指标,它反映出整个计算机系统的灵敏度。为此,必须设法提高中断响应的速度。

至于中断处理阶段,不同的计算机对中断的处理各具特色,但一般的程序中断处理过程如下。

(1) 关中断。将中断允许标志设置为禁止状态,这时将屏蔽掉所有中断请求。

(2) 保护断点。为了在中断处理结束后能够返回到当前的断点,必须将当前的程序计数器(PC)的内容保存起来。

(3) 识别中断源。通过某种方式获得响应优先级最高的中断请求所对应的中断服务程序的首地址和初始的 PSW,转入相应的中断服务程序入口。

(4) 开中断。由于系统将执行中断服务程序,开中断将允许更高级的中断请求得到响应,实现中断的嵌套。

(5) 执行中断服务程序。

(6) 第二次关中断。执行完中断服务程序后应该恢复现场和断点,所以必须关闭中断,避免在恢复现场和恢复断点过程中因其他的中断请求而出现问题。

(7) 恢复断点。系统利用软硬件恢复以前保存的断点数据。

(8) 开中断。继续执行原有程序,开始允许接受新的中断请求。

6. 多重中断

多重中断处理是指在处理某个中断过程中又发生新的更高级中断,CPU 暂停当前执行的中断服务程序,转而处理新的中断。这种重叠处理中断的现象称作中断嵌套。

一般情况下,在响应中断请求并执行中断服务程序时,不允许其中断处理程序被同级或低级的中断请求所中断,但允许响应比它优先级更高的中断请求。

图 9.4 所示为一个 3 级中断嵌套,其中中断的优先级由高到低依次是 1 级中断、2 级中断和 3 级中断。在 CPU 执行主程序时出现中断请求 3,转而执行 3 级中断服务程序。执行过程中又出现了比中断请求 3 优先级高的中断请求 2,CPU 将暂停对 3 级中断服务程序的处理,转向执行 2 级中断服务程序。执行过程中又出现了比中断请求 2 优先级高的中断请求 1,CPU 将暂停对 2 级中断服务程序的处理,转向执行 1 级中断服务程序,待 1 级中断服务程序执行完毕,再继续执行被中断的 2 级中断服务程序;2 级中断服务程序执行完毕,再

继续执行被中断的 3 级中断服务程序。所有中断响应完毕后再继续执行被中断的原程序。

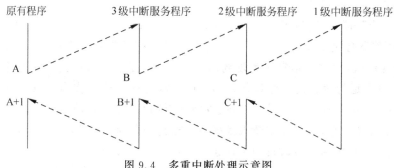

图 9.4　多重中断处理示意图

7. 接口

程序中断控制方式的基本接口如图 9.5 所示。

在图 9.5 中,I/O 接口中的设备选择、数据缓冲寄存器的作用与直接程序控制方式相同,RDY 触发器("就绪"触发器)和 BUSY 触发器("忙"触发器)相当于直接程序控制方式接口中设备状态标志的两位状态。与直接程序控制方式不同的是,程序中断控制方式的接口电路中增加了一个允许中断触发器 EI。当该触发器状态设置为"1"时,表示允许相连的设备向 CPU 发出中断请求,若触发器的状态为"0",则利用逻辑电路禁止中断请求的发出。

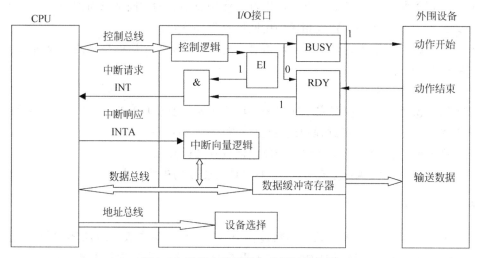

图 9.5　程序中断控制方式接口示意图

参照图 9.5,以整个中断工作过程为线索,程序中断控制方式接口的工作原理如下:当外围设备准备就绪时,向接口发出一个信号,该信号将 RDY 触发器置"1"。若允许中断,则触发器 EI 为"1",通过一个与门(&)产生中断请求信号 INT。CPU 在完成当前的基本操作后,响应此中断,并通过 INTA 中断响应信号打开 I/O 接口中的中断向量逻辑部件,将此外围设备的中断号或中断向量通过数据总线转送给 CPU,以便 CPU 获取对应的中断服务子程序的入口地址。CPU 响应中断后,进入中断服务程序,把要传送的数据通过接口传输给外围设备,并将 RDY 触发器置"0",撤销中断请求信号,同时将 BUSY 触发器置"1",以通知外围设备开始动作。若外围设备此时动作完成,产生动作结束信号,再次通过 RDY 触发器产生新一轮的中断请求。

8. 优缺点及应用

在程序中断控制方式中,从系统启动外设后到数据准备完成这段时间内一直执行原有程序,CPU 没有处于单纯等待的状态,因此在一定程度上实现了 CPU 与外围设备并行工作。在多台外设依次启动后,可以同时进行数据交换的准备工作。若在某一时刻有多台外设同时发出中断请求,CPU 可根据预先确定的优先顺序处理它们的数据传输,从而实现了外设间的并行工作。这种数据传送的控制方式可以大大提高计算机系统的工作效率。

对于一些工作频率较高的外设,例如磁盘,它们与 CPU 之间的数据交换是成批的,相邻两个数据间的时间间隔很短,若采用程序中断控制方式,可能会引起 CPU 频繁响应中断请求,频繁保存断点、恢复断点,降低 CPU 的实际工作效率,同时还会导致数据丢失。由此可见,程序中断控制方式不适用于大批量数据交换。

9.3　直接存储器存储方式

1. 基本概念

直接存储器存储(DMA)方式,是一种完全由硬件控制的输入输出工作方式,这种硬件就是 DMA 控制器。在正常工作时,CPU 是计算机系统的主控部件,所有工作周期均用于执行 CPU 的程序。在 DMA 方式下,CPU 让出总线的控制权,由硬件中的 DMA 控制器接管总线,数据交换不经过 CPU 而直接在内存和外围设备之间进行,提高大批量数据交换的速度,从而提高计算机系统的数据传输效率。DMA 方式一般用于快速设备和主存成批交换数据的场合。

在 DMA 方式中,CPU 很少干预数据的输入输出。它只是在数据传送开始前,初始化 DMA 控制器中的设备地址寄存器、内存地址寄存器和数据字个数计数器等。CPU 不用直接干预数据传送开始之后的工作。在 DMA 工作过程中,DMA 控制器将向内存发出地址和控制信号、修改内存地址、对传送的数据字进行计数,并通过中断与 CPU 保持联系,在数据传输完成或发生异常时及时通知 CPU 加以干预。

DMA 方式的工作原理如图 9.6 所示。

CPU 和 DMA 控制器都可以作为主控设备,它们可以分时控制总线,实现内存和外围设备之间的数据传送。为了有效地利用 DMA 方式传送数据,DMA 控制器和 CPU 分时使用总线的方式有以下三种:停止 CPU 访问内存、周期挪用、DMA 控制器和 CPU 交替访问内存。

2. 停止 CPU 访问内存的 DMA 传送方式

停止 CPU 访问内存是指在 DMA 传送过程中,CPU 释放总线的控制权,处于不工作状态。当外围设备要求传送一批数据时,由 DMA 控制器发一个停止信号给 CPU,要求 CPU 放弃对地址总线、数据总线和有关控制总线的控制权。在 DMA 控制器获得总线的控制权后,开始数据传送。在一批数据传送完毕后,DMA 控制器向 CPU 发一个 DMA 结束信号,

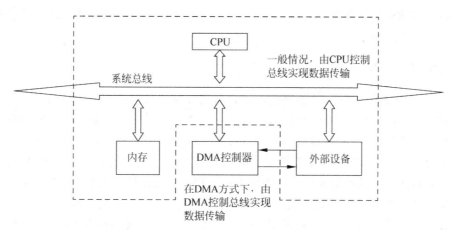

图 9.6　DMA 方式的工作原理示意图

通知 CPU 可以使用内存,释放总线的控制权并把它交还给 CPU。图 9.7 是停止 CPU 访问内存的 DMA 传送方式的示意图。显然,在这种 DMA 传送过程中,CPU 基本处于不工作状态。这种传送方式的优点是控制简单,它适用于高速的外围设备传送成组数据。但是,由于外围设备和内存传送两个数据之间的间隔一般总是大于内存存储周期,在 DMA 期间一部分内存的工作周期处于空闲状态,内存的效能未得到充分利用。

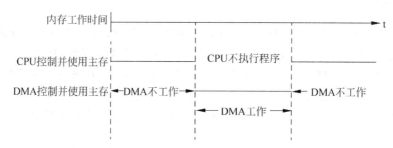

图 9.7　停止 CPU 访问内存的 DMA 传送方式示意图

3. 周期挪用 DMA 传送方式

在周期挪用方式中,当外围设备没有 DMA 请求时,CPU 按程序要求访问内存。当外围设备有 DMA 请求时,则由 DMA 控制器挪用一个或几个内存周期,实现外围设备和内存之间的数据传输,如图 9.8 所示。

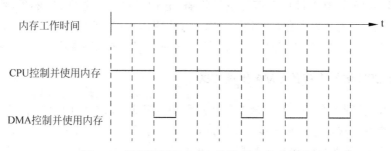

图 9.8　周期挪用的 DMA 传送方式的示意图

在周期挪用的 DMA 传送方式中,当外围设备提出 DMA 请求时可能遇到两种情况:一种是此时 CPU 不需要访问内存,这时外围设备访问内存和 CPU 访问内存没有冲突,即外围设备挪用一两个内存周期对 CPU 执行程序没有任何影响;另一种情况是在外围设备要求访问内存时,CPU 也要访问内存,这就产生了访问冲突。在这种情况下,外围设备访问内存优先,原因是外围设备访问内存有时间要求,前一个数据必须在下一个访问内存请求之前存取完毕。

显而易见,在这种情况下,外围设备挪用一两个内存周期,意味着 CPU 延缓了对指令的执行。在 CPU 执行访问内存指令的过程中插入 DMA 请求,挪用了一两个内存周期。

与停止 CPU 访问内存的方式比较,周期挪用的方式既实现了外围设备与内存之间的数据传送,又较好地发挥了内存和 CPU 的效率,因而在计算机系统中得到广泛使用。但是,外围设备每次周期挪用都要由 DMA 控制器申请、建立和归还总线控制权等操作,因此,周期挪用的方式适用于外围设备读写周期大于内存存取周期的情况。

4. 与 CPU 交替访问内存的 DMA 传送方式

如果 CPU 的工作周期比内存存取周期长得多,采用交替访问内存的方式可以使 DMA 传送和 CPU 同时发挥最高的效率。这种方式不需要总线控制权的申请、建立和归还过程,总线控制权分两个周期分别由 DMA 控制器和 CPU 控制,DMA 控制器和 CPU 分别有各自的访问内存地址寄存器、数据寄存器和读写控制逻辑。在各自的控制部分中分别访问内存以完成各自与内存交换数据的任务,如图 9.9 所示。

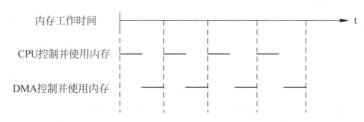

图 9.9　与 CPU 交替访问内存的 DMA 传送方式的示意图

交替访问内存的方式被称为"透明的 DMA"方式,是指这种 DMA 传送对 CPU 来说是透明的,不会有任何影响。在这种方式下工作,CPU 既可不停止程序的运行,也不进入等待状态,是一种高效率的工作方式。不过,相应的硬件控制逻辑要更加复杂。

5. 基本的 DMA 控制器功能及组成

DMA 控制器可以作为主控部件控制总线实现内存与外围设备之间的数据传送,它的功能主要有:向 CPU 申请 DMA 传送;在 CPU 允许 DMA 工作时,处理总线控制权的移交,避免因进入 DMA 工作而影响 CPU 正常活动或引起总线竞争;在 DMA 期间管理系统总线,控制数据传送;确定数据传送的起始地址和数据长度,修改数据传送过程中的数据地址和数据长度;当数据块传送结束时,给出 DMA 操作完成信号。

DMA 控制器基本是在中断接口的基础上加入 DMA 结构组成。基本的 DMA 控制器如图 9.10 所示。

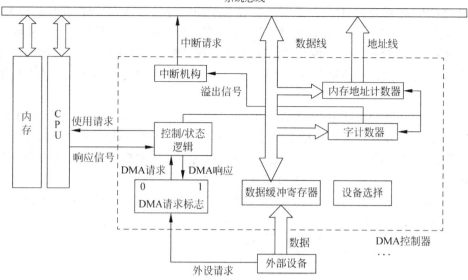

图 9.10　基本的 DMA 控制器组成的示意图

参照图 9.10,基本的 DMA 控制器由以下部件构成:

(1) 内存地址计数器,用来存放 DMA 过程中的内存地址。开始时内存地址计数器的内容为内存块的首地址,每传送一个字数据,内存地址计数器的内容自动加"1",以增量方式给出内存的下一个地址。

(2) 字计数器,用来记录被传送数据块的长度。初始内容在数据块传送前预置为要传送字数据的总长度的补码。在 DMA 过程中,每传送一个字,计数器加"1"。当计数器溢出时,表示这批数据已经传送完毕,于是 DMA 控制器向 CPU 发 DMA 结束信号。

(3) 数据缓冲寄存器,用来暂存每次传送的数据。当 DMA 以内存－内存方式传送数据时,由 DMA 控制器先将内存中源单元的数据读取至数据缓冲器,再将数据缓冲器中的数据写入到目标内存单元。

(4) DMA 请求标志。每当外围设备准备好一个数据后,给出一个控制信号,通知 DMA 控制器数据已经就绪,使 DMA 请求标志置"1"。该标志置位后向控制/状态逻辑发出 DMA 中断请求。

(5) 控制/状态逻辑。它可以说是 DMA 控制器的核心部分,由控制和时序电路以及状态标志等组成,用以对地址寄存器、字计数器等内容的修改进行控制,指定 DMA 传送方向是输入还是输出,并对 DMA 请求信号和 CPU 响应信号进行协调和同步。控制/状态逻辑接收到 DMA 中断请求后,发出一个 DMA 传送请求信号给 CPU,要求其让出总线的控制权。接到 CPU 传来的传送响应信号后,控制/状态逻辑发出 DMA 响应信号,提示 DMA 请求标志复位,为交换下一个数据做好准备。

(6) 中断机构。当字计数器溢出时,意味着一组数据传送完毕,由溢出信号触发中断机构,向 CPU 发出中断请求,要求 CPU 进行 DMA 传送的后处理工作。这里的中断与 9.2 节介绍的中断概念相同,但目的不同,在 9.2 节中是为了数据的输入输出,这里是为了告知 CPU 一组数据传送结束。

6. DMA 控制器的工作过程

DMA 的数据传送过程可分为三个阶段：DMA 传送前预处理阶段、DMA 数据传送阶段和传送后处理阶段，如图 9.11 所示。

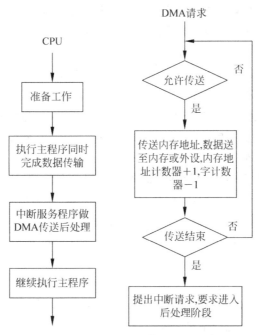

图 9.11　DMA 的数据传送过程示意图

1）DMA 传送前预处理阶段

DMA 传送预处理是对 DMA 控制器的初始化操作，是在进行 DMA 数据传送之前由程序完成的准备工作。在初始化操作时，CPU 作为主控部件，DMA 控制器作为从控部件，根据 DMA 传送要求，CPU 测试外围设备的状态，设置 DMA 初始化命令字。初始化命令字主要包括：

（1）设置 DMA 传送方式的数据传送方向，确定数据传送方向是外围设备到内存，内存到外围设备，还是内存到内存。

（2）设置 DMA 的数据传送方式。决定当前要传送的 DMA 方式是停止 CPU 访问内存方式、周期挪用方式，还是 DMA 控制器和 CPU 交替访问内存方式。

（3）设置 DMA 各通道的优先级。对于多个通道的 DMA 控制器来说，通过此命令决定各个通道的优先级。当两个以上的通道同时请求 DMA 传送时，DMA 控制器先响应优先级高的通道。

（4）开放或屏蔽 DMA 通道。当某个通道被屏蔽后，即使该通道有 DMA 请求，DMA 控制器也不予响应。

（5）设置 DMA 传送的字数。字数通常以补码形式设置。设置字数时，CPU 将实际要传送的字数以字计数器的长度为模取补，并将取补后的数据传送给字计数器。

（6）设置 DMA 传送的内存初始地址。如果是内存到内存的 DMA 传送，则需两个 DMA 通道，一个的地址寄存器用来设置源数据区的初始地址，另一个用来设置目的数据区的初始地址。

完成上述工作后,CPU 继续执行原有程序。外围设备在准备好发送的数据或以处理完上次接收的数据后向 DMA 控制器发出 DMA 请求,DMA 控制器发出请求申请总线的控制权,得到控制权后开始传送数据。

2）DMA 数据传送阶段

在 DMA 数据传送过程中,DMA 控制器作为主控部件,控制总线实现数据传送。DMA 的数据传送操作是以数据块为基本单位进行的。如图 9.11 所示,每次 DMA 占用总线后的输入或输出操作都是通过循环来实现的。

输入操作时,先从外围设备读入一个数据送入接口的数据缓冲寄存器中。之后将地址计数器的内容送到内存的地址寄存器中,将接口的数据缓冲寄存器中的数据送到内存的数据寄存器中,控制启动内存的写操作将此数据写入指定位置。与此同时,地址计数器中的内容加"1",字计数器中的内容减"1"。当字计数器内容为"0"时停止传送,向 CPU 发出中断请求,否则进入下一轮循环。

输出操作时,先将内存地址计数器中的内容送到内存的地址寄存器中,启动内存读操作,并将内存数据寄存器中的内容送到接口的数据缓冲寄存器中。启动外围设备,数据缓冲寄存器中的内容送入其中。内存地址计数器中的内容加"1",字计数器中的内容减"1"。当字计数器内容为"0"时停止传送,向 CPU 发出中断请求,否则进入下一轮循环。

3）传送后处理阶段

当 DMA 的中断请求得到响应,CPU 暂停原有程序的运行,转向中断服务程序完成 DMA 的结束处理工作,一般包括校验送入主存的数据是否正确,决定是否继续用 DMA 传送其他数据块,测试在传送过程中是否发生错误等工作。

7. 优缺点及应用

DMA 方式的基本思想是在外设和内存之间开辟直接的数据交换渠道,在输入输出子系统中增加 DMA 部件来代替 CPU 的工作,使得成批的数据能够直接同内存交换。除传送开始和结束后需要 CPU 介入,整个传送过程无须 CPU 频繁干涉,克服了程序中断控制方式下由于需要 CPU 频繁介入而导致 CPU 效率降低的问题,减少了进行断点保存、恢复之类的操作,提高了系统的运行速度和效率。DMA 方式能满足高速外围设备的要求,也有利于提高计算机的整机效率。因此,DMA 方式被各种型号的计算机广泛采用。

DMA 方式也存在一些局限性。例如,DMA 方式对外围设备的管理和某些操作的控制仍需要 CPU 干预。在一些大型复杂计算机系统中,外围设备种类多,数量大,对外设的管理控制会非常复杂。此外,随着大容量外存的广泛使用,内存与外存之间数据交换极其频繁,数据流量大幅增长,要求使用多个 DMA 控制器,从而增加了访问内存的冲突,使得整个系统效率受到影响。

9.4　通道控制方式

1. 通道的基本概念

为了使 CPU 摆脱繁重的输入输出操作,提高系统的运行效率,在一些大型计算机系统中引入通道控制方式传送数据。

通道是一个具有特殊功能的处理器。它有自己的通道命令和程序专门负责数据输入输出的传输控制。在主机 CPU 的 I/O 指令驱动下,可以执行用通道命令编写的输入输出控制程序,把它产生的各种控制信号送到设备控制器,从而控制相应设备完成输入输出操作。在采用通道方式的计算机中,CPU 将传输控制的权利转交给通道,而 CPU 本身只负责数据处理。通道处理机能够负担外围设备的大部分输入输出工作,包括所有按字节传送方式工作的低速和中速外围设备以及按数据块传送方式工作的高速外围设备。这样,CPU 与通道分时使用内存,实现了 CPU 内部运算与外围设备输入输出数据操作之间的真正并行工作。

一台大型计算机中可以有多个通道,每个通道又可以连接多个外围设备控制器,而一个设备控制器又可以管理一台或多台外围设备。

2．通道的功能

通道的基本功能是执行通道指令、组织外围设备和内存之间的数据传送,按 I/O 指令要求启动外围设备,向 CPU 报告中断等,具体功能如下。

(1) 接收 CPU 的 I/O 指令,根据指令与指定的外围设备通信。

(2) 从内存取出属于该通道程序的通道指令,经译码后向设备控制器或外围设备发出各种操作命令。

(3) 控制外围设备与内存之间进行数据传送,并根据需要提供数据传送的缓存空间、数据存入内存的地址和传送的数据量。

(4) 从外围设备得到状态信息置入通道状态字,并不断修改,保存通道本身的状态信息,按照要求将这些状态信息送到内存的指定单元,供 CPU 随时取得当前的状态。

(5) 依次将外围设备的中断请求和通道本身的中断请求向 CPU 报告。

3．通道的种类

按通道独立于 CPU 的程度来分,通道可分为结合型通道和独立型通道。结合型通道在硬件上与 CPU 固化在一起,而独立型通道在硬件上独立于 CPU。

按数据传送方式来分,通道可分为字节多路通道、选择通道和数组多路通道。

1) 字节多路通道

字节多路通道是一种简单的共享通道,由多个子通道构成,每个子通道并行工作,各服务于一个设备控制器。每个子通道中包含:字节缓冲寄存器、状态/控制寄存器以及通道参量(例如:字节计数值、内存地址等)、主存单元的地址指针等。字节多路通道采用字节交叉传送方式进行数据传送,主要用于连接大量的低速 I/O 设备(在 20KB/s 以下)。由于外围设备的工作速度较慢,通道在传送两个字节之间有很多空闲时间,利用这段空闲时间,字节多路通道可以为其他外围设备服务。因此,字节多路通道采用分时工作方式,依靠它与CPU 之间的高速总线分时为多台外围设备服务。

2) 选择通道

选择通道在物理上可以连接多台外围设备,但这些外围设备不能同时工作,每次只能从连接的设备中选择一台设备执行通道程序,该通道程序直至独占整个通道数据交换结束。选择通道常用于对高速设备进行控制,这是因为高速外围设备需要很高的数据传输率,不能采用字节多路通道那样的控制方式。

3）数组多路通道

数组多路通道是字节多路通道和选择通道的结合，它的基本思想是：当某设备进行数据传输时，通道只为该设备服务；但当设备在进行寻址等控制性操作时，通道暂时断开与该设备的连接，挂起该设备的通道程序，去为其他设备服务，即执行其他设备的通道程序。数组多路通道既保持了选择通道很高的数据传送速率，又充分利用了控制性操作的时间间隔为其他设备服务，具有多路并行操作的能力，使通道效率得到充分发挥。因此，数组多路通道在实际的计算机系统中应用得最多。

9.5　外围处理机方式

1．基本概念

外围处理机又称为输入输出处理器（Input/Output Processor，IOP），是通道方式的进一步发展。IOP 具有单独的存储器和独立的运算部件，并且可以访问系统的内存。

IOP 不但可以完成 I/O 通道功能，还可以完成更加复杂多样的附加操作功能，例如，处理数据传送中的出错及异常情况、对传送的数据进行格式转换、数据块的检错纠错处理、承担 I/O 系统与设备的诊断维护、人机交互处理等功能。

IOP 可以从 CPU 中接管大部分的输入输出工作，更接近一般的独立处理机。它主要用于大型高性能计算机系统中，可以说是主 CPU 的伙伴和助手，促成计算机系统从完全的功能集中型向功能分布型发展。

2．IOP 与通道的区别

IOP 与通道的区别主要有：

（1）通道有功能有限的、面向外设控制和数据传送的指令系统；IOP 有自己专用的指令系统，不仅可进行外设控制和数据传送，而且可进行算术运算、逻辑运算、字节变换、测试等。

（2）通道方式下，通道程序存于和 CPU 公用的主存中；而 IOP 有自己单独的存储器，并可访问系统的内存。

（3）通道方式下，许多工作仍然需要 CPU 实现；而 IOP 有自己的运算器和控制器，能处理传送出错及异常情况，能对传送的数据格式进行转换，能进行整个数据块的校验等。

3．IOP 的工作过程

具有 IOP 的 I/O 系统中需要进行输入输出操作时，CPU 只要在内存中建立一个信息块，按规定设置好所需执行的操作以及相应的参数，通知 IOP 来处理这些操作后继续执行原有程序。IOP 读取这些信息，负责执行全部的输入输出操作，数据传输完成之后通知CPU。IOP 与 CPU 之间借助在内存中共享信息实现通信的目的。

CPU 在调度 IOP 执行输入输出任务前，通常是在系统加电或复位后进行 IOP 的初始化。初始化工作主要是在内存中为 IOP 建立"初始化控制块"（信息块），其中包括系统结构块、系统结构块指针、通道控制块。IOP 读取这些信息后,确定如何进行输入输出操作、如何控制和访问总线、总线宽度等内容。IOP 通过读取通道控制块中的通道命令,确定应该进行哪种操作,同时参数块的参数指针找到存放执行通道程序所需的参数,例如,任务块的地址等信息,利用参数块使 IOP 与 CPU 建立数据联系。IOP 通过执行放在任务块中的通道程序,完成各种所需的输入输出操作。

在执行完通道程序后,IOP 通常把操作结果送入参数块,并向 CPU 发出中断请求信号,进入暂停状态,同时除去通道控制块中相应的"忙"标志,表明该通道可以接受新的输入输出指令。

9.6 本章小结

本章介绍了五种 I/O 数据传送控制方式。直接程序控制方式中,数据在 CPU 和外围设备之间的传送完全依靠计算机程序控制,虽然 CPU 与外围设备操作同步且硬件结构简单,但是 CPU 资源不能得到充分利用,影响系统效率。程序中断控制方式中,外围设备主动通知 CPU,准备送出数据或接收数据。当一个中断发生时,CPU 暂停现行程序,转向中断处理程序,处理完毕后,CPU 又返回到原先主程序。同直接程序控制方式相比,程序中断控制方式虽然硬件结构相对复杂且服务开销时间较大,但是节省了 CPU 宝贵的时间。直接存储器存储方式中,输入输出工作完全由 DMA 控制器控制,既考虑到中断响应,又能节约中断开销。这种方式的出现使得 CPU 的效率得到显著的提高。通道控制方式中,CPU 将部分权力下放给通道,进一步提高了 CPU 的效率。不过,这种提高 CPU 效率的办法是以提供更多硬件为代价的。外围处理机方式是通道方式的进一步发展,它基本上独立于主机工作,结构更接近一般处理机。从某种意义上说,这种系统已变成分布式的多机系统。

通常,本章介绍的五种 I/O 数据传送控制方式中,直接程序控制方式和程序中断控制方式适用于数据传送量少、传送率较低的外围设备,而直接存储器存储方式、通道控制方式和外围处理机方式适用于数据传送率较高的外围设备。

9.7 习题

1. 选择题

1. 对于低速度输入输出设备,应当选用的通道是( )。
   A. 字节多路通道　　　　　　　　　C. 选择通道
   C. DMA 专用通道　　　　　　　　　D. 数组多路通道
2. 微型机系统中,主机和高速硬盘进行数据交换一般采用( )。
   A. 通道控制　　　　　　　　　　　B. 直接存储器存储
   C. 直接程序控制　　　　　　　　　D. 程序中断控制
3. 常用于大型计算机的控制方式是( )。
   A. 直接程序控制　　　　　　　　　B. 程序中断控制
   C. DMA 方式　　　　　　　　　　　D. 通道方式

4. 下列有关中断状态,不可响应的中断是( )。

    A. 硬件中断   B. 软件中断

    C. 不可屏蔽中断   D. 可屏蔽中断

5. 以下论述正确的是( )。

    A. CPU 响应中断期间仍执行原程序

    B. 在中断响应中,保护断点和现场由用户编程完成

    C. 在中断响应中,保护断点是由中断响应程序自动完成的

    D. 在中断过程中,若又有中断源提出中断,CPU 立即响应

6. 中断系统是( )。

    A. 仅用硬件   B. 仅用软件

    C. 软硬件结合   D. 以上都不对

7. DMA 方式是在( )之间建立直接的数据通路。

    A. CPU 与外围设备   B. 主存与外围设备

    C. 外设与外设   D. CPU 与主存

8. 通道程序是由( )组成的。

    A. I/O 指令   B. 通道指令(通道控制字)

    C. 通道状态字   D. 以上都不对

二、填空题

1. 实现输入输出数据传送控制方式一般有五种:_____方式、_____方式、_____方式、_____方式和_____方式。

2. 中断处理过程可以嵌套_____的设备,可以中断_____的设备的中断服务程序。

3. 根据中断源在系统中的位置,中断可以分为_____和_____;根据中断是否在程序中预先安排,中断可以分为_____和_____。

4. 通道是一个特殊功能的_____,它有自己的_____专门负责数据输入输出的传送控制,CPU 只负责_____功能。

5. 根据数据传送方式,可以将通道分为_____通道、_____通道和_____通道。

6. DMA 的含义是_____。在 DMA 方式下,_____让出总线的控制权,由_____接管总线。

三、判断题

1. 不可屏蔽中断的优先级比可屏蔽中断优先级高。( )

2. 所有的数据传送方式都必须由 CPU 控制实现。( )

3. 外部设备一旦申请中断,便能立刻得到 CPU 的响应。( )

4. 一个更高优先级的中断请求可以中断另一个处理程序的执行。( )

5. 为了保证中断服务程序执行完毕以后能正确返回到被中断的断点继续执行程序,必须进行现场保护操作。( )

6. 一旦有中断请求出现,CPU 立即停止当前指令的执行,转去执行中断请求。( )

四、简答题

1. 什么是输入输出接口？其主要功能是什么？

2. 什么是直接程序控制方式？它的工作过程是怎样的？

3. 什么是中断？中断的作用是什么？

4. 什么是中断源？

5. 中断的分类有哪些？

6. 如何处理中断源之间的先后顺序？

7. CPU 响应中断的条件有哪些？

8. 什么是直接存储器存储方式？有哪几种直接存储器存储方式？

9. DMA 控制器是由哪些部件组成的？它是怎样工作的？

10. 什么是通道？通道的功能有哪些？

11. 什么是字节多路通道？适用于什么情况？

12. 什么是选择通道？为什么要采用选择通道？

13. 数组多路通道有什么特点？

14. 外围处理机方式与通道方式的区别如何？

9.8　参考答案

一、选择题

1. A　　2. B　　3. D　　4. D　　5. C　　6. C　　7. B　　8. B

二、填空题

1. 直接程序控制　程序中断控制　直接存储器存储　通道控制　外围处理机

2. 优先级高　优先级低

3. 内部中断　外部中断　自愿中断　强迫中断

4. 处理器　指令和程序　数据处理

5. 字节多路　选择　数组多路

6. 直接存储器存储　CPU　DMA 控制器

三、判断题

1. √　2. ×　3. ×　4. √　5. √　6. ×

四、简答题

1. 输入输出接口是计算机系统总线与外围设备之间的一个逻辑部件。它的主要功能有两点：一是为信息传输操作选择外围设备；二是在选定的外围设备和主机之间交换信息，保证外围设备用计算机系统特性所要求的形式发送或接收信息。

2. 直接程序控制方式是指通过计算机程序来控制主机和外围设备之间的数据交换，它是由 CPU 通过查询设备的运行状态来控制数据传送过程。在开始一次数据传送之前，CPU 首先检测相关设备是否准备好接收这次传送，若已经准备好，则启动这次传送；若发现尚未准备好，则重复进行这一检测，直到相关设备已准备好。

3. 所谓中断，就是指 CPU 暂时中止现行程序，转去执行中断服务程序，并在执行结束后自动恢复执行原先被中止的程序的过程。中断的作用有：①实现 CPU 和外围设备并行工作。②实现多道程序和分时操作。③监督现行程序，提高系统处理故障的能力，增强系统的可靠性。④实现实时控制，受控对象靠中断把有关参数（湿度、速度等）和反馈信号送到主机。⑤实现人机交互。

4. 中断源是指能够引起中断的事件或能够发生中断请求的来源。

5. ①根据中断源的位置可将中断分为内部中断和外部中断。②根据中断是否在程序中预先安排，可将中断分为自愿中断和强迫中断。③根据执行中断服务程序时系统能否响应其他中断，可将中断系统分为单重中断系统和多重中断系统。④根据中断处理方式，中断可分为简单中断和程序中断。⑤中断还可以分为可屏蔽中断和不可屏蔽中断。

6. 考虑到中断处理的先后顺序，设计中断系统时将全部中断源按照中断的性质和处理的轻重缓急进行排队，给予相应的优先权，用来确定在多个中断同时发生时各个中断服务程序执行的先后顺序。

7. 在计算机系统中 CPU 响应中断必须同时满足以下三个条件：①中断源有中断请求。②CPU 允许接受中断请求。③一条指令已经执行完毕，没有开始执行下一条指令（个别情况下可以允许打断特殊的长指令的执行）。

8. 直接存储器存储方式，是一种完全由硬件控制的输入输出方式，这个硬件就是 DMA 控制器。在 DMA 方式下，CPU 让出总线的控制权，由硬件中的 DMA 控制器接管总线，数据交换不经过 CPU 而直接在内存和外围设备之间进行。有以下三种直接存储器存储方式：停止 CPU 访问内存、周期挪用、DMA 控制器和 CPU 交替访问内存。

9. DMA 控制器由以下部件构成：①内存地址计数器。②字计数器。③数据缓冲寄存器。④DMA 请求标志。⑤控制/状态逻辑。⑥中断机构。DMA 控制器有三个工作阶段：DMA 传送前预处理阶段、DMA 数据传送阶段和传送后处理阶段。

10. 通道是一个特殊功能的处理器，它有自己的通道命令和程序专门负责数据输入输出的传输控制。具体有以下 5 项功能：①接收 CPU 的 I/O 指令，根据指令与指定的外围设备通信。②从内存取出属于该通道程序的通道指令，经译码后向设备控制器或外围设备发出各种操作命令。③控制外围设备与内存之间进行数据传送，并根据需要提供数据传送的缓存空间、数据存入内存的地址和传送的数据量。④从外围设备得到状态信息置入通道状态字，并不断修改，保存通道本身的状态信息，按照要求将这些状态信息送到内存的指定单元，供 CPU 随时取得当前的状态。⑤依次将外围设备的中断请求和通道本身的中断请求向 CPU 报告。

11. 字节多路通道是一种简单的共享通道，由多个子通道构成，每个子通道并行工作，各服务于一个设备控制器。主要用于连接大量的低速 I/O 设备。

12. 选择通道在物理上可以连接多台外围设备，但多台设备不能同时工作，每次只能从连接的设备中选择一台设备的通道程序执行，该通道程序在数据交换结束前独占整个通道。选择通道常用于对高速设备进行控制，因为高速外围设备需要很高的数据传输率，不能采用字节多路通道那样的控制方式。

13. 数组多路通道是字节多路通道和选择通道的结合,既保持了选择通道很高的数据传送速率,又充分利用了控制性操作的时间间隔为其他设备服务,具有多路并行操作的能力,使通道效率得到充分发挥。

14. 外围处理机方式与通道的区别主要有：①通道有功能有限的、面向外设控制和数据传送的指令系统；IOP 有自己专用的指令系统,不仅可进行外设控制和数据传送,而且可进行算术运算、逻辑运算、字节变换、测试等。②通道方式下,通道程序存于和 CPU 共用的主存中；而 IOP 有自己单独的存储器,并可访问系统的内存。③通道方式下,许多工作仍然需要 CPU 实现；而 IOP 有自己的运算器和控制器,能处理传送出错及异常情况,能对传送的数据格式进行转换,能进行整个数据块的校验等。

参 考 文 献

[1] 曹义亲.计算机组成与系统结构[M].北京：中国水利电力出版社,2001.

[2] 张基温.计算机组成原理教程[M].北京：清华大学出版社,2007.

[3] 张基温.计算机系统原理[M].北京：电子工业出版社,2002.

[4] 鞠九滨.分布计算系统[M].北京：高等教育出版社,1994.

[5] 唐朔飞.计算机组成原理(第2版)[M].北京：高等教育出版社,2008.

[6] 张钧良,林雪明.计算机组成原理[M].北京：电子工业出版社,2004.

[7] 刘克武.计算机基本原理[M].北京：北京大学业出版社,2000.

[8] 邹海明,等.计算机组织与结构[M].北京：电子工业出版社,1997.

[9] 张代远.计算机组成原理教程[M].北京：清华大学出版社,2005.

[10] 尹朝庆.计算机系统结构教程[M].北京：清华大学出版社,2005.

[11] 徐炜民.计算机系统结构[M].北京：电了工业出版社,2003.

[12] 赵子江.网页动画与三维文字动画制作教程[M].北京：机械工业出版社,2000.

[13] 张新荣,于瑞国.计算机组成原理[M].天津：天津大学出版社,2004.

[14] 马礼.计算机组成原理与系统结构[M].北京：人民邮电出版社,2004.

[15] 辛云辉,杨旭东.计算机组成原理实用教程[M].北京：清华大学出版社,2004.

[16] 王爱英.计算机组成与结构[M].北京：清华大学出版社,2001.

[17] 白中英.计算机组成原理[M].5版.北京：科学出版社,2013.

[18] 李文兵.计算机组成原理[M].北京：清华大学出版社,2006.

[19] 王诚.计算机组成原理[M].北京：清华大学出版社,2004.

[20] 王万生.计算机组成原理实用教程[M].北京：清华大学出版社,2006.

[21] 程晓荣.计算机组成与结构[M].北京：中国电力出版社,2007.

[22] 石磊.计算机组成原理[M].北京：清华大学出版社,2006.

[23] 顾一禾,等.计算机组成原理辅导与提高[M].清华大学出版社,2004.

[24] 屠祁,等.操作系统基础[M].清华大学出版社,2002.

[25] 鲁宏伟,汪厚祥.多媒体计算机技术[M].4版.北京：电子工业出版社,2011.

[26] 杨大全.多媒体计算机技术[M].北京：机械工业出版社,2007.

[27] 钟玉琢.多媒体技术基础及应用[M].3版.北京：清华大学出版社,2012.

图书资源支持

感谢您一直以来对清华版图书的支持和爱护。为了配合本书的使用,本书提供配套的资源,有需求的读者请扫描下方的"书圈"微信公众号二维码,在图书专区下载,也可以拨打电话或发送电子邮件咨询。

如果您在使用本书的过程中遇到了什么问题,或者有相关图书出版计划,也请您发邮件告诉我们,以便我们更好地为您服务。

我们的联系方式:

地　　址: 北京市海淀区双清路学研大厦 A 座 714

邮　　编: 100084

电　　话: 010-83470236　010-83470237

客服邮箱: 2301891038@qq.com

QQ: 2301891038 (请写明您的单位和姓名)

资源下载: 关注公众号"书圈"下载配套资源。

资源下载、样书申请

书圈

获取最新书目

观看课程直播